气相沉积技术原理及应用

张世宏　王启民　郑　军　编著

北　京
冶　金　工　业　出　版　社
2024

内 容 提 要

本书分为两篇。第一篇从真空镀膜技术基础、物理气相沉积（PVD）薄膜生长成膜的原理出发，详细介绍了蒸发镀、溅射沉积和离子镀膜等各种 PVD 技术，对 PVD 技术的发展进行了总结和展望，最后对 PVD 技术在沉积硬质防护、减磨润滑、耐蚀防护和光电磁功能等方面的应用进行了归纳总结。第二篇从化学气相沉积（CVD）的技术基础出发，详细介绍了热 CVD、等离子增强 CVD（PECVD）、反应活化扩散 CVD 和其他新型 CVD 技术的技术原理和特征，对 CVD 技术沉积各种金属和陶瓷涂层，在硬质防护、高温防护和功能化方面的应用进行了归纳总结。

本书可作为表面工程的本科生、研究生教材使用，亦可供真空表面技术人员阅读。

图书在版编目(CIP)数据

气相沉积技术原理及应用/张世宏，王启民，郑军编著. —北京：冶金工业出版社，2020. 12（2024. 1 重印）

ISBN 978-7-5024-8658-7

Ⅰ.①气… Ⅱ.①张… ②王… ③郑… Ⅲ.①物理气相沉积—研究 Ⅳ.①TG174. 444

中国版本图书馆 CIP 数据核字(2020)第 257177 号

气相沉积技术原理及应用

出版发行 冶金工业出版社　**电　话**（010）64027926
地　址 北京市东城区嵩祝院北巷 39 号　**邮　编** 100009
网　址 www. mip1953. com　**电子信箱** service@ mip1953. com

责任编辑 卢 敏 姜恺宁 美术编辑 彭子赫 版式设计 孙跃红
责任校对 卿文春 郑 娟 责任印制 窦 唯

北京建宏印刷有限公司印刷
2020 年 12 月第 1 版，2024 年 1 月第 3 次印刷
710mm×1000mm 1/16；12 印张；233 千字；179 页
定价 68. 00 元

投稿电话 (010)64027932 投稿信箱 tougao@cnmip. com. cn
营销中心电话 (010)64044283
冶金工业出版社天猫旗舰店 yjgycbs. tmall. com
(本书如有印装质量问题，本社营销中心负责退换)

编　委　会

主　编　张世宏　王启民

副主编　郑　军　张　林　蔡　飞　张腾飞　杨　阳

编　委　杨　阳　代　伟　吴正涛　李海庆　陈默含

杨　英　林　玥

前　言

真空镀膜技术是在真空条件下，利用物理或化学方法，使材料蒸发或溅射，通过反应、凝结在镀件表面形成薄膜的一种技术。该技术涉及等离子体、磁控、电弧、电子束和离子束等诸多因素，在本征材料表面制备微纳米尺度的薄膜，赋予物体表面原来没有而又希望具有的功能特性，使经过镀膜的材料具有与本体不同或比本体更优的使用性能，是一项节能、节材和获得产品多功能属性的高新技术。真空镀膜技术区别于传统的电镀和化学镀方法，制备的薄膜纯度高、致密性好、均匀且厚度可控，是一种绿色环保的新技术。并且，真空镀膜技术可以制备出量子点、超晶格等特殊纳米结构，因此，赋予了材料耐磨、抗氧化、耐腐蚀、良好表面活性等各种优异的性能，从而在各种产业中起着至关重要的作用。真空镀膜技术是一种集成了真空机械装备、真空获得与控制、电源控制、薄膜材料学、等离子体技术、自动化技术于一体的新兴科学技术，涉及材料学、物理、化学、电子学、机械学等多个学科。因此，真空镀膜技术的发展与很多技术的发展相辅相成，在航天航空、5G通信、新能源、新材料、电子信息、生物医疗、机械、石油、化工等领域有着重要的应用。

本书分为第一篇物理气相沉积技术和第二篇化学气相沉积（CVD）技术两篇内容。第一篇从真空镀膜技术基础、PVD薄膜生长成膜的原理出发，详细介绍了蒸发镀、溅射沉积和离子镀膜等各种PVD技术，对PVD技术的发展进行了总结和展望，最后对PVD技术在沉积硬质防护、减磨润滑、耐蚀防护和光电磁功能等方面的应用进行了归纳总结，并提出了提升相应性能的思路和方法。首次将本书作者负责制订的国际标准ISO 21874中PVD硬质涂层的性能评价方法做了详细介绍，可为相关领域的应用提供科学依据。第二篇从化学气相沉积（CVD）的技术基础出发，详细介绍了热CVD、等离子增强CVD（PECVD）、反应活化扩散CVD和其他新型CVD技术的技术原理和特征，对CVD技术沉积各种金属和陶瓷涂层，在硬质防护、高温防护和功能化方面的应用进行了归纳总结。本篇的特色在于将不同CVD的技术原理与最新设备以及应用发展相结合，特别是CVD技术在超硬工具、半导体、集成电路和光电功能材料等领域的发展和应用。

本书编委会由从事真空镀膜研究或教学工作的著名专家组成，这些专家对本领域的研究学术造诣深厚，行业影响较大。专家的论述概念清晰，工艺材料、工艺路线、主要设备运用熟练，涉及表面科学和技术问题理解深刻，在讲述技术的同时，引入专家自己的观点体会及研究工作，一些论述代表表面学科发展方向。本书可作为表面工程的本科生、研究生教材使用，亦可供从事真空表面技术的技术人员参考，为相关科技人员研究和生产提供有价值的思路。

由于编者学术水平有限，研究经验不足，同时表面科学与技术还在不断发展，本书欠缺和纰漏殷切期望同行专家及读者不吝赐教，多加批评和指正。

作 者

2020年8月

目　录

第一篇　物理气相沉积技术

第二篇　化学气相沉积（CVD）技术

第一篇　物理气相沉积技术

本篇从真空镀膜技术基础、PVD 薄膜生长成膜的原理出发，详细介绍了蒸发镀、溅射沉积和离子镀膜等各种 PVD 技术，对 PVD 技术的发展进行了总结和展望，最后对 PVD 技术在沉积硬质防护、减摩润滑、耐腐防护和光电磁功能等涂层方面的应用进行了归纳总结并提出了提升相应性能的途径和思路。首次详细介绍本书作者负责制订的国际标准 ISO 21874 中 PVD 硬质涂层的性能评价方法，可为相关领域的应用提供科学依据。随后对 PVD 领域的新技术、新设备和新应用做了较全面的介绍，以期为推动我国 PVD 领域先进技术引进和发展，以及 PVD 装备整体进步做出贡献。

1 真空镀膜技术基础

1.1 真空镀膜技术简介

真空镀膜技术是指在真空条件下将金属、合金或化合物进行蒸发（溅射），使其凝结于基体表面形成一定厚度的薄膜，与湿式镀膜（电镀和化学镀）相比，这种干式镀膜具有薄膜不受污染、纯度高、膜层材料和基体材料选择广泛、可制备各种不同功能特性薄膜的优点，是真空应用技术的一个重要领域。由于真空镀膜的应用范围极广，近年来发展十分迅速。真空镀膜技术一般分为两大类，即物理气相沉积（PVD）技术和化学气相沉积（CVD）技术[1]。

物理气相沉积技术是在真空条件下利用某种物理过程，如物质的热蒸发，或受到离子轰击时物质表面原子的溅射等现象，实现物质原子从源物质到薄膜的可控转移过程。物理气相沉积技术具有膜/基结合力好、薄膜均匀致密、薄膜厚度可控性好、应用的靶材广泛、溅射范围宽、可沉积厚膜、可制取成分稳定的合金膜和重复性好等优点；同时，物理气相沉积技术由于其工艺处理温度可控制在500℃以下，因此可作为最终的处理工艺用于高速钢和硬质合金类的刀具薄膜上。

化学气相沉积技术是把含有构成薄膜元素的单质气体或化合物供给基体，借助气相作用或基体表面上的化学反应，在基体上制出金属或化合物薄膜的方法，主要包括常压化学气相沉积、低压化学气相沉积和兼有CVD和PVD两者特点的等离子化学气相沉积等。

物理气相沉积技术是极具发展潜力的薄膜制备技术，如特殊功能薄膜、复合薄膜以及超硬薄膜等的制备与研究。随着辅助设备、材料和工艺的进一步优化，以及与其他交叉学科的共同发展，物理气相沉积技术的应用前景将更加广阔。真空蒸发、溅射镀膜和离子镀常被称为物理气相沉积三大制备技术手段，它们均要求沉积薄膜的空间具有一定的真空度。因此，真空技术是制备薄膜的基础，获得并保持所需的真空环境，是镀膜的必要条件[1]。

1.2 真空镀膜系统

真空是指压力低于一个大气压的气体空间，与正常的大气相比，是比较稀薄的气体状态。在真空技术中对于真空度的高低可以用多个参量来表示，最常用的是真空度和压强。一般用压强来描述真空度，压强越低意味着单位体积中气体分子数越少，真空度越高；反之，真空度越低则压强越高。由于真空度和压强相关，所以真空的度量单位用压强来表示。

压强的国际单位是帕斯卡，简称帕（Pa），而托（Torr）是最初获得真空时采用的单位，是真空技术中的独特单位。两者的关系为 1Torr = 133.322Pa。目前实际工程应用中几种旧的单位（Torr、mbar、atm）仍在使用。几种压强单位之间的换算关系见表 1.1。

表 1.1 压强单位的换算关系

名称	帕（Pa）	托（Torr）	毫巴（mbar）	标准大气压
1Pa	1	7.5×10^{-3}	1×10^{-2}	9.87×10^{-6}
1Torr	133.3	1	1.333	1.316×10^{-3}
1mbar	100	0.75	1	9.87×10^{-4}
1atm	1.013×10^{5}	760	1.013×10^{3}	1

1.2.1 真空的获得

为了研究真空和实际应用方便，常把真空划分为低真空（$10^5\sim10^2$ Pa）、中真空（$10^2\sim10^{-1}$Pa）、高真空（$10^{-1}\sim10^{-5}$Pa）和超高真空（$<10^{-5}$Pa）4 个范围。对于任何一个真空系统，都不可能得到绝对真空（$P=0$），而是具有一定的压力（称为极限压强（P_{uit}）或极限真空），这是真空系统所能达到的最低压强，是真空系统能否满足镀膜要求的重要指标之一[2]。

用于沉积和表征薄膜的真空系统包含各种真空泵、管道、阀门和压力表，以建立和测量压力变化。在这些部件中，真空泵和压力表通常是最重要的。真空泵可分为两大类：气体输送泵和气体捕集泵。气体输送泵将气体分子从泵的容积中分离出来，并在一个或多个压缩阶段将气体分子输送到环境中；气体捕集泵是将分子冷凝或化学结合到泵腔室的内表面。与永久去除气体的气体输送泵相比，一些气体捕集泵是可逆的，并且可在预热时将捕获的或冷凝的气体释放回系统中。

气体输送泵可细分为正排量真空泵和动力真空泵。旋转机械泵和罗茨泵是正排量真空泵，而扩散泵和涡轮分子泵属于动量传输真空泵。通常使用的气体捕集泵包括吸附泵、溅射离子泵和低温泵。随着真空技术在生产和科学研究领域中对应用压强范围的要求越来越宽，大多需要由几种真空泵组成抽气系统共同抽气后才能满足生产和科学研究过程的要求，因此选用不同类型真空泵组成真空抽气机组进行抽气的情况较多[3]。

1.2.1.1 旋片式机械泵

旋片式机械泵是一种可以从大气压开始工作的典型真空泵，由于这种泵是用油来进行密封的，故属于有油类型的真空泵。旋片式机械泵用油来保持各运动部件之间的密封，并靠机械的办法使该密封空间的容积周期性地增大，从而达到连续抽气和排气的目的。图 1.1 所示为单级旋片泵的结构，泵体主要由定子、转子、旋片、进气口和排气口等组成。定子两端被密封形成一个密封的泵腔。泵腔内偏心地装有转子，实际相当于 2 个内切圆。在旋转期间，叶片在泵的圆柱形内部滑入和滑出，使得一定量的气体能够被限制，压缩并通过排气阀排放到大气中，通过这种方式可以实现高达 10^6的压缩比。

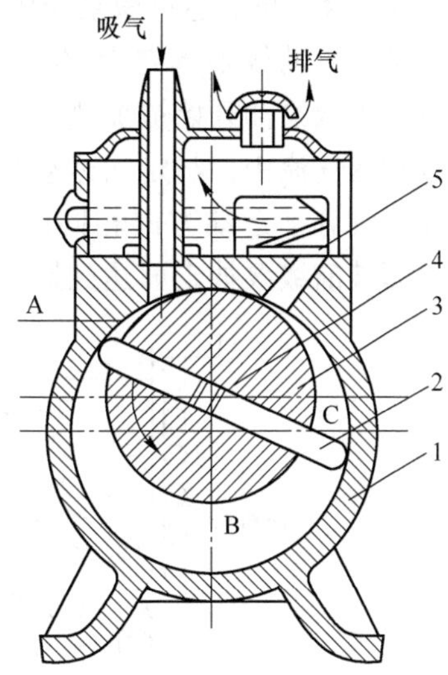

图 1.1 单级旋片泵结构示意图[4]
1—定子；2—旋片；3—转子；
4—弹簧；5—排气阀
A—吸气过程；B—压缩过程；C—排气过程

使用机械泵抽除带有水蒸气的混合气体时，蒸汽分压会在压缩过程中逐渐增大。当蒸汽分压增大到饱和蒸汽压，而总压力还不足以排开排气阀所需的压强时，蒸汽就会凝结成水，并与机械泵油混合形成一种悬浊液，使泵油质量严重破坏，影响密封和润滑作用。为此常常使用气镇泵，即在靠近排气口的地方开个小孔，在气体尚未压缩前，由小孔渗入一定量的干燥空气，协助打开排气阀门，使水蒸气在未凝结之前被排除泵外。

1.2.1.2 罗茨真空泵

罗茨真空泵又称机械增压泵，是另一个重要的正排量真空泵，如图 1.2 所示。两个八字形凸起的叶片相对于彼此以相反的方向旋转。极其严格的公差免去了密封油使用的必要。这种泵具有非常高的抽速，极限真空可以达到低于 1.3×10^{-3}Pa 以下，但是必须与前级泵串联使用。这种特性的组合使得罗茨泵在溅射以及低压化学气相沉积系统中应用广泛。

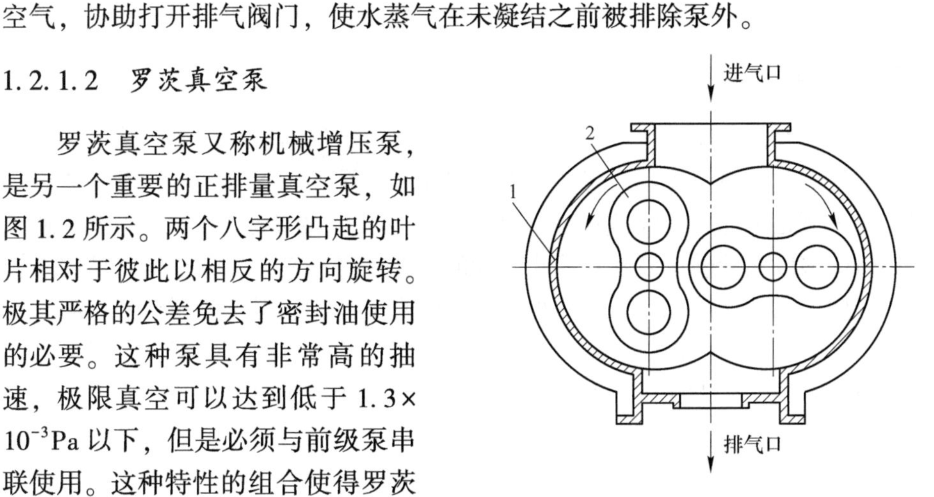

图 1.2 罗茨真空泵示意图[4]
1—泵体；2—转子

1.2.1.3 油扩散泵

油扩散泵是利用低压、高速和定向流动的油蒸气射流抽气的真空泵，如

图 1.3所示。与上述机械泵相比，扩散泵没有运动部件，可在分子流动状态下操作，扩散泵的极限真空为 $10^{-5} \sim 10^{-4}$Pa。当油扩散泵用前级泵预抽到低于 1Pa 真空时，扩散泵油开始被加热。沸腾时喷嘴喷出高速的蒸气流，热运动的气体分子扩散到蒸气流中，与定向运动的油蒸气分子碰撞。气体分子因此获得动量，产生和油蒸气分子运动方向相同的定向流动。到前级，油蒸气被冷凝，释出气体分子，即被前级泵抽走而达到抽气目的。

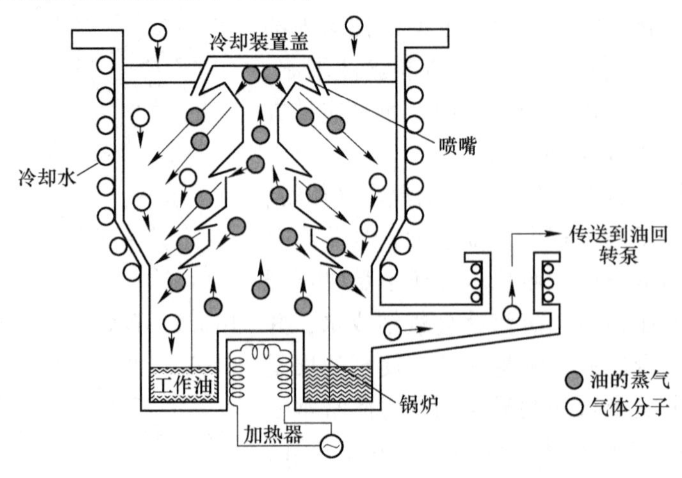

图 1.3 扩散泵示意图[4]

1.2.1.4 涡轮分子泵

涡轮分子泵是利用高速旋转的动叶轮将动量传给气体分子，使气体产生定向流动而抽气的真空泵。无油泵优势推动了涡轮分子泵的发展和使用。图 1.4 所示的涡轮分子泵是由立式轴流式压缩机和许多串联安装的转子/定子对组成。通过高速旋转的多级涡轮转子叶片和静止叶片的组合进行抽气，在分子流区域内对被抽气体产生很高的压缩比，从而获得所需要的真空性能。涡轮分子泵的极限真空比扩散泵高，可达 10^{-8}Pa。正常工作时需要一定的前级真空度，其真空度高低视泵不同略有差异，一般在 1~200Pa 之间，可采用机械泵作为前级泵。

1.2.1.5 低温吸附泵

低温吸附泵是利用低温表面冷凝气体的真空泵，又称冷凝泵。低温吸附泵是获得清洁真空的极限压力最低、抽气速率最大的真空泵，广泛应用于半导体和集成电路的研究和生产，以及分子束研究、真空镀膜设备、真空表面分析仪器、离子注入机和空间模拟装置等方面，如图 1.5 所示。

在低温泵内设有由液氦或制冷机冷却到极低温度的冷板。它使气体凝结，并

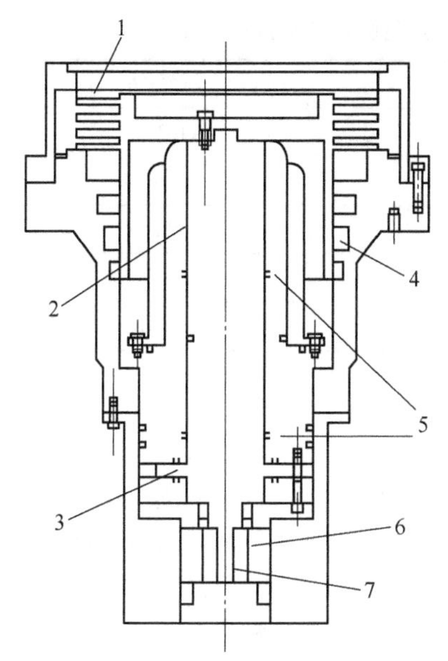

图 1.4 涡轮分子泵结构示意图[4]

1—涡轮分子泵；2—动压密封；3—气体止推静压轴承；
4—牵引分子泵；5—气浮轴承；
6—马达定子；7—马达转子

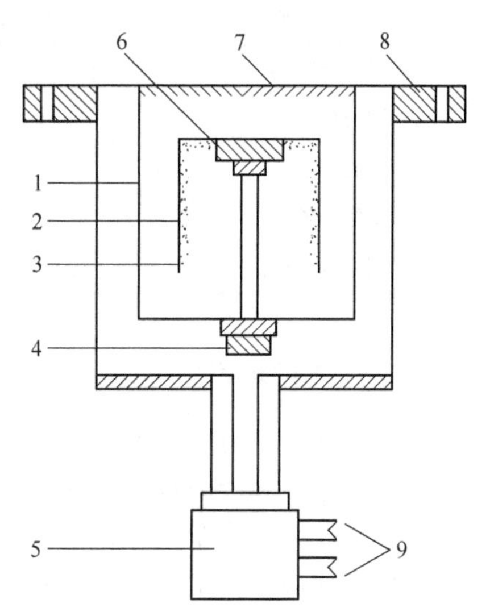

图 1.5 低温泵结构示意图[4]

1—辐射屏；2—低温冷凝板；3—活性碳；
4—一级冷头；5—制冷机；6—二级冷头；
7—辐射挡板；8—泵壳；9—氦气连接管道

保持凝结物的蒸汽压力低于泵的极限压力，从而达到抽气作用。低温抽气的主要作用是低温冷凝、低温吸附和低温捕集。

(1) 低温冷凝。气体分子冷凝在冷板表面上或冷凝在已冷凝的气体层上，其平衡压力基本上等于冷凝物的蒸气压。抽空气时，冷板温度必须低于 25K；抽氢时，冷板温度更低。低温冷凝抽气冷凝层厚度可达 10mm 左右。

(2) 低温吸附。气体分子以一个单分子层厚（10^{-8}cm 数量级）被吸附到涂在冷板上的吸附剂表面上。吸附的平衡压力比相同温度下的蒸气压力低得多。如在 20K 时氢的蒸气压力等于大气压力，用 20K 的活性炭吸氢时吸附平衡压力低于 10^{-8}Pa。这样就可能在较高温度下通过低温吸附来进行抽气。

(3) 低温捕集。在抽气温度下不能冷凝的气体分子，被不断增长的可冷凝气体层埋葬和吸附。一般来说，泵的极限压力就是冷板温度下的被冷凝气体的蒸气压力。温度为 120K 时，水的蒸气压已低于 10^{-8}Pa；温度为 20K 时，除氦、氖和氢外，其他气体的蒸气压也低于 10^{-8}Pa。但由于被抽容器和低温冷板的温度不同，泵的极限压力高于冷凝物的蒸气压。对于室温下的容器，低温板为 20K 时，泵的极限压力约为冷凝物蒸气压力的 4 倍。

由于各种真空泵具有的工作压强范围及起动压强均有所不同，因此在选用真空泵时必须满足这些要求。表 1.2 给出了各种常用真空泵的工作压强范围及泵的启动压强值。

表 1.2　常用真空泵的工作压强范围及启动压强

真空泵种类	工作压强范围/Pa	启动压强/Pa
旋片式机械泵	$1\times10^{5}\sim6.7\times10^{-1}$	1×10^{5}
罗茨真空泵	$1.3\times10^{3}\sim1.3$	1.3×10^{3}
油扩散泵	$1.3\times10^{-7}\sim1.3\times10^{-2}$	1.3×10
涡轮分子泵	$1.3\times10^{-5}\sim1.3$	1.3
低温吸附泵	$1.3\times10^{-11}\sim1.3$	$1.3\sim1.3\times10^{-1}$

1.2.2　真空的测量

为了判断和检测真空系统的真空度，必须对真空容器内的压强进行测量，这种真空测量仪器称为真空计（规管）。真空镀膜技术中涉及的气体压强很低，直接测量其压力是非常困难的，因此通过测定在低气压下与压强有关的一些物理量，再经变换后确定真空系统中的压力。目前，还没有一种真空计能够测量从大气到 10^{-10}Pa 整个范围的真空度。真空计按照不同的原理和结构可分成许多类型。

1.2.2.1　电阻真空计

电阻真空计是皮拉尼在 1906 年发明的，又称皮拉尼真空计。它是由真空计管和测量线路两部分组成。外壳由硬质玻璃制成，一端封闭，另一端在测量时与被测的真空系统连接，如图 1.6 所示。热丝采用电阻温度系数大的钨、铂等金属丝制成。钨、铂等金属的电阻温度系数大，故能够迅速反映出温度的变化。热丝通过两根支架与测量电路相连。当被测真空系统压力降低时，与其相连的真空计管内压力也降低，由气体热传导散失的热量就会减少。如果热丝中加热电流一定，则热丝的温度就上升，热丝的电阻值相应增大；反之亦然，当被测系统压力升高时，热丝的电阻值就相应变小。用测量热丝电阻值的变化代替测量压力的大小，这就是电阻真空计的工作原理。这种真空计除要求所用的热丝具有大的电阻温度系数以便提高灵敏度外，还要求热丝具有良好的化学稳定性。电阻真空计的测量范围为 $5.0\times10^{-1}\sim3.0\times10^{3}$Pa。

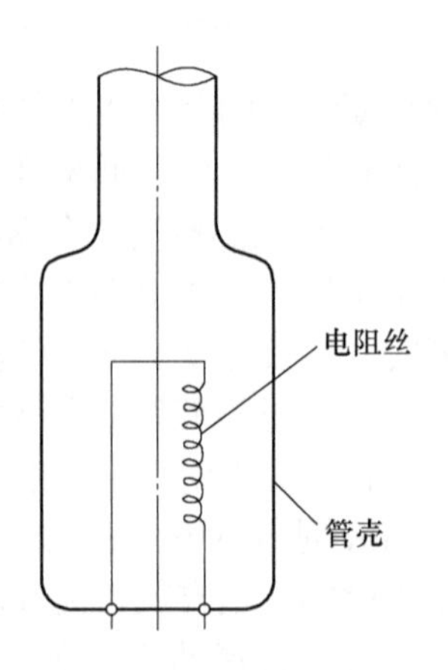

图 1.6　电阻真空计结构[4]

1.2.2.2　热偶真空计

热偶真空计和电阻真空计同属热传导真空计的范畴。多数的热偶真空计是按定流型的方式工作，即加热电流为常数，用热偶直接测出随压力变化的热丝温度，输出的信号为热电势，从而测出真空度（图 1.7）。常用的热电偶材料有康铜-镍铬丝、铂铑-铂等。热丝表面温度的高低与热丝所处的真空状态有关。真空度高，则热丝表面温度高（与热丝碰撞的气体分子少），热电偶输出的热电势高。热偶真空计的缺点是量程窄、稳定性差、受环境温度影响较大，测量范围为 0.1~100Pa。

1.2.2.3 电离真空计

在低压气体中，气体分子被电离时产生的正离子数通常与气体分子密度成正比。利用这个关系制成的真空计叫电离真空计（图 1.8）。可以促使气体分子电离的电离源有许多种，根据电离源的不同，产生了各种类型的电离真空计。具有产生热电子发射的热阴极电离源的真空计称为热阴极电离真空计；具有场致发射、光电发射等冷发射电离源的真空计称为冷阴极电离真空计；用放射性物质做电离源的真空计称为放射性电离真空计。电离源虽有不同的种类，但都是利用在电场中或磁场中被加速的电子去轰击气体分子，使其电离。在真空测量中，电离真空计是最主要的一种。不同类型的电离真空计配合使用，能够测量的压力范围可以从 1Pa 起直至目前所能测量的最低压力止[4]。

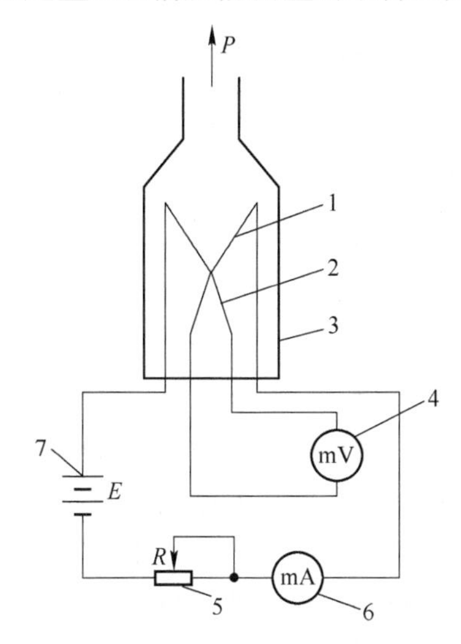

图 1.7 热偶真空计结构原理[4]

1—热丝；2—热电偶；3—管壳；4—电压表；5—限流电阻；6—电流表；7—恒压电源

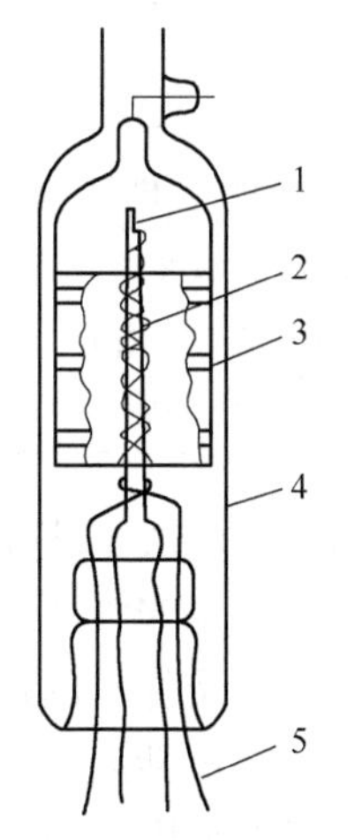

图 1.8 电离真空计[4]

1—灯丝；2—栅极；3—收集极；4—玻壳；5—引线

1.3 薄膜的表征

薄膜由于在制备方法和功能需求方面与块体材料存在很大的差别，因此，其组织结构和力学性能等表征方法也存在一定的特殊性：

（1）薄膜的厚度从几个纳米到上百微米之间变化，而厚度会直接影响薄膜的服役性能，因此，有必要采用多种方法针对不同厚度的薄膜进行微观尺寸测量。

（2）当薄膜很薄时，如几十个纳米级别时，传统的以体积效应为基础的分析方法（如 X 射线衍射）需要进行一些条件设定，否则无法满足测试的需求。

（3）镀膜过程涉及从气态到固态的急冷过程，可能形成非稳态结构（如非晶组织），同时，薄膜可能出现择优取向和多层结构。因此，需要充分利用多种手段分析薄膜中的复杂结构。

（4）薄膜的表面及内部一定深度内的成分及其分布有所不同，因此，需要选择合理的成分分析手段进行成分表征。

1.3.1　薄膜的成分和结构

薄膜的化学成分取决于蒸发源的组成、入射原子/离子的能量密度、沉积气压、偏压等诸多因素。蒸发源中的各种元素可在沉积过程中发生偏离，导致薄膜成分与源材料不同。其中 EDS、AES、XPS、RBS 和 SIMS 等是常用的表征 PVD 薄膜化学组成的手段，其对比见表 1.3。

表 1.3　薄膜成分表征方法及特点[5]

分析方法	分析元素	空间分辨率	探测深度
电子能量色散谱（EDS）	C～U	约 1μm	约 1μm
俄歇电子能谱（AES）	Li～U	50nm	约 1.5nm
X 射线光电子能谱（XPS）	Li～U	约 100nm	约 1.5nm
卢瑟福背散射光谱（RBS）	He～U	1mm	约 20nm
二次离子质谱（SIMS）	H～U	约 1μm	约 1.5nm

薄膜的性能取决于薄膜的结构和成分。其中薄膜的结构可以按照尺度范围分为三个层次：一是宏观形貌，包括薄膜尺寸、形状、厚度和均匀性等；二是微观形貌，包括晶粒及物相的尺寸和分布、孔隙和裂纹、界面扩散层及薄膜织构等；三是显微组织，包括晶粒内的缺陷、晶界及外延界面的完整性、位错组态等。针对薄膜不同尺度范围的研究，可选择不同的研究手段，包括光学金相显微镜、扫描电子显微镜、透射电子显微镜和 X 射线衍射技术等。因此，结构测试对于薄膜评价至关重要。简单结构薄膜表征较为简单，但单一结构薄膜目前已经很难满足复杂工况的服役需求，因此，此处不讨论单一薄膜的表征。这里主要介绍多层薄膜的结构表征。

常规确定材料相结构的方法有 X 射线衍射，X 射线衍射是确定三维有序固体的经典和成熟的技术。这里三维意味着体测量，它由 X 射线吸收深度决定，典型值为10~100μm，对于近表面分析，需要一个能在表面和近表面满足衍射条件的几何构型以及有效的相互作用。掠入射X射线衍射或低能电子衍射技术为表面和界面结构的分析开辟了很好的前景。其中电子与表面物质相互作用强，而穿入固体的能力较弱，并可用电磁场进行聚焦，这使得电子衍射特别适合微晶、表面和涂层晶体结构的分析和研究。

传统的微米尺度薄膜结构均可以通过SEM观察截面得到。特殊的光学膜也可以通过干涉仪测量，此处不再详述。值得一提的是，纳米薄膜或超晶格薄膜的子层结构表征主要通过TEM进行分析。一般来说，有两种TEM样品制备方法，用于观察PVD薄膜微观结构：机械研磨+离子减薄和聚焦离子束（FIB）。样品制备方法和多层薄膜的典型结构如图1.9所示。

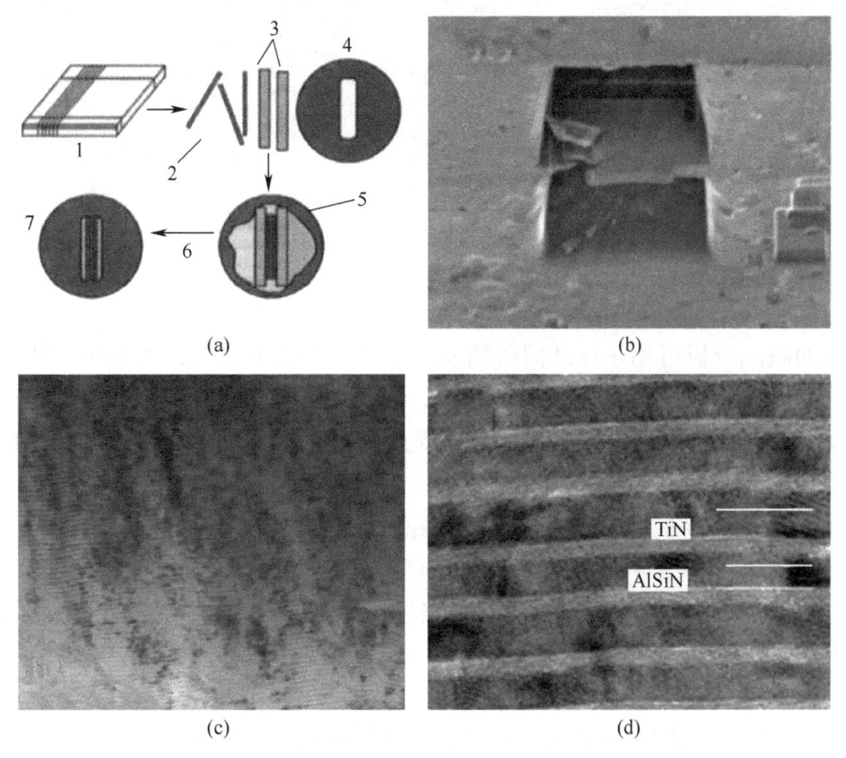

图1.9 TEM试样制备步骤和多层硬质薄膜的典型结构[6]

（a）机械研磨+离子减薄；（b）FIB切割；（c）超晶格薄膜的截面TEM图像（FIB切割获得）；（d）高分辨率TEM图像（FIB切割获得）

1—试样；2—切片；3—垫片；4—栅格；5—胶；6—反转；7—样品

观察分析薄膜样品表面形貌的方法很多，如光学显微镜、表面粗糙度仪、原子力显微镜（AFM）、扫描电子显微镜（SEM）等。其中扫描电子显微镜（SEM）是利用聚焦电子束在试样表面扫描时激发的各种物理信号来调制成像，不仅可以分析形貌像，还能分析微区成分和晶体结构等多种微观组织结构信息。

由于真空镀膜技术的自身特点，所制备的薄膜表面会出现一些缺陷，如大颗粒。此外，对于某些 PVD 技术（如电弧离子镀），可能在薄膜表面上形成针孔和浅坑等缺陷。图 1.10 所示分别为电弧离子镀薄膜的大颗粒、针孔和浅坑等典型缺陷。颗粒主要来自未反应的金属颗粒；针孔是由薄膜生长过程中晶粒或微晶的收缩引起的；浅坑起源于大颗粒的散裂。这些大颗粒和缺陷会影响机械性能，例如薄膜的硬度、摩擦磨损性能，进一步影响其使用性能。因此，有必要计算薄膜表面的缺陷率。

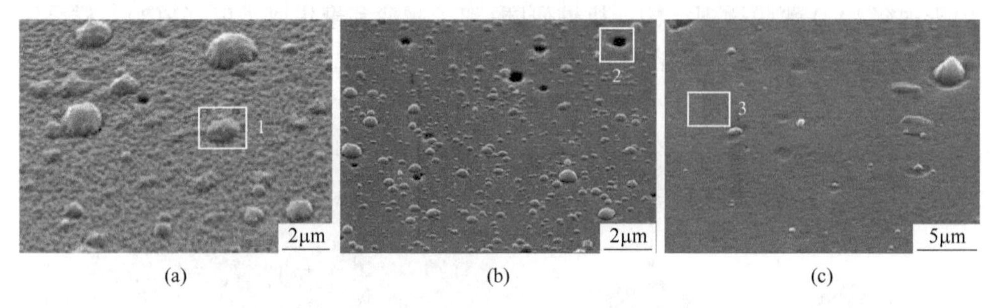

(a)　(b)　(c)

图 1.10　PVD 薄膜常见的表面缺陷[7]
1—大颗粒；2—针孔；3—浅坑

表面缺陷分析可用于评估薄膜的表面质量。缺陷率定义为由颗粒、针孔和浅坑组成的面积除以总观测面积的百分比。较低的缺陷率意味着更好的表面质量，一般认为抛光后的薄膜缺陷率小于 10%是可接受的。下面简要介绍表面缺陷率的计算步骤（图 1.11）：

（1）薄膜表面应抛光，以获得较低的粗糙度值。

（2）准备至少 2 个样品或小产品以避免误差，用丙酮或酒精超声清洁表面。

（3）通过 SEM 图像观察表面。每张样品拍摄 5 张×1000 倍的图像。所有图像应在相同参数（像素、颜色、亮度、对比度和清晰度）和二次电子模式下拍摄。

（4）删除所选图像中的无用信息，并将图像调整为灰度。

（5）使用图像处理软件分析所选图像，该软件可以自动获取缺陷率。

（6）计算 10 张图像的缺陷率的平均值。

1.3.2　薄膜的硬度

硬度是材料抵抗异物压入的能力，是材料多种力学性能的综合表现，也是评价硬质薄膜的主要力学性能指标，其影响薄膜的耐磨性、承载能力和疲劳性能等。薄膜的硬度值取决于压头的形状和计算方法。对于微米甚至纳米级别的薄

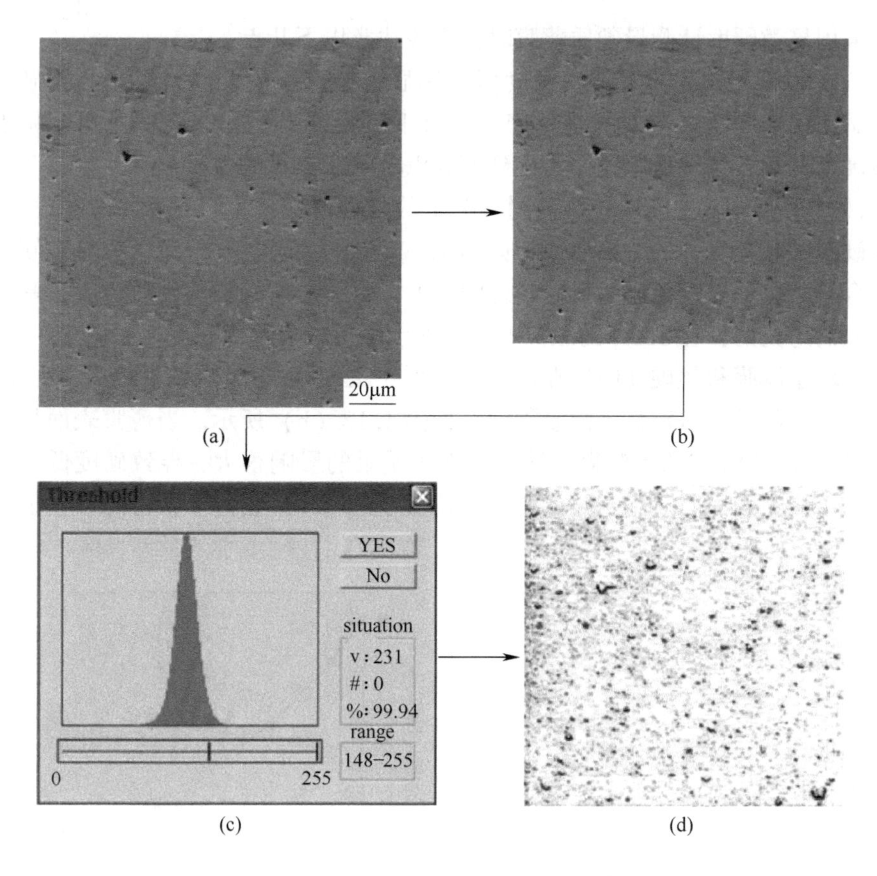

图 1.11 薄膜表面缺陷率计算步骤[5]

膜，需要选择合适的压入载荷才能获得准确的硬度值：较大的载荷会因压头前端的变形区扩展到基体，由于薄膜-基体体系共同作用，会使测得的硬度值偏低；而较小的载荷则会由于薄膜表面粗糙度引起测量结果的失真和分散。通常认为压痕深度与薄膜厚度之比小于 1/10，才能保证测量结果的可靠[8]。

薄膜的硬度可以通过纳米压痕测试和静态压痕（显微硬度）测试来测量。显微硬度有两种测试方法：维氏硬度和努氏硬度，由于操作方便，均在工业生产中被广泛使用。由于努氏硬度的压痕压入深度只有长对角线长度的 1/30，而维氏硬度的压痕压入深度为对角线长度的 1/7，所以努氏硬度计更适用于薄层，维氏硬度试验适用于较大工件和较深表面层的硬度测定。显微硬度的压痕一般在 1000 倍以下的显微镜下观察，当硬度较高时，但由于压痕太小，压痕对角线的测量精度小、误差大。为了提高测量精度，先进的显微硬度计会配备一套计算机半自动控制系统，可以自动加载，将压痕放大，显示在显示屏上。压痕被放大更高倍数后，测量精度可以得到很大的提高。

采用显微硬度计测量硬质薄膜时，应该注意以下几点：

（1）由于相同载荷下努氏硬度压痕比显微维氏压痕要浅，因此努氏显微硬度测试适用于厚度大于 2μm 的薄膜，而对于厚度大于 4μm 的薄膜，可采用维氏显微硬度测试，当然这里还需考虑到薄膜以及基体本身的性质。

（2）采用显微硬度计获得不同载荷下的复合薄膜硬度（薄膜+基材），并绘制成硬度和载荷之间的关系曲线，如图 1.12 所示。载荷值 L_p 定义为显微硬度测量的合理载荷，以避免压痕尺寸效应的影响。对于硬度较低的硬质薄膜，基材影响是显而易见的，在 100N 的载荷下测量的硬度可代表薄膜硬度，如图 1.12（a）所示。对于厚膜和超硬薄膜，在低载荷（低于 250N）下没有基材效应，在 250N 载荷下测得的硬度可定义为薄膜硬度，如图 1.12（b）所示。当薄膜表面粗糙度较大时，在 100N 载荷下测得的硬度受表面质量的影响很大，导致硬度低于实际值。为了避免表面质量和基材的影响，应接受在 250N 载荷下获得的最大值，如图 1.12（c）所示。

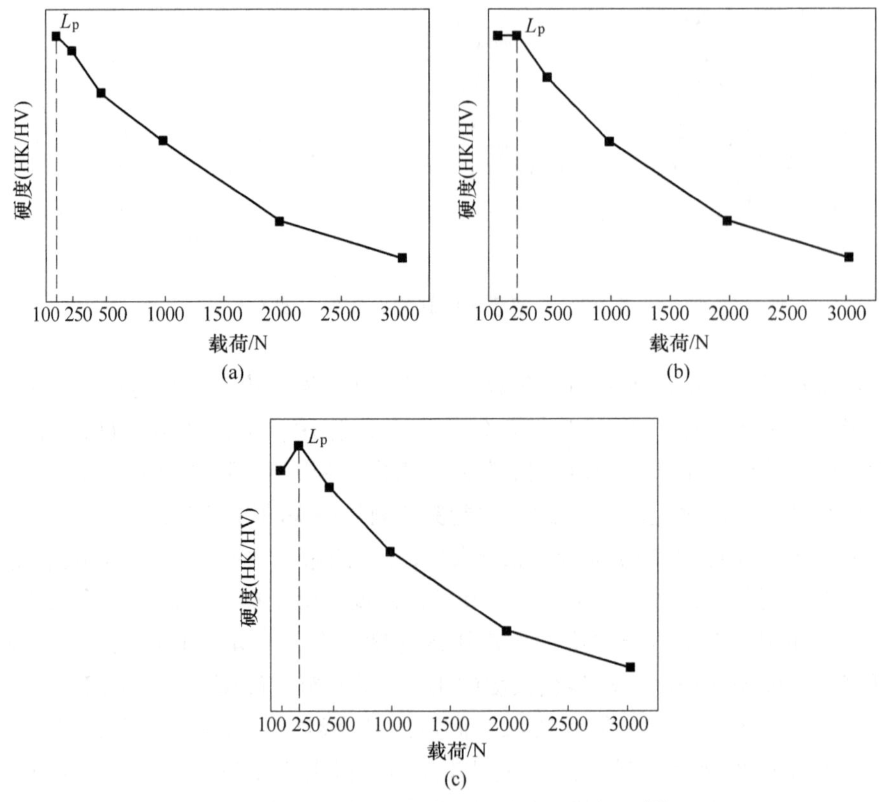

图 1.12　不同硬度分布下测定合理载荷 L_p [5]

（a）硬度和载荷之间呈现线性相关性；（b）在 0.1N 和 0.25N 载荷下的硬度值测量保持恒定；（c）0.25N 载荷下硬度测量值显示最大值的值

综合来看，硬质薄膜的显微硬度值主要受薄膜厚度、基材硬度、表面粗糙度和缺陷的影响。为避免基材对薄膜硬度的影响，最好的方法是采用纳米压痕测试方法。其原理是通过连续记录压头施加的力和压入试件或工件表面的深度，根据力-深度曲线计算硬度，但是该方法要求薄膜试样具有较高的表面质量。

纳米压痕技术主要用于微纳米尺度薄膜材料的硬度与杨氏模量测试，测试结果通过力与压入深度的曲线计算得出，无需通过显微镜观察压痕面积，使得纳米薄膜硬度检测技术获得快速发展。纳米压痕仪装有高分辨率的制动器和传感器，可以控制和监测压头在材料中的压入和退出，能提供高分辨率连续载荷和位移的测量，可直接从载荷-位移曲线中实时获得接触面积，大大降低人为测量误差，非常适合较薄的薄膜。目前，纳米压痕仪测量装置的最小载荷为1nN，可测量的位移为0.1nm。

常用的连续刚度标准法是通过动态加载方式确定界面的弹性接触刚度，进而进行连续的、小范围的界面间弹性的加载-卸载过程，以此连续地测试出界面接触刚度的数值，从而计算出在不同载荷下不同深度处硬度和弹性模量的数值。通过该方法的测试，既可以得到硬度和弹性模量随涂层深度的变化，从而知道薄膜的整体质量情况，也可以得到在某一厚度范围内的薄膜硬度或弹性模量的平均值。

1.3.3 薄膜的结合力

薄膜结合力是指薄膜与基体表面的相互黏附能力，即将薄膜从基体上剥离的难易程度。越难剥离，薄膜结合力越好。薄膜的结合力是薄膜非常重要的一个性能指标，它决定了薄膜的稳定性、使用寿命和综合性能。尤其对于硬质薄膜，高的内应力导致薄膜的起皱、开裂甚至剥落，影响薄膜的使用寿命。因此，测量薄膜的结合强度具有十分重要的意义。对于PVD薄膜来说，比较常用的方法是划痕测试法和压痕测试法。

1.3.3.1 划痕测试法

划痕法是目前应用较为成熟的一种测试薄膜-基体结合强度的方法。测试时，将圆锥状金刚石压头（一般锥角120°，曲率半径0.2mm）以一定的速度划过试样表面，同时使作用于压头上的垂直压力步进式加载或连续式加载直到薄膜脱离，薄膜从基体剥落的最小压力称为临界载荷，用来表征薄膜的结合强度。临界载荷的确定有4种方法[9]。

（1）显微观察法。用光镜或扫描电镜对划痕进行观察，以出现开裂或剥落的位置对应的最小负荷为临界载荷。然而，划痕时薄膜有开裂、剥落和皱褶等不同的破坏形式，对应不同的临界载荷，这就限制了显微观察法的应用。

(2) 电子探针法。用电子探针对划痕沟槽进行化学分析，如测得的为基体成分，表明薄膜已划破，在划痕方向开始划破处对应的载荷值即为临界载荷。

(3) 声发射监控法。不同载荷作用下的声发射不同，压头将薄膜划破或剥落时发出的声信号会有突变，此时的垂直载荷即为临界载荷。

(4) 切向摩擦力法。在线性增加的载荷作用下进行划痕试验时，当压头划针将薄膜划破或使之脱落时，摩擦系数将发生较大变化，切向力由此也发生变化，此时的载荷即为薄膜的临界载荷。

1.3.3.2　压痕测试法

压痕法是生产和实践中最广泛采用的一种方法，它可以在洛式硬度计上进行，可以作为定性评价薄膜结合强度强弱的一个标准。压痕法是通过不同的载荷压入试样表面的，通过观察压痕周围薄膜的开裂情况判断其结合强度，最后与图1.13的裂纹判定标准进行参照比对，以评价其薄膜结合强度。等级HF1～HF6依次代表着结合强度由好到差。这种测试方法简便易行、检测迅速，尤其是在工业生产中对于质量控制是一种经济有效的方法。由于此法固定了压入载荷，因此无法准确测量出表征薄膜-基体结合的具体临界载荷，只能作为一种定性比较分析方法。

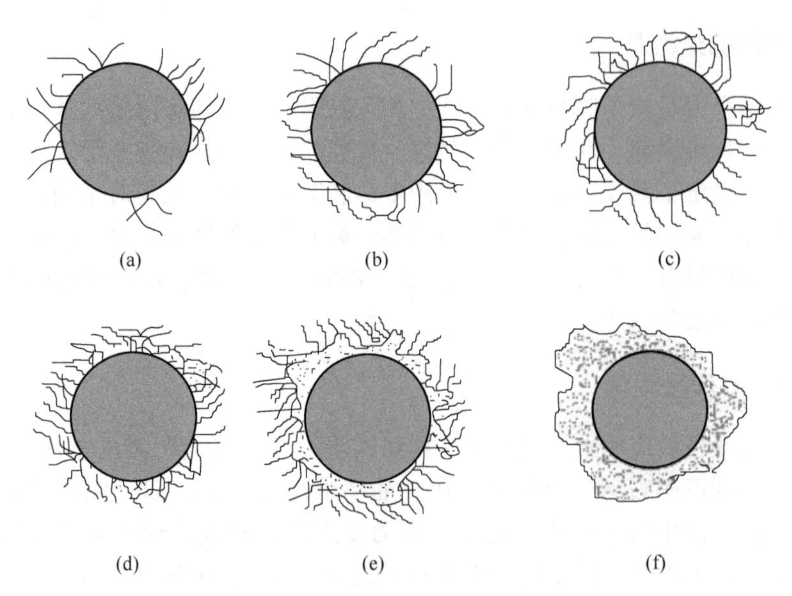

图1.13　洛氏压痕定性评价薄膜结合强度[10]

(a) HF1；(b) HF2；(c) HF3；(d) HF4；(e) HF5；(f) HF6

2 PVD 薄膜成膜原理

2.1 等离子体特性

真空镀膜既包括真空获得、源材料蒸发、等离子体产生与输运、电场和磁场对等离子体的约束与控制、薄膜的形核和生长等阶段，沉积合成后还包括材料表征、性能评价等过程，各个过程相互影响又相互依存，它们共同决定着薄膜沉积的本质规律。单纯使用材料学的工艺—组织—性能的常规研究方法已经不能完全满足要求，因为这样的研究方法都是把真空镀膜等离子体反应器当作具有输入、输出端的“黑匣子”，而忽视其中内部微观特性等方面。由于真空镀膜过程是在等离子体环境中进行的，用电磁场激发产生等离子体是薄膜沉积的前级过程，因此等离子体的基本特性对制备薄膜材料具有决定性的意义。

朗缪尔在研究氖等气体的真空放电时，使用了等离子体的概念。广义上等离子体为带正电的粒子与带负电的粒子具有几乎相同的密度，整体呈电中性状态的离子集合体。由于等离子体是一个没有任何本征张力或压力的介质，但它对电场和磁场有强烈的响应，因此，等离子体的行为与固体、液体或气体的行为有着本质的区别。

等离子体的主要表现有以下几个方面。

2.1.1 等离子体的基本参量以及等离子体温度

对于稳定的等离子体来说，可以用 5 个基本参量来表征，它们是电离度χ、等离子体密度 n_0、电子温度 T_e、离子温度 T_i和原子气体温度 T_a。其中带电粒子的温度来自于对它们的平均动能的定义，各自的关系式如下：

$$\frac{1}{2}m_e \bar{v}_e^2 = \frac{3}{2}kT_e \tag{2.1}$$

$$\frac{1}{2}m_i \bar{v}_i^2 = \frac{3}{2}kT_i \tag{2.2}$$

$$\frac{1}{2}m_a \bar{v}_a^2 = \frac{3}{2}kT_a \tag{2.3}$$

式中，m_e、m_i、m_a 分别为电子、离子、气体原子（分子）的质量；$\bar{v}_e^2$、$\bar{v}_i^2$、$\bar{v}_a^2$ 分别为各自的均方根速率；k 为玻耳兹曼（Boltzmann）常量。

通常人造的等离子体，尤其是低气压放电等离子体，大部分远离热力学平衡态，存在电子温度很高，而气体温度处于低温（室温上下状态），即 $T_e \gg T_i$ ($\approx T_a$)，因此称为低温等离子体。辉光放电、射频放电以及低气压弧光放电产生的等离子体均属于低温等离子体。在这种等离子体中，电子的能量相对较高，而质量又很小，所以平均速度较大，与气体分子进行非弹性碰撞，从而使气体电离，产生新电子以继续维持放电过程。

在等离子体中，电子温度和离子温度一般都以平均动能（$\frac{3}{2}kT$）表示，并以 eV 为单位，它与温度的对应关系可表示为：

$$1\text{eV} = 11600\text{K} \tag{2.4}$$

2.1.2 等离子体振荡

在等离子体中，有些区域的电子密度偏大，电荷密度的分布会出现不一致，致使电中性的条件局部受到破坏，而电子会立即响应，向着使空间电荷中和的方向移动。但电子很小且具有一定质量，由于惯性作用会造成过平衡状态，将再次向中和方向返回，其反复的结果会引起振荡，称为等离子体振荡。等离子体振荡的频率即电子等离子体振荡频率可表示为：

$$f_p = \sqrt{\frac{e^2 n_e}{\varepsilon_0 m_e}} \tag{2.5}$$

式中，n_e为电子密度，m^{-3}，一般也就是等离子体密度；e 为电子电荷；ε_0 为真空介电常数。

由式（2.5）可知，对于确定的体系，等离子体频率唯一地由等离子体密度决定，例如 $n_e = 10^{16} m^{-3}$时，$f_p \approx 898$MHz，处于微波范围。

等离子体频率可以理解为电子能够响应集体运动的最高频率。如果将式（2.5）中的电子质量换成离子质量，就可得到“离子等离子体频率”，它可以理解为离子能够响应集体运动的最高频率。例如密度为 $10^{16} m^{-3}$的氩等离子体的 $f_{pi} \approx 3.3$MHz，在 13.56MHz 的射频频放电时，离子几乎不振动，而只是在平均意义上的直流电场的作用下进行迁移运动。

2.1.3 等离子体的屏蔽效应及德拜长度

当等离子体的电中性平衡状态受到扰动时，便会产生抵消这种扰动的屏蔽层，把扰动限制在有限的空间内，等离子体的这种特性称为德拜屏蔽，它是等离子体的重要性质之一。德拜长度 λ_D是衡量等离子体中微扰影响范围的特性参数，它取决于电子温度和等离子体的密度，并由下式给出：

$$\lambda_D = \sqrt{\frac{\varepsilon_0 K T_e}{n_e e^2}} = 7.43 \times 10^3 \sqrt{\frac{T_e}{n_e}} \tag{2.6}$$

显然，只有当等离子体的宏观空间尺寸远大于 λ_D时，等离子体才能充分显示屏蔽效应，使大部分等离子体不受扰动的影响。德拜长度的物理意义有两个方面：一方面它是静电作用的屏蔽半径；另一方面，它又是局域性电荷分离的空间尺度。

2.1.4 等离子体鞘层与等离子体电位

在等离子体内部，正负电荷密度十分接近，因此是准中性的，因此，在等离子体中移动电荷所需要的功宏观上为零，也就是等离子体的电位 V_P是一定的。为了确定 V_P，必须确定等离子体与电位基准物体之间的关系，这些物体可能是器壁和基片等。

当处于悬浮电位的物体置于等离子体中时，其表面相对于等离子体来说，处于负电位，将在接触的交界区域形成一个电中性被破坏的空间电荷层（$n_e \neq n_i$），称为等离子体鞘层（sheath）。实验证明，对于悬浮的基体，由于电子比离子扩散得快，于是基体表面就会累积负电荷，屏蔽这些负电荷形成的电场，需要在基体表面前德拜长度相当的区域内形成离子密度 n_i大于电子密度 n_e的空间电荷层（正离子“鞘层”）。同时，鞘层的边界并不是尖锐的，在等离子体本身和鞘层边缘之间还存在一个准中性区，即“预鞘层（pre-sheath）”，图 2.1 所示为鞘层区的密度与电位分布图。

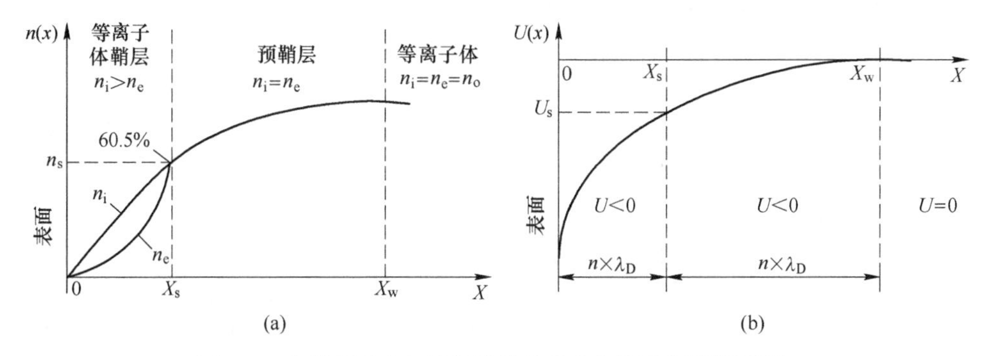

图 2.1 在等离子体与基体接触处形成的鞘层和预鞘层[11]

在等离子体环境下 PVD 镀膜工艺通常需要给基体外加很高的负偏压，此时基体附近区域的鞘层基本上集中了两极间全部的电位降，使鞘层内存在很强的偏压电场，离子在飞向基体表面前受到偏压电场的加速获得能量并轰击基体表面的过程就发生在鞘层内。此时的等离子体鞘层厚度 d 可以由下式来估计：

$$d \approx 1.1 \left[\frac{e(V_P - V_B)}{kT_e} \right]^{\frac{3}{4}} \times \lambda_D \tag{2.7}$$

式中，V_B为外加在基片上的偏压幅值。

由式（2.7）可知，鞘层厚度与等离子体密度、电子温度和等离子体电位以及外加偏压有关，在鞘层上的电压降一定时，越是稀薄的等离子体，其鞘层厚度越大。

因此，PVD 镀膜工艺及其中许多现象都与鞘层的形成、鞘层的特性及鞘层中产生的物理化学过程密切相关。

2.2 凝结过程

在气态原子沉积到基体表面形成薄膜的过程中，气相沉积薄膜的微观结构有很大的变化。按结构的不同，薄膜可分为单晶薄膜、多晶薄膜、非晶薄膜等。薄膜的生长过程直接影响薄膜的结构以及最终的性能。薄膜的形成一般可分为凝结过程、核形成与生长过程、岛形成与生长结合过程。

凝结过程是从蒸发源中被蒸发的气相原子、离子或分子入射到基体表面之后，从气相到吸附相，再到凝结相的一个相变过程。从蒸发源入射到基体表面的气相原子都有一定的能量。到达基片表面之后可能发生三种现象：（1）与基体表面原子进行能量交换被吸附；（2）吸附后气相原子仍具有较大的解吸能，在基体表面作短暂停留后再解吸蒸发；（3）与基体表面不进行能量交换，入射到基体表面上并反射回去。凝结是吸附和解吸过程动态平衡的结果。为描述这个动态平衡的能量关系，引进热适应系数 α_T：

$$\alpha_T = \frac{T_I - T_R}{T_I - T_S} = \frac{E_I - E_R}{E_I - E_S} \tag{2.8}$$

式中，T_I、E_I分别为入射原子的等效均方根温度和等效动能；T_R、E_R分别为反射或再蒸发原子的等效均方根温度和等效动能；T_S、E_S为对应于基片的等效均方根温度和等效动能。

由式（2.8）可知，热适应系数的数值在 0~1 之间。$\alpha_T = 0$ 表示完全不适应，入射气相原子与基体完全没有热交换，属于弹性反射情况（没有能量损失）；$\alpha_T = 1$ 表示完全适应，吸附原子在表面停留期间和基体能量交换充分达到热平衡。当入射到基体的原子失去全部过剩能量时，它的能量状态完全由基体温度决定。若入射原子的能量接近基体表面的吸附能，热适应系数实际上等于 1。

原子在表面开始是物理吸附，吸附原子在表面的停留时间为：

$$\tau_s \approx \frac{1}{\nu} \exp\left(\frac{E_a}{kT}\right) \tag{2.9}$$

式中，ν 是吸附原子表面振动频率；E_a 是在给定基体上的原子吸附能；T 是原子的等效温度，其值通常是在蒸发源温度和基体温度之间。

当具有高吸附能时，即 $E_a \gg kT$，τ_s 很大，入射原子能够迅速达到热平衡，吸附原子可看作被局域化，只能通过分立的跳跃扩散。若 $E_a \approx KT$，吸附原子不会很快达到平衡温度，因此它保持过热状态。这种情况下的迁移吸附原子可看作是形成二维气体，气体的动能可用于决定它们的运动。停留原子沿表面的平均扩散距离 $\bar{X}$ 为：

$$\bar{X} = (2D_s\tau_s)^{1/2} = (2\nu\tau_s)^{1/2}a\exp\left(-\frac{E_d}{2kT}\right) = 2^{1/2}a\exp\left(\frac{E_a - E_d}{2kT}\right) \tag{2.10}$$

式中，a 为相邻吸附位置的间距；E_d是表面扩散激活能。

表面扩散系数为：

$$D_s = a^2\nu\exp(-E_d/kT) \tag{2.11}$$

由式（2.11）可知，表面扩散激活能 E_d越大，扩散越困难，平均扩散距离越短；吸附能 E_a 越大，吸附原子在基体表面上停留时间越长，平均扩散距离也越长。

2.3 薄膜的形核与生长

薄膜的生长模式主要有三种：岛状生长模式，层状生长模式和层岛复合生长模式。各种生长模式示意图如图 2.2 所示。

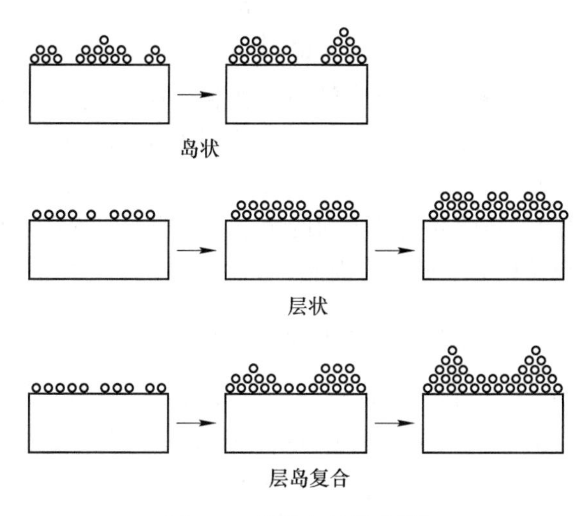

图 2.2 薄膜生长模式[12]

在岛状生长模式中，由于基体表面粒子间的结合能远高于粒子与基底材料间的结合能，故而这些粒子先于基体上形成最小稳定基团并以此为形核点沿着三维（3D）方向生长成纳米岛。随着纳米岛的长大以及彼此之间的相互接触最终形成连续的薄膜。

在层状生长模式中，通常为最小稳定基团在基体材料上形核后沿着二维（2D）方向延展最终成膜的过程。层状生长模式的产生主要归因于基底表面上粒子之间的结合能明显低于粒子与基体之间的结合能，且层间作用力随层数的累积而减弱。

混合生长模式（岛状+层状）为 3D 岛状和 2D 层状相结合的生长模式。沉积到基底表面上的原子（分子）首先以层状模式发展到一至几个原子层而后转变为岛。其根本原因是薄膜生长过程中各种能量的相互消长。

由于大多数薄膜的形成与生长都属于第一种生长模式，即在基体表面上吸附的气相原子凝结后，在其表面扩散迁移，形成晶核，核再结合其他吸附气相原子逐渐长大形成小岛，岛再结合其他气相原子形成薄膜，因此可以说薄膜的形成由成核开始的。在薄膜形核长大的最初阶段，首先要有新相的核心形成，其形成过程分为自发形核和非均匀形核两种类型。

2.3.1　自发形核

当薄膜与基体之间的润湿性较差时，薄膜的形核过程可近似看作是完全由相变自由能推动进行的一个自发过程。设新相核心的半径为 r，那么形成一个新相核心所需体系的自由能变化为：

$$\Delta G_V = \frac{kT}{W}\ln\left(\frac{P_V}{P}\right) \tag{2.12}$$

式中，P_V为固相的平衡蒸气压；P 为气相的过饱和蒸气压；W 为原子体积。

当过饱和度为零时，$\Delta G_V = 0$，这时没有新相的核心形成，已经形成的新相核心不再长大；只有当 $P>P_V$，$\Delta G_V < 0$ 时，新相的形核才具有驱动力，于是新相的核心才能形成并伴随着新的固气相界面的生成，相应的界面能也增加，其大小为 $4\pi r^2\gamma$。其中 γ 为单位核心表面的表面能。此时，系统的自由能变化为：

$$\Delta G = \frac{4}{3}\pi r^3\Delta G_V + 4\pi r^2\gamma \tag{2.13}$$

对 r 求微分，ΔG 为零的条件为：$r^* = -2\gamma/\Delta G_V$，它是能够平衡存在的最小的固相核心半径，又称临界形核半径。临界形核时系统的自由能变化：

$$\Delta G^* = \frac{16\pi\gamma^3}{3\Delta G_V^2} \tag{2.14}$$

以上对形核长大从热力学角度进行了讨论。从动力学角度来讲，溅射粒子到达基体后形成核心，核心长大的过程中，需要不断吸纳扩散来的单个原子继续长大，同时，会有更多的核心吸纳扩散来的原子长大，于是当形成的核心数量足够时，核心之间也会通过合并长大。因此，采用降低基体温度的方法可以抑制原子和小核心的扩散，抑制新相的形核长大过程，使细小的核心来不及扩散合并就被沉积来的原子覆盖，从而形成晶粒细小、表面平整的薄膜。

2.3.2 非自发形核

非自发形核指的是除了有 ΔG 以外，还有其他能量来帮助新相形成核心，如图 2.3 所示。自发形核一般只发生在一些精确控制的环境中，大多数固体相变过程中，涉及的形核都是非自发的。新相的核心将首先出现在那些能量比较有利的位置。薄膜新相的核心在基体上形成的初期，其自由能变化为：

$$\Delta G = a_1 r^3 \Delta G_V + a_2 r^2 \gamma_{fs} - a_2 r^2 \gamma_{sv} + a_3 r^2 \gamma_{vf} \tag{2.15}$$

式中，ΔG_V 为单位体积的相变自由能；γ_{fs} 为薄膜与基体之间的表面能；γ_{vf} 为气相与薄膜之间的表面能；γ_{sv} 为基体与气相之间的表面能；a_1、a_2 和 a_3 是与核心具体形状有关的常数。

$$a_1 = \pi(2 - 3\cos\theta + \cos^3\theta)/3 \tag{2.16}$$

$$a_2 = \pi\sin^2\theta \tag{2.17}$$

$$a_3 = 2\pi(1 - \cos\theta) \tag{2.18}$$

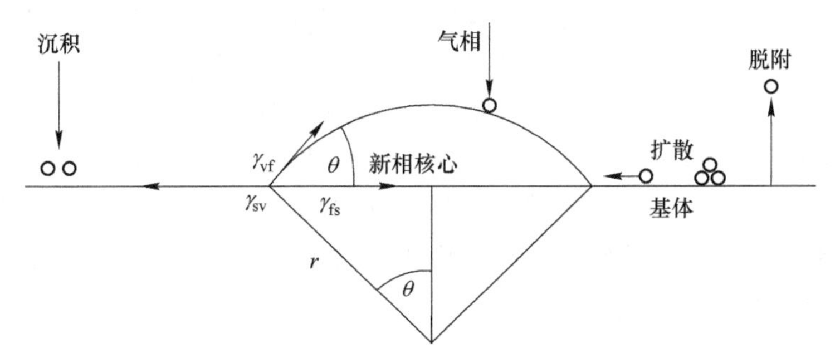

图 2.3 薄膜非自发形核核心示意图[13]

核心形状的稳定性要求界面能彼此满足：

$$\gamma_{sv} = \gamma_{fs} + \gamma_{vf}\cos\theta \tag{2.19}$$

θ 数值越大，薄膜与基体的润湿性差。由式（2.19）可以说明薄膜的不同生长方式。

$$\theta > 0,\ \gamma_{sv} < \gamma_{fs} + \gamma_{vf},\ \text{岛状生长}$$

$$\theta = 0,\ \gamma_{sv} \geqslant \gamma_{fs} + \gamma_{vf},\ \text{层状生长}$$

由式（2.15）对原子半径 r 微分，得出临界形核半径为：

$$r^* = -\frac{2(a_3\gamma_{vf} + a_2\gamma_{fs} - a_2\gamma_{sv})}{3a_1\Delta G_V} = -\frac{2\gamma_{vf}}{\Delta G_V} \tag{2.20}$$

此时，得到临界形核时系统的自由能变化为：

$$\Delta G^{*}=\frac{4(a_1\gamma_{vf}+a_2\gamma_{fs}-a_2\gamma_{sv})}{27a_3^2\Delta G_V^2}=\frac{16\pi\gamma_{vf}^3}{3\Delta G_V^2}\cdot\frac{2-3\cos\theta+\cos^3\theta}{4} \tag{2.21}$$

从式（2.21）可以看出，第一项正是自发形核过程的临界自由能变化，后一项为非自发形核相对于自发形核过程能量势垒降低因子。接触角 θ 越小，薄膜越容易在基体上铺展，则非自发形核的能量势垒降低的越多，非自发形核的倾向也越大。在层状模式时，形核势垒高度为零。

在薄膜沉积时，核心往往出现在基体的某个局部位置上，如晶体缺陷、原子层形成的台阶、杂质原子处等。这些位置或可以降低薄膜与基体之间的界面能，或可以降低使原子发生键合时所需的激活能。因此，薄膜的形核过程在很大程度上取决于基体表面能够提供的形核位置的特征和数量。

2.4　连续薄膜的形成

形成薄膜的初始阶段是以孤立的稳定岛状沉积物覆盖基体表面。随着持续沉积，这些小岛开始聚结形成大岛，从而不断地扩大，最终形成一个连续的薄膜。原子团可以通过撞击实现垂直生长，也可以通过表面扩散横向生长。如果表面扩散能量大且沉积速率高，那么小岛就更趋向于垂直生长。若需要得到单层薄膜，可以通过提高表面扩散能、降低沉积速率获得。有三种核心相互吞并可能的机制：奥斯瓦尔多吞并过程、熔结过程和原子团的迁移。

薄膜的生长阶段可以通过先前产生的原子团在表面上迁移得到大的原子团，也可以通过横向增长机制合并生长。原子团之间的结合称为合并，如图 2.4 所示。控制合并过程可以调整薄膜的结构从而获得特有的性能。两个半径为 R_1 的原子团的总表面自由能 E_s 为：

$$E_s = 2\times 2\pi R_1^2\gamma \tag{2.22}$$

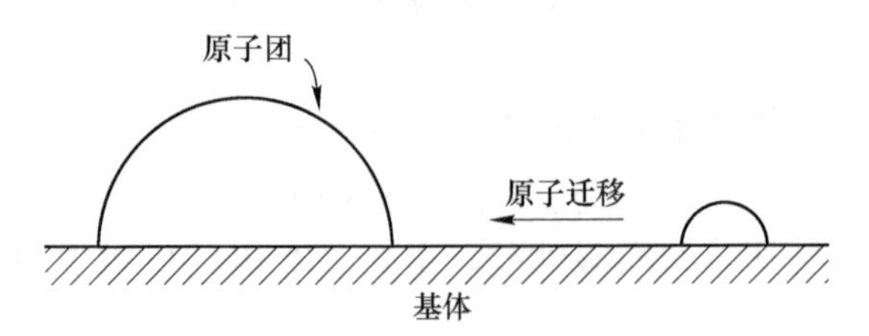

图 2.4　大原子团形成示意图[14]

两个原子团的总体积为：

$$V=\frac{2}{3}\pi R_T^3 = 2\times\frac{2}{3}\pi R_1^3 \tag{2.23}$$

单个大原子团的总表面能为：

$$E_s(T) = 2\pi R_T^2 \gamma = 2\pi \left(2^{1/3} R_1\right)^2 \gamma \tag{2.24}$$

则总能量的比例为：

$$\frac{E_s}{E_s(T)} = \frac{4\pi R_T^2}{2\pi\, 2^{2/3} R_1^2} = \frac{2}{2^{2/3}} > 1 \tag{2.25}$$

新形成的原子团表面积小于两个较小原子团的总表面积，因此，总表面自由能降低。基于原子团交换的合并过程主要受原子团的数量、扩散系数以及基体温度影响。

一个单相体系往往处于亚稳态，因此很容易发生第二相形核。这些核通过气相环境向基体表面扩散而生长。随着基体的组成达到平衡值，基体不再作为溶质。当小颗粒不断聚集形成大颗粒时，生长面发生进一步的粗化，该过程的驱动力来自于临界表面的自由能的降低。奥斯瓦尔多（Ostwald）提出，许多小晶体最初形核后又缓慢消失，只有少数核可以长大成膜。这个过程就是较小的原子团可作为较大原子团的生长基元，不断吞并周围的较小原子团以实现晶体生长过程。从动力学角度看，小原子团的形成更为容易；而从热力学角度看，大原子团的形成更为容易，因此它们的形成都是自发过程。小晶体具有比大晶体大的表面积与体积比。表面上的原子不如原子团中的原子稳定，具有较大体积与表面比的大晶体具有较低的能量状态，因此，大原子团不断吞并小原子团的过程就是降低体系总能量的过程，这就是奥斯瓦尔多吞并过程。奥斯瓦尔多吞并的自发进行导致薄膜中一般总维持有尺寸大小相似的一种岛状结构。

熔结是两个相互接触的核心相互吞并的过程，表面自由能的降低趋势仍是整个过程的驱动力。原子的扩散可能通过两种途径进行，即体扩散和表面扩散。很显然，表面扩散机制对熔结过程的贡献更大。

薄膜的生长初期，岛的相互合并还涉及第三种机制，即岛的迁移过程。在基体上的原子团还具有相当的运动能力。场离子显微镜已经观察到了含有两三个原子的原子团的迁移现象。而电子显微镜观察也发现，只要基体温度不是很低，拥有 50~100 个原子的原子团也可以自由地平移、转动和跳跃运动。原子团的迁移是由热激活过程驱使的，其激活能应与原子团的半径有关。原子团越小，激活能越低，原子团的迁移越容易。原子团的运动导致原子团间的相互碰撞和合并。

在上述机制的作用下，原子团之间相互发生合并过程，并逐渐形成了连续的薄膜结构，然而，明确区分上述各个原子团合并机制在薄膜形成过程中的相对重要性是很困难的。

2.5 薄膜的微观结构

薄膜微观结构的形成涉及几个步骤。入射原子必须将其动能转移到基体上并成为吸附原子，松散结合的吸附原子必须通过表面扩散在基体表面上移动。在该过程中，吸附原子与基体的原子交换能量，或与其他吸附的原子结合，或被捕获在基体上的某些低能量位置。掺入的原子也可以通过体扩散过程重新调整它们的位置。

多晶薄膜以其晶粒尺寸、晶界形态和薄膜结构为特征[15]。当基体是无定形的或覆盖有吸附的污染物层时，外延生长不可能形成多晶薄膜。沉积速率和基体温度是两个重要参数，在很大程度上决定了薄膜的微观结构。

在确定微观结构时，沉积单层膜的时间间隔与吸附原子遇到其他扩散吸附原子所需的时间之比是很重要的。原子的表面扩散、体扩散和解吸的特征在于自扩散的活化能、体扩散的活化能和解吸的能量，这些过程都很大程度上由温度决定。

晶体不同区域的结构模型由 Movchan 和 Demchishin 提出，在保持温度梯度的基础上沉积较厚的薄膜[16]，其微观结构按照 T/T_m 比值分为 3 个区域，如图 2.5 所示。在区域Ⅰ（$T/T_m<0.3$）中，晶体呈锥形，并由空隙边界分开，此时晶体存在很高的缺陷，并且它们的尺寸随着 T/T_m 而增加，活化能为 0.1～0.2eV，这意味着只发生非常小的表面扩散。在区域Ⅱ中，$0.3<T/T_m<0.45$，由于存在表面扩散作用，促使均匀柱状晶生长。其晶粒尺寸随同系温度 T/T_m 的升高而增大，并且有可能贯穿整个薄膜厚度，在薄膜表面生成不同取向的晶面。在区域Ⅲ中 $0.45<T/T_m<1$，体扩散与再结晶作用使得晶粒变得更大，薄膜更为致密。区域结构图已得到大量实验验证，包括厚度为微米级的涂层。

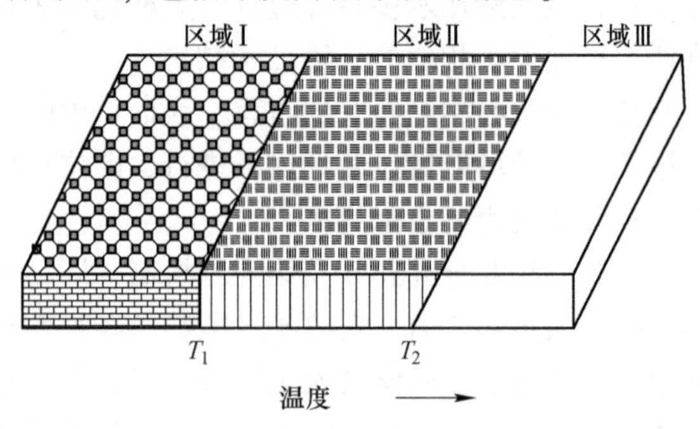

金属 $<0.3T'_m$，$0.3-0.45T'_m$，$>0.45T'_m$

氧化物 $<0.26T'_m$，$0.26\sim0.45T'_m$，$>0.45T'_m$

图 2.5　薄膜中晶粒结构模型[16]

Thornton 通过引入气压轴来扩展区域结构模型[17]，以溅射薄膜的微观结构为例，如图 2.6 所示。气压的作用增加了区域边界出现的归一化温度。由于溅射压力不是一个基本参数，而是间接地影响微观结构，因此，如果压力增加，则溅射或蒸发物质与惰性气体环境之间的弹性碰撞的平均自由程增加，并且该特征增加了沉积速率的倾斜分量，从而产生更大的Ⅰ型区域结构；如果压力降低，则发生高能粒子轰击的增加，导致膜的致密化。基体粗糙度也具有类似的效果。

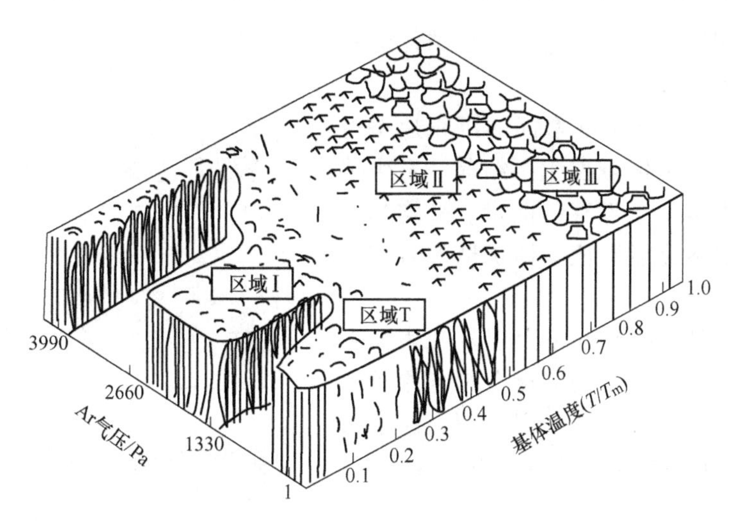

图 2.6 Thornton 结构区域模型[17]

Thornton 还引入了一个 T 区来代表过渡区，以表示从区域Ⅰ到区域Ⅱ微观结构的过渡。过渡区 T 中的微观结构由密集排列不均的纤维状晶粒组成，没有空隙边界。在薄膜沉积中使用高能离子表明在区域结构模型中包含入射粒子的能量。T 区域的稳定性几乎随着粒子能量的增加而增加[18]。然而，高密度的离子可以得到非晶态薄膜，其密度随着内应力和入射离子能量的变化而变化。在 20eV 至几千电子伏的能量范围内，入射离子可以溅射出吸附的物质并穿透基体表面，导致表面下方薄膜生长，可以使沉积过程中出现的杂质解吸，确保薄膜的纯度。

区域Ⅰ结构是在低原子迁移率条件下生长的薄膜组织。在沉积温度较低，气压较高的条件下，入射离子能量较低，原子的表面扩散能力有限，薄膜组织呈现纤维柱状形态生长（如图 2.7 所示）。晶粒内缺陷密度高，晶粒边界处的组织较为疏松，通常夹杂着“空洞”缺陷。金属的区域Ⅰ结构基本上是结晶的，而对于许多共价材料，例如半导体，区域Ⅰ结构是无定形的。对于金属，由于临界过饱和度很高，因此临界核尺寸基本上是原子尺寸。向这个尺寸的核中添加原子是相对容易的，并且可以解释以结晶形式观察到的原子团的形成。然而，在半导体中，吸附原子必须移动几个原子间距离才能达到稳定的势阱，因为在半导体中，必须通过断开或旋转键来满足晶体对称性，这需要相当大的活化能。

Ⅱ区结构可以根据表面扩散、凝结系数和入射原子的方向来理解薄膜微观结构。如果凝结系数为Ⅰ且表面扩散为零，则初始核看起来呈球形。薄膜生长呈现散射生长，并且最密集的面通常是与基体表面平行的面；如果表面扩散是有限的，尽管凝结系数不是一致的，但是可以发生原子的重新分布。最快的生长方向是从晶体的最中心点开始，除了有限的表面扩散之外，假设新晶体在生长晶体的表面上周期性地成核。这些微观结构的特征如图 2.8 所示。

在冷却的基体上非常高的沉积速率可导致远离基体的区域发生再结晶。发生再结晶的温度取决于储存的能量。平均晶粒宽度的表观活化能对应于体扩散的表观活化能。

由于动量转移到晶格上以及在表面上产生缺陷，入射粒子的能量会影响原子的表面迁移率。当表面施加温度时，原子可以在表面上迁移的最大距离 r 由式（2.26）给出：

$$r=\frac{4}{(324\pi)^{1/6}}\left(\frac{E}{Q}\right)^{1/3}r_s \qquad (2.26)$$

式中，E 是从粒子传递到膜的能量；Q 是吸附原子扩散的活化能；r_s 是原子半径，可以用 $\alpha k_B T_m$ 近似 r_s，其中 α 大致恒定等于 5；T_m是被沉积材料的熔化温度。

显然，对于约 100eV 的能量，迁移率半径仅为 r_s 的 10 倍。

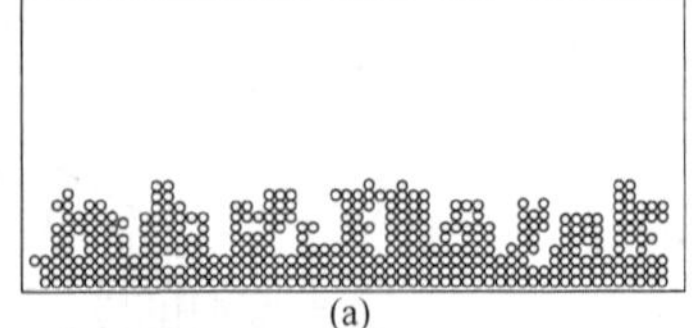
(a)

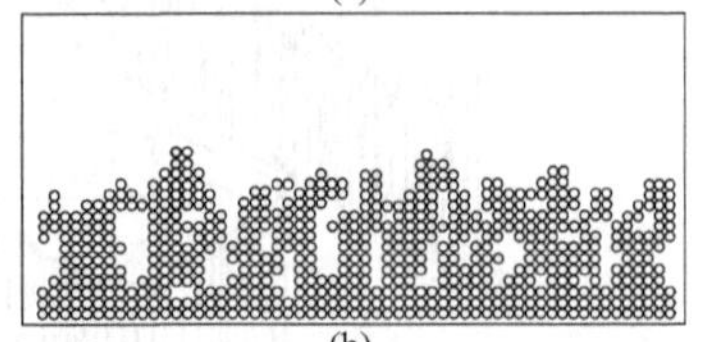
(b)

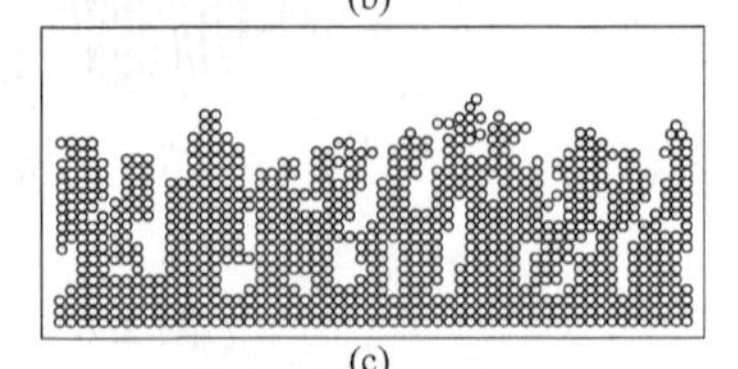
(c)

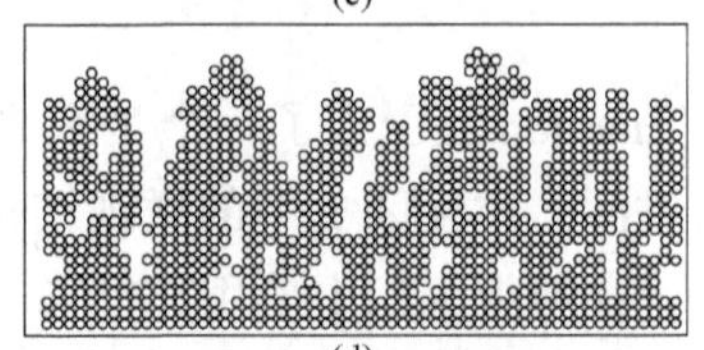
(d)

图 2.7　计算机模拟柱状结构生长过程（粒子入射角为 45°，[18]
（a）$t=10$s；（b）$t=16$s；
（c）$t=29$s；（d）$t=39$s

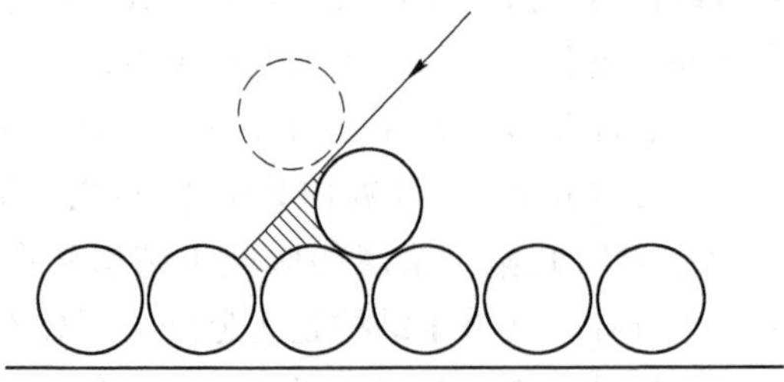

图 2.8　结构区域模型[18]

离子能量强烈影响薄膜的结构[19]，结构调控取决于是受热力学或动力学影响。高温下热力学控制发生在具有足够的吸附原子迁移率和存在表面能各向异性的条件下。由于离子能量对表面扩散的影响相当小，可以预期热力学生长仅在高温下占主导地位。在动力学控制的结晶过程中，由于黏附系数的差异，导致某些方面的沉积速率高于其他方面。当发生溅射时，不同晶体取向的差分溅射速率也有助于结晶，因此可以预期在离子扩散方向上的溅射产率低，并且晶体在这些取向上优先生长。晶体结构也受到膜中应力的影响以及离子能量的影响。

3 蒸发镀技术

真空蒸发镀膜简称蒸发镀，是指在真空环境下，用蒸发器加热待蒸发物质，使其气化后沉积至基片材料表面，形成固态薄膜的技术。这种方法由 M. 法拉第于 1857 年提出[20]，是 PVD 技术中发展较早、应用较为广泛的镀膜技术。

近年来，真空蒸镀除提高系统真空度、改进抽气系统、加强工艺控制过程等之外，也对蒸发源进行了改进。例如，为抑制或避免镀料与加热器发生反应，改用陶瓷坩埚，如 BN 坩埚；为蒸发低蒸气压物质，采用电子束加热源或激光加热源；为使基体元素分子不受环境气氛影响，发展起来了分子束外延制膜方法。

尽管后来发展起来的溅射镀和离子镀相较于蒸发镀在许多方面更具优势，但蒸发镀膜技术以其设备工艺简单、制备薄膜纯度高、成膜速率快以及易于操作等优点，仍然是当今镀膜领域重要的镀膜技术。

3.1 蒸发镀原理和蒸发源分类

将膜材置于真空镀膜室内，在高真空条件下，通过蒸发源将膜材加热并蒸发，当蒸发分子的平均自由程大于真空镀膜室的线性尺寸后，膜材蒸汽的原子和分子从蒸发源表面逸出，几乎不受到其他分子或原子的冲击与阻碍，可直接到达被镀基材表面，由于基材温度较低，膜材蒸汽分子凝结成膜，其原理如图 3.1 所示。薄膜厚度取决于蒸发源的蒸发速率和时间（或决定于装料量），并与蒸发源和基片的距离有关。对于大面积镀膜来说，常采用旋转基片或多蒸发源的方式以保证膜层厚度的均匀性。为提高薄膜与基材的附着力，在镀膜前有必要对基材进行适当的加热和离子清洗使其表面活化。为使蒸发镀膜过程顺利进行，应具备两个条件：蒸发过程中的真空条件和镀膜过程中的蒸发条件。

3.1.1 蒸发镀膜的真空条件

在蒸发镀膜过程中，蒸发的膜材粒子以一定的速度在空间沿直线运动，直到与其他粒子碰撞为止。在真空室内，当气相中的粒子浓度和真空室内的残余气体压力足够低时，膜材蒸汽粒子在空间中会保持直线飞行，否则，就会与其他粒子产生碰撞而改变运动方向。因此，为增加真空室内的残余气体的平均自由程，减少其与膜材蒸汽粒子间的碰撞概率，将镀膜室抽成高真空状态很有必要。当真空镀膜室内蒸汽分子的平均自由程大于蒸发源与基材距离（称为蒸距）时，就会

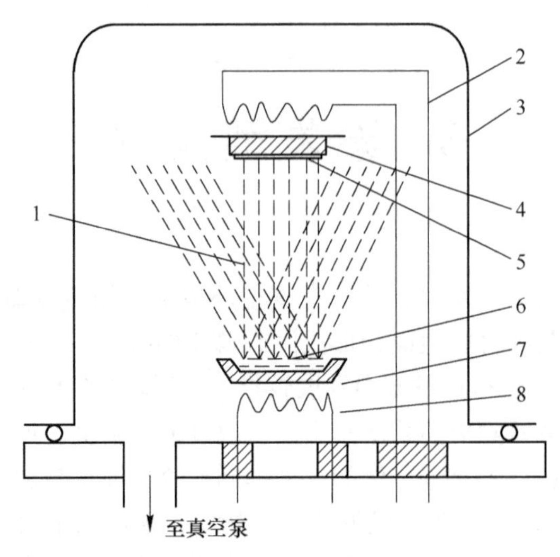

图 3.1　真空蒸发镀膜原理[21]

1—蒸镀物质；2—样品台加热；3—真空室；4—样品台；5—衬底；
6—蒸镀物质；7—蒸发舟；8—蒸发加热器

获得充分的真空条件。

目前常用的蒸发镀膜机的蒸距均不大于 50cm，当蒸距等于气体分子的平均自由程时，有 63%的蒸发分子会发生碰撞；如果平均自由程增加 10 倍，膜材蒸汽粒子数则减少至 9%。因此，如果要防止蒸发粒子的大量散射，在真空蒸发镀膜设备中，真空镀膜室的真空度必须高于 10^{-2}Pa。

由于残余气体在蒸镀过程中对膜层质量的影响很大，因此消除真空室中的残余气体相当重要。真空室中残余气体分子的主要来源是真空镀膜室表面上的解吸放气、蒸发源释放的气体、抽气系统的返流以及设备的漏气等。在常用的高真空系统中，其内表面所吸附的单层分子数远远超过气相中的分子数。因此，除了蒸发源在蒸镀过程中释放的气体外，在密封和抽气系统性能均良好的清洁真空系统中，若气压处于 10^{-4}Pa 时，真空室内残余气体的主要组分为水蒸气。水汽与膜层或蒸发源均会发生反应，直接影响制备的膜层质量。为减少残余气体中的水分，可以提高真空室内的温度，使水分蒸发，从而提高膜层质量。

要使真空镀膜室内真空度低于 10^{-6}Pa，必须对真空系统加热。但加热除气在一定程度上会对基材造成污染，并考虑到在不经过加热除气即可达到 10^{-5}Pa 的高真空状态，其成膜质量不比超高真空下所制备的膜的质量差，因此，在真空蒸发镀膜设备中，镀膜室内达到的真空度一般均应处于 10^{-5} ~ 10^{-2}Pa 之间。

3.1.2　真空镀膜的蒸发条件

膜材加热到一定温度时会发生气化现象，即由固相或液相进入到气相。在真空条件下物质的蒸发比在常压下容易得多，所需的蒸发温度也大幅度下降，因此蒸发过程缩短，蒸发效率明显提高。以金属铝为例，在 1 个大气压（0.1MPa）下，铝必须加热到2400℃才能蒸发，但是在 10^{-3}Pa 下只要加热到847℃就可以大量蒸发。某些常用材料在蒸气压为 1Pa 时的蒸发温度见表 3.1[21]。

表 3.1　常用材料的熔化温度及其在 p_v = 1Pa 时的蒸发温度

材料	熔化温度/℃	蒸发温度/℃	材料	熔化温度/℃	蒸发温度/℃
铝	660	1272	锡	232	1189
铁	1535	1477	银	961	1027
金	1063	1397	铬	1900	1397
铟	157	957	锌	420	408
镉	321	271	镍	1452	1527
硅	1410	1343	钯	1550	1462
钛	1667	1737	Al_2O_3	2050	1781
钨	3373	3227	SiO_2	1710	1760
铜	1084	1084	B_2O_3	450	1187

从表 3.1 可以看出，某些材料如铁、镉、锌、铬、硅等可从固态直接升华到气态，而大多数金属及电介质则是先达到熔点，然后从液相中蒸发。一般来说，金属及其他热稳定化合物在真空中只要加热到能使其饱和蒸气压达到 1Pa 以上，就能迅速蒸发。除了锑以分子形式蒸发外，其他金属均以单原子形式进入气相。

在一定温度下，真空室中蒸发材料的蒸气在固体或液体平衡状态下呈现的压力为饱和蒸气压。在饱和平衡状态下，分子不断地从冷凝液相或固相表面蒸发，同时有相同数量的分子与冷凝液相或者固相表面发生碰撞而返回到冷凝液相或固相中。

饱和蒸气压 p_v 可以按照克拉珀龙-克劳修斯方程进行计算：

$$\frac{\mathrm{d}p_v}{\mathrm{d}T} = \frac{\Delta H_v}{T(V_g - V_L)} \tag{3.1}$$

式中，ΔH_v 为摩尔汽化热；V_g、V_L 为气相和液相的摩尔体积；T 为绝对温度。

因为 $V_g \geqslant V_L$，故 $V_g - V_L \geqslant V_g$，在低气压下符合理想气体定律：

$$\frac{pV}{T} = R \tag{3.2}$$

式中，R 为气体常数，R = 8.31J/(mol · K)。

据此，令 $V_g = RT/p_v$，代入式（3.1），则有

$$\frac{\mathrm{d}p_v}{p_v} = \frac{\Delta H_v}{R} \cdot \frac{\mathrm{d}T}{T^2} \tag{3.3}$$

或

$$\frac{\mathrm{d}(\ln p_{\mathrm{v}})}{\mathrm{d}\left(\frac{1}{T}\right)}=\frac{-\Delta H_{\mathrm{v}}}{R} \tag{3.4}$$

随着温度的升高，蒸发热的还原量在蒸发过程中变化很小，可以认为是常数。

在式（3.4）中，当蒸汽压力接近1mbar左右时，蒸发技术体现出它的特点。蒸发源中的饱和蒸汽压、冷凝速率与物料温度之间存在指数相关关系，即温度变化相对较小，凝结速率变化较大。金属的蒸汽压值与温度的函数变化关系如图3.2所示。

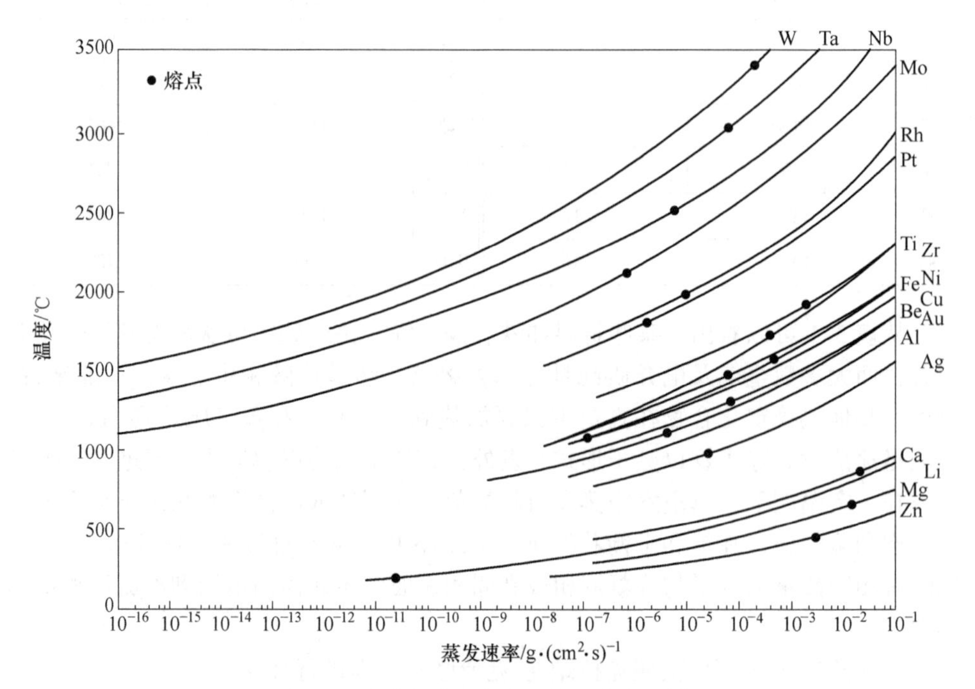

图3.2　高真空范围内金属的蒸发速率[22]

膜材气化过程与温度有着密切的联系，几种常用金属气化热与温度的关系见表3.2[21]。从表3.2可以看出，汽化热随温度增高而逐渐减小，汽化热使原子或分子获得足够能量逸出变为气相并给逸出粒子提供足够的动能。因此，汽化热主要用来克服镀膜材料中的原子间相互吸引力使镀膜材料蒸发。

表3.2　几种常用金属汽化热与温度的关系式

材料	汽化热（kJ/mol）与温度（K）的关系
Al	$(67580-0.20T-1.61\times10^{-3}T^2)\times4.1868$

续表3.2

材料	汽化热（kJ/mol）与温度（K）的关系
Cr	$(89400-0.20T-1.48\times10^{-3}T^2)\times4.1868$
Cu	$(80070-2.53T)\times4.1868$
Au	$(80070-2.53T)\times4.1868$
Ni	$(80070-2.53T)\times4.1868$
W	$(202900-0.68T-0.33\times10^{-3}T^2)\times4.1868$

3.1.3　蒸发粒子的沉积及薄膜的生长

蒸发粒子在基片上经过一系列变化，如形核、生长、沉积成膜等。具体过程为：蒸发的蒸汽粒子和基片发生碰撞，一部分反射损耗，另一部分在基片表面吸附沉积；被吸附的蒸汽粒子在基片表面扩散使沉积态的原子或分子发生二维平面碰撞，形成簇团，部分簇团可能由于温度原因在基片表面再次被蒸发；形成的簇团与扩散的原子或分子不断发生碰撞、吸附、蒸发，这种过程反复进行到原子或分子数超过某一临界值时开始稳定形核；形成的稳定核不断捕获周围的簇团以及扩散的原子或分子，进而持续生长。相邻的稳定核相互连接合并最终形成连续态薄膜。

薄膜的形成过程由于受到基片表面状态、蒸镀温度、蒸镀速率、真空度等多因素的影响，薄膜的形核过程十分复杂，其生长模式主要有三种类型，如图 3.3 所示。

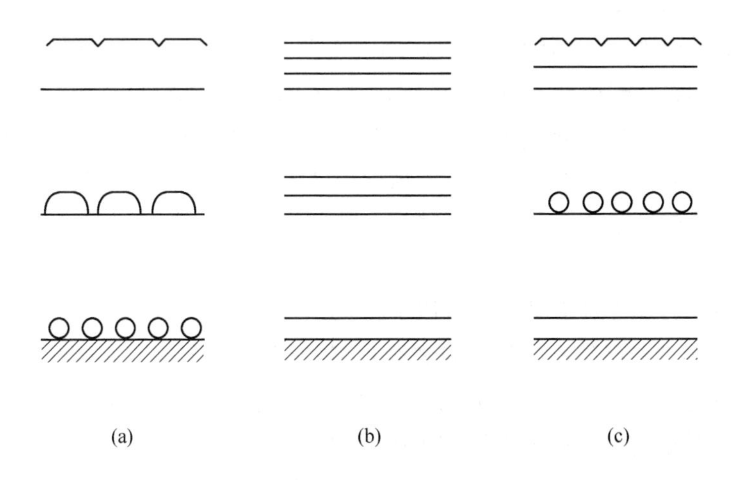

图 3.3　三种薄膜生长类型[22]

图3.3（a）所示为核生长模式（Volmer-Weber型）。在生长初期形成三维晶核，随着蒸镀过程进行，晶核长大合并进而形成连续膜，蒸发镀膜大多数属于该类型。

图3.3（b）所示为单层生长模式（Frank-Van der Merwe型）。沉积态的原子或分子在基片表面均匀覆盖，以二维单原子层的模式逐层生长。

图3.3（c）所示为SK生长模式（Stranski-Krastanov型）。在生长初期首先形成二维覆盖膜层，然后再形成三维晶核，晶核长大合并加入到连续膜层中[21,22]。

镀膜材料经过加热蒸发后，蒸发粒子在单位时间内、在基片单位面积上的分子数称为镀膜材料的凝结速率。凝结速率与蒸发源的蒸发特性、蒸距等因数有关，所以在设计镀膜室和选择蒸发源时须仔细考虑[23]。

3.2 电阻蒸发镀技术

电阻加热蒸发是真空蒸发镀膜最常采用的一种方式。电阻加热蒸发一般用于蒸发低熔点材料，如Au、Ag、ZnS、MgF_2、Cr_2O_3等，而蒸发源材料一般选用高熔点金属及合金，如W、Mo、Ta、Nb、NiCr合金等。根据待镀材料的形状，蒸发源材料可被加工成各种形状，然在其上放置待蒸发镀膜材料，最后采用大电流通过电阻蒸发源使之发热，使镀膜材料直接被加热蒸发，或把镀膜材料放入耐高温金属氧化物（Al_2O_3、BeO）坩埚间接加热。电阻加热蒸发简单、经济、可靠，操作简单、应用普遍。

电阻蒸发镀膜设备结构示意图如图3.4所示[24]，主要由三部分组成：真空系统、电气系统和镀膜室。真空系统主要包括旋片真空泵和涡轮分子泵。镀膜室由钟罩、蒸发器、挡板等组成。钟罩和底板组成密封的真空室，在室内能进行各种操作。蒸发器由加热电极和蒸发源组成，蒸发源为钨舟，蒸发源上面的挡板可通过钟罩外的控制系统转动，它能挡住一些射向待镀基片的杂质蒸汽分子，提高待镀工件表面的洁净度。

电阻加热蒸发源材料必须具有以下特点：

（1）高熔点。必须高于待蒸发镀膜材料的熔点。

（2）低饱和蒸汽压。足够低的蒸发量，避免影响真空度和污染镀层。

（3）化学稳定性。高温下不与镀膜材料发生反应。

同时蒸发源材料还应该具备原料丰富、经济耐用的特点。表3.3列出了各种常用蒸发源材料的熔点以及达到相应平衡蒸气压时的温度[25]。

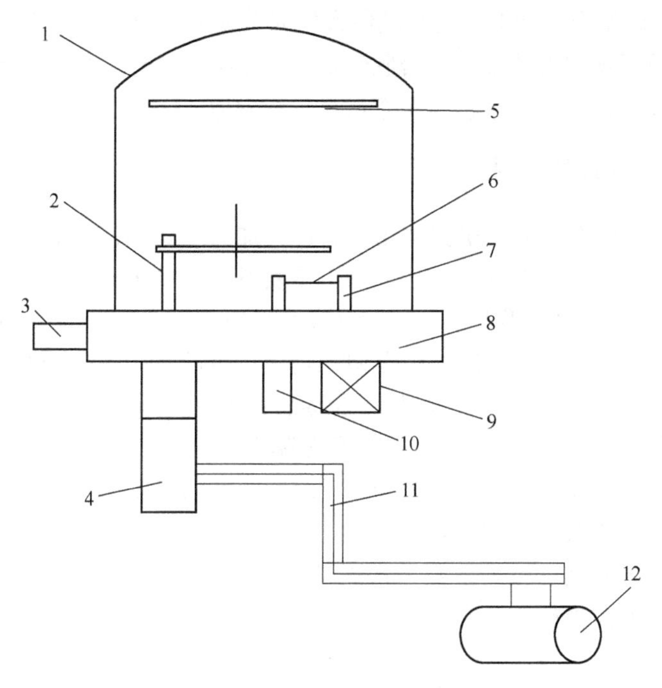

图 3.4 电阻蒸发镀膜设备结构[22]

1—石英钟罩；2—蒸发源挡板；3—电离规；4—分子泵；5—基片台；6—蒸发舟；7—水冷电极；
8—不锈钢底座；9—放气阀；10—电阻规；11—波纹管；12—真空泵

表 3.3 电阻蒸发源材料的熔点和对应平衡蒸气压温度

材料	熔点/K	对应平衡蒸气压温度/K		
		1.33×10^{-6}Pa	1.33×10^{-3}Pa	1.33Pa
C	3427	1527	1853	2407
W	3683	2390	2840	3500
Ta	3269	2230	2680	3300
Mo	2890	1865	2230	2800
Nb	2714	2035	2400	2930
Pt	2045	1565	1885	2180
Fe	1808	1165	1400	1750
Ni	1726	1200	1430	1800

纳米金属粒子具有特殊的光学性质，其在生物和化学传感器、表面增强光谱技术等方面有着广阔的应用前景。电阻热蒸发由于其经济、可靠、操作简单等特点，而广泛应用于制备二维银纳米阵列结构的薄膜，从而解决了电子束蒸发镀膜设备要求高、成本昂贵且不能大面积制备等缺点[26]。平板显示技术主要依赖荧光材料的研究进展。新的薄膜电致发光器件的发展也主要取决于发光材料的选择

和制备。Ga_2O_3 作为一种新型的氧基电致发光荧光基质材料，受到越来越多的关注。通过电阻蒸发制备的 Ga_2O_3 薄膜呈现非晶结构，经过热处理后成分沿深度分布的均匀性较好，使其在平板显示领域具备竞争力[27]。

3.3　电子束蒸发镀技术

电子束蒸发镀膜技术是通过高电流将灯丝加热至高温，在高温下，灯丝表面发射电子流，这些电子被加速、定向撞击蒸发材料，电子高能轰击过程将蒸发材料加热至熔化和蒸发（升华），汽化的蒸发材料在基片表面凝结成膜，原理如图 3.5 所示。电子束技术能获得比电阻热源更大的能量密度，可将材料加热到 3000～6000℃，在电阻蒸发技术中难以蒸发的金属和非金属物质，如钨、钼、锗、SiO_2、Al_2O_3 等材料，在电子束蒸发镀膜中都可以实现。由于蒸发材料放置在水冷金属坩埚容器中，依靠坩埚与蒸发材料表面的温度梯度，使其表面形成熔池进行蒸发，因此避免了容器材料与蒸发材料之间的反应，保证了蒸发材料的纯净，对于提高膜的纯度极为重要。此外，电子束技术的热效率高，蒸发过程中的热传导和热辐射损失较少。

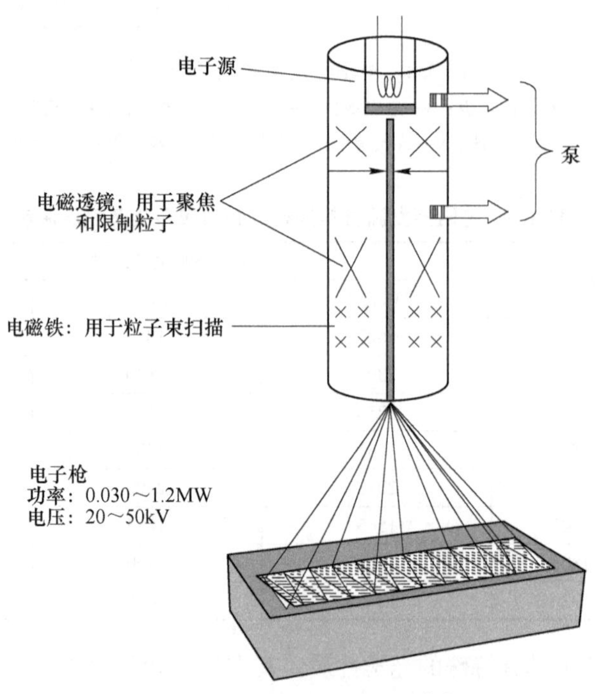

图 3.5　e 型电子枪设计原理[28]

电子束作为熔化蒸发物质的热源，通常使用低电压高电流的能量源。近年来，磁偏转式电子束热源成为主流。磁偏转式电子束蒸发源发射的电子轨迹与

“e”相似，故又称为 e 型束源或 e 型枪，其主要的部件如图 3.6 所示，e 型枪蒸发源主要由发射体组件（电子枪）、偏转磁极靴、励磁线圈、水冷坩埚及换位机构、散射电子及离子收集极等部分组成。电子发射数量取决于流过灯丝的电流、达到的温度和功率以及其他因素。灯丝电源的设计一般根据灯丝的直径和长度来决定其功率，灯丝在加热状态下温度升高并变成白热状态，使得灯丝表面向任意方向发射电子，如图 3.7 所示[28]。用负电荷的阴极表面包围灯丝，除了阳极有间隙外，带电荷的电子可以被引导至具有在特定方向上运动的光束中，这样可以防止气体碰撞造成能量损失，因此，在高功率的电子枪中，电子束枪的灯丝区通常有单独的抽气系统。目前已经研制出 1.2MW 的电子束枪，用于带钢涂层的制备[29]。

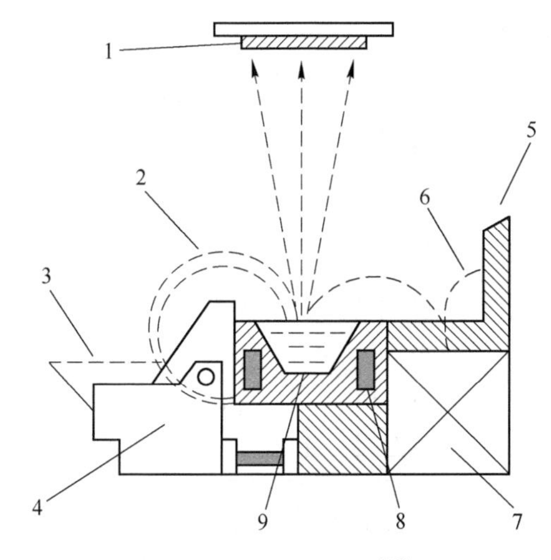

图 3.6　蒸发源结构[28]

1—基片；2—电子束；3—加速极；4—电子枪；5—收集极；6—二次电子；7—冷却水；8—扫面线圈；9—坩埚

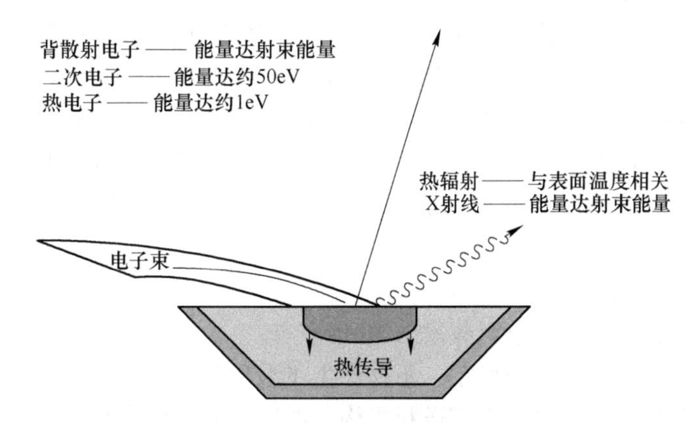

图 3.7　电子束轰击靶材时发生相互作用示意图[28]

3.4　感应加热蒸发镀技术

感应加热蒸发镀是利用高频电磁场感应加热原理将金属加热至蒸发温度。首先将装有镀膜材料的坩埚放在螺旋线圈中央（不接触线圈），线圈中通过高频电流产生涡流损失和磁滞损失，使金属镀膜材料自身加热升温蒸发。在此过程中，由于能量的非接触传输和无限制的功率密度，能量效率和加热能力均较高。此外，感应加热也很容易控制。感应加热蒸发工作原理如图 3.8 所示，蒸发源一般由水冷线圈和石墨或陶瓷坩埚组成，输入功率可达几千瓦到几百千瓦。在感应加热蒸发过程中，涂层的沉积速率和性能主要取决于蒸发源的热效率和均匀性，而热效率和均匀性又主要取决于感应线圈的性能。因此，感应线圈的合理设计可有效地提高感应加热的效率[30]。

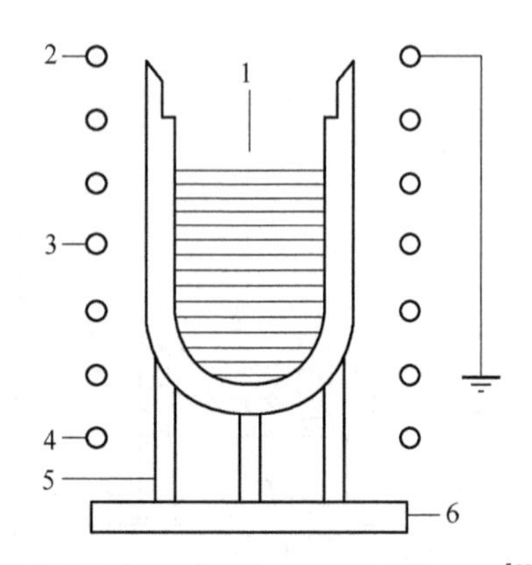

图 3.8　高频感应加热蒸发工作原理[32]

1—熔融金属；2—接地侧；3—射频线圈；4—高电压侧；5—陶瓷支柱；6—底座

对于与耐火材料严重合金化的金属几乎不可能通过电阻加热蒸发沉积制备薄膜，但利用感应蒸发技术可以使其有效地蒸发和沉积达到所需要的厚度。金属特别是镍和铁等金属可沉积达到 50μm，并具有良好的膜-基结合强度[31]。

电磁感应加热技术是相对于传统的电阻电流热效应加热及火焰加热而言的一种新型加热方式，是一种高效、节能、环保的先进加热技术。蒸发镀膜中感应加热蒸发具有电阻法和电子束法不具备的特性，它可使蒸发金属产生较大程度的电离。因此采用电磁感应加热的方法进行真空蒸发镀膜是目前比较成熟广泛的方法[32]。

感应加热蒸发的特点：

（1）蒸发速率大，是电阻蒸发的 10 倍左右；

（2）蒸发源的温度均匀稳定，不易产生飞溅现象；

（3）蒸发源一次装料，无需送料机构，温度控制比较容易，操作比较简单；

（4）蒸发装置必须屏蔽；

（5）需要较复杂和昂贵的高频发生器；

（6）如果线圈附近压强超过 10^{-2} Pa，高频场就会使残余气体电离，使功耗增大。

4 溅射沉积技术

1852 年，英国物理学家格罗夫（William Robert Grove）在研究电子管阴极腐蚀问题时，发现气体放电腔室的器壁上出现一层金属沉积物，且该金属沉积物与阴极材料的成分完全相同，溅射沉积研究从此开始了[33]。1877 年，美国贝尔实验室及西屋电气公司首次应用溅射沉积设备制备薄膜，但由于实验条件的限制，对溅射机理的研究始终处于模糊不清的状态。直到 20 世纪 60 年代，不同溅射设备的大量涌现，使得各项溅射沉积技术研究飞速发展，特别是 1974 年磁控溅射技术成功商业化，极大地扩展了溅射技术的应用领域。到目前为止，溅射镀膜技术在薄膜制备领域仍占据举足轻重的地位。

4.1 溅射原理

溅射镀膜是在真空环境中利用荷能粒子轰击靶材表面，使靶材原子溅射出靶面，并沉积到基体表面形成薄膜。通常，靶材由镀膜材料制成，基片作为阳极，真空室中通入 0.1~10Pa 的氩气或其他惰性气体，在阴极（靶）1~3kV 直流负高压或 13.56MHz 的射频电压作用下产生辉光放电，惰性气体发生电离。电离出的氩离子轰击靶材表面，使得靶材原子发生溅射逃离靶面，并在电场或磁场的作用下高速定向移动到基体表面，形成薄膜。目前，溅射方法种类繁多，主要有二级溅射、三级或四级溅射、磁控溅射、对靶溅射、射频溅射、偏压溅射、非对称交流射频溅射、离子束溅射以及反应溅射等。

高能离子撞击固体（目标）表面，可能会产生以下影响：(1) 溅射；(2) 电子发射（二次电子发射）；(3) 离子注入；(4) 离子反射；(5) 晶格振动（发热）。1969 年，Sigmund 在总结大量的实验工作的基础上，提出了原子线性级联碰撞的理论模型，如图 4.1 所示[34]。

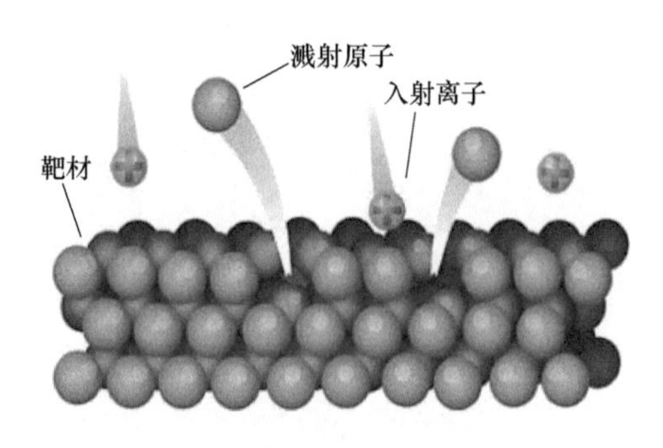

图 4.1 Sigmund 在 1969 年提出的溅射模型[34]

4.1.1 能量粒子轰击效应

能量粒子轰击固体表面会产生多种效应，如图4.2所示，主要有入射粒子的反射、入射粒子中性化后反射、入射粒子在表面沉积、表面电子发射、表面中性原子和分子发射、表面正负离子反射、表面溅射粒子的背散射、表面吸附气体的解吸、溅射粒子与表面作用产生辐射射线，以及粒子注入等效应[35]。在这些效应中，与真空镀膜密切相关的是表面气体解吸、入射粒子在固体表面的沉积、入射粒子导致表面原子的溅射，以及入射粒子注入固体内部。

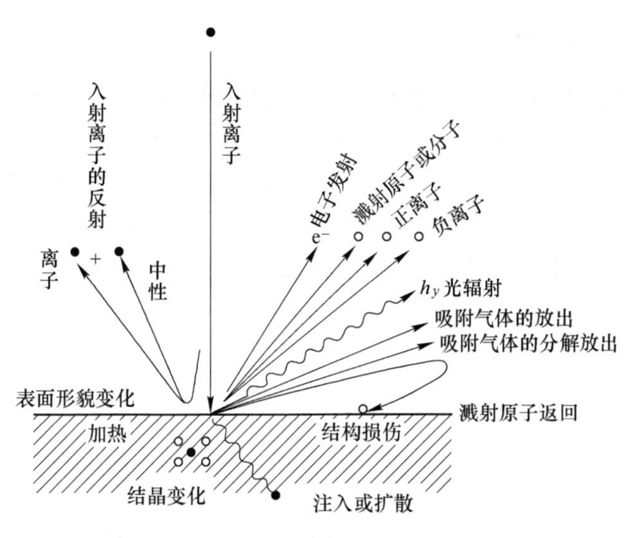

图4.2 离子轰击表面时引起的各种现象[35]

随着入射粒子能量的增加，产生不同的现象，如：

(1) 固体表面吸附粒子的解吸。到达表面的粒子将能量传递给表面吸附的外来分子或原子，这些分子或原子由于吸收能量，克服表面束缚能的约束而逃逸表面的概率增大，所以粒子轰击可以清除固体表面吸附的分子或污染物，达到清洁基体表面的效果。

(2) 原子在固体表面的沉积。到达表面的粒子将能量交给基体，并与表面原子形成化学吸附，沉积在表面，形成薄膜。

(3) 表面原子的溅射。当到达固体表面的粒子能量比较大时，固体表面原子可能获得较大的能量，在垂直于表面向外的方向上获得较大的动量而离开表面，即发生溅射现象。

(4) 原子注入。当到达表面的粒子能量非常大时，粒子可能会注入固体内部，改变固体近表面成分、晶格结构，或形成物理混合层等。

以上现象中，与溅射镀膜最相关的现象是表面电子发射和表面原子的溅射，前者维持辉光放电，后者则是成膜所必需的物质。而影响镀膜过程的一个重要因素是靶材的溅射产额或溅射率。

4.1.2 溅射产额及影响因素

溅射过程中最重要的特征因素之一就是溅射产额，即入射粒子数与溅射粒子数的比值，常用 Y 表示。溅射产额受多重因素的影响，如入射离子的能量、类型和入射方向，以及靶材的原子序数、晶态结构、温度、表面形貌等。

4.1.2.1 入射粒子的能量

当入射粒子的能量小于一定值时，阴极表面没有粒子被溅射出来，也就是说存在一个能量阈值，只有当入射粒子能量大于溅射阈值时，才可能发生溅射现象。随着入射粒子能量的增大，溅射产额基本呈线性增大，然后逐渐达到饱和，之后溅射产额逐渐减小，这是由于入射粒子能量过大，发生粒子注入所致。基于大量实验和计算数据，Ar^+ 轰击 Cu 靶时的溅射产额随入射粒子能量变化趋势如图4.3 所示。

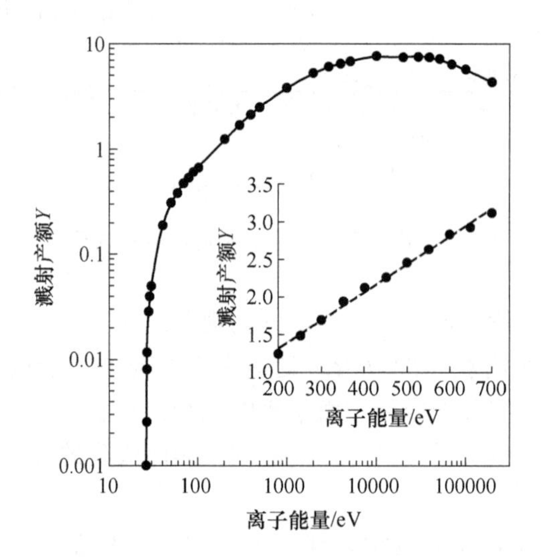

、图 4.3 溅射产额随入射粒子能量的变化

4.1.2.2 入射粒子的类型

通常，入射粒子的质量越大，溅射产额就越大，如图 4.4 所示。溅射镀膜过程中，经常选用氩气作为工作气体，因为惰性气体不与阴极靶材发生反应，同时氩气相对于其他惰性气体来讲价格较为便宜。

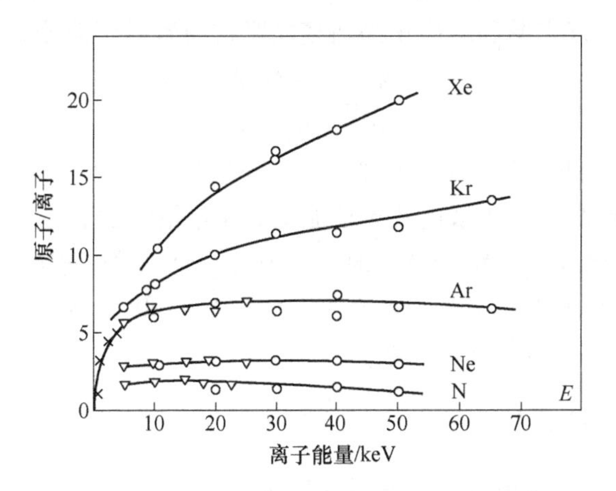

图 4.4　溅射产额随不同入射粒子类型的变化

4.1.2.3　入射粒子的方向

一般来说，斜入射比正入射时溅射产额大。入射角指粒子入射方向与固体表面法线之间的夹角。当入射角从 0°增加到 60°时，溅射产额逐渐增大；当入射角在 70°～80°之间时，溅射产额达到最大值；再增大入射角，溅射产额急剧减小；当角度达到 90°时，溅射产额则基本为零。

4.1.2.4　靶材的原子序数

当入射粒子的能量一定时，溅射产额随靶材原子序数的变化呈现周期性，随着靶材原子 d 层电子填满程度的增加，溅射产额变大，如图 4.5 所示。

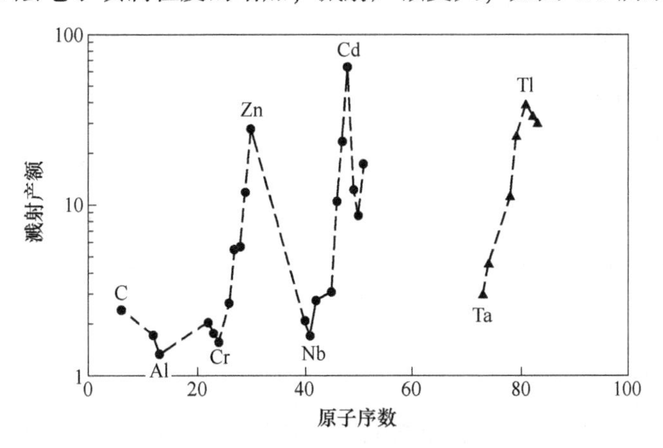

图 4.5　溅射产额随靶材原子序数的变化[36]

目前，一些研究者通过大量试验推导出溅射产额与粒子能量及靶材结合的函数关系。Sigmund 首先明确给出单晶与多晶靶材的溅射产额公式[36]：

$$Y = \frac{3}{4\pi^2}\alpha \frac{4M_1M_2}{(M_1+M_2)^2}\frac{E}{U_s} \tag{4.1}$$

式中，M_1与 M_2 分别为入射粒子及靶材的原子质量；E 为入射粒子的能量；U_s 为表面结合能；α 是取决于质量比及粒子能量的无量纲常数。

当在低能质比（$M_2/M_1 < 1$）时，入射粒子将动量转移至靶材原子，但从靶材溅射出的原子必须克服靶材的表面原子结合能；同时，从式（4.1）可以看出，溅射产额与表面结合能成反比关系。

4.1.2.5　靶材的晶体结构

对同一单晶面进行溅射时，不同的晶向，产额不同。一般来说，当粒子入射方向平行于低的晶体学指数方向或面时，溅射产额比相应的多晶材料的小，而当粒子入射方向沿着高的晶体学指数方向或面时，溅射产额比相应的多晶材料的大。对同种材料不同取向的单晶进行溅射时，溅射出的原子分布也不同。Nagasaki 等人[37]采用入射能量为 4keV 的氩离子轰击镍和铜的多晶靶材，得到不同晶面的溅射产额（图 4.6、图 4.7）。

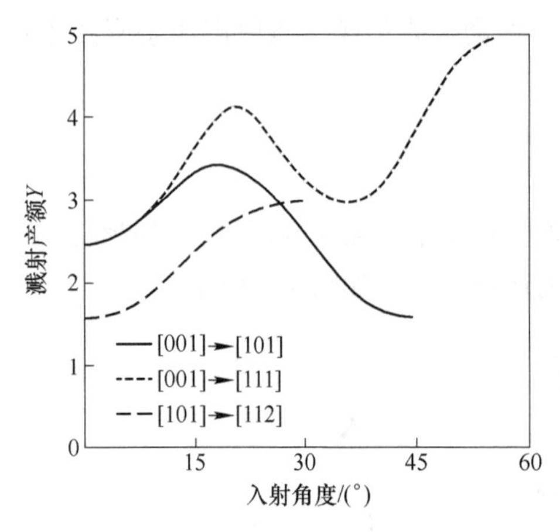

图 4.6　多晶镍靶不同晶面的溅射产额变化趋势[37]

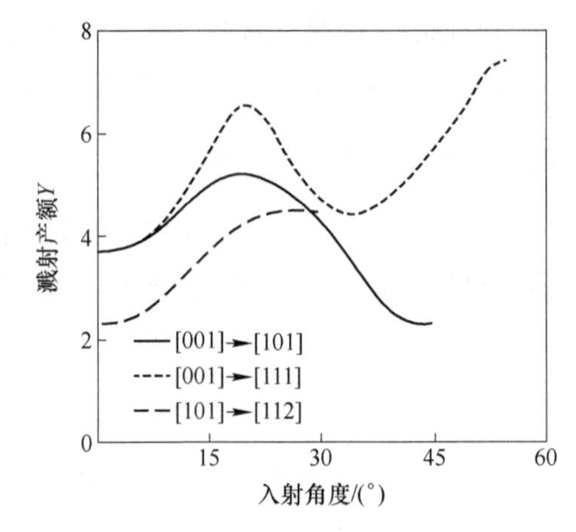

图 4.7　多晶铜靶不同晶面的溅射产额变化趋势[37]

4.1.2.6　靶材的温度

通常情况下，在某一温度范围内，溅射产额几乎不随温度上升而变化，但是当温度超过临界值后，溅射产额随着温度的上升急剧增加，不同的材料有着不同的临界值。

由于溅射存在阈值，而且溅射产额与入射粒子能量、角度等都有关，所以溅射过程不仅是入射粒子将能量传递给靶材原子的过程，更是入射粒子轰击靶材表面，与靶材原子交换能量的过程。在碰撞过程中，如果靶材表面原子获得克服表面势垒的能量，并具有指向表面外部的动量，就可以从固体表面逸出，产生溅射反应。

4.1.3 粒子的电荷状态及能量分布

4.1.3.1 电荷状态

通常，溅射镀膜中入射粒子能量在几百电子伏特，从靶材溅射出来的粒子绝大部分是构成靶材的单原子。

4.1.3.2 能量分布

图 4.8 所示为铜在 1300K 蒸发和用 300eV 的 Ar^+溅射 Cu 靶过程中的粒子能量分布。热蒸发时，大部分粒子具有的能量在 0.1eV 左右，而溅射出来的铜原子平均能量大约为 10eV，所以与热蒸发相比，Ar 离子溅射出来的原子动能大得多，约是热蒸发原子动能的 100 倍，这正是溅射镀薄膜的附着力高于蒸发镀膜的重要原因之一。

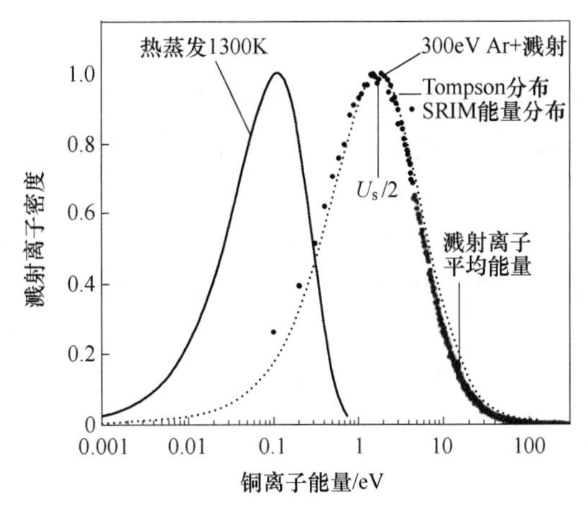

图 4.8 蒸发镀和溅射镀铜原子能量分布

4.1.4 二次电子

4.1.4.1 二次电子发射（secondary electron emission，SEE）

当靶材表面原子的核外电子受到入射电子或光子的轰击获得大于临界电离的

能量后，便脱离原子核的束缚，变成自由电子，当其能量大于材料的逸出功时就可以从材料表面逸出成为自由电子，即二次电子，也称为次级电子。图 4.9 所示为二次电子溅射示意图。二次电子发射现象已引起许多学者的关注，在众多领域具有重要的意义，如航天航空、太空探索、电力电子等科学领域具有重要意义[38,39]。

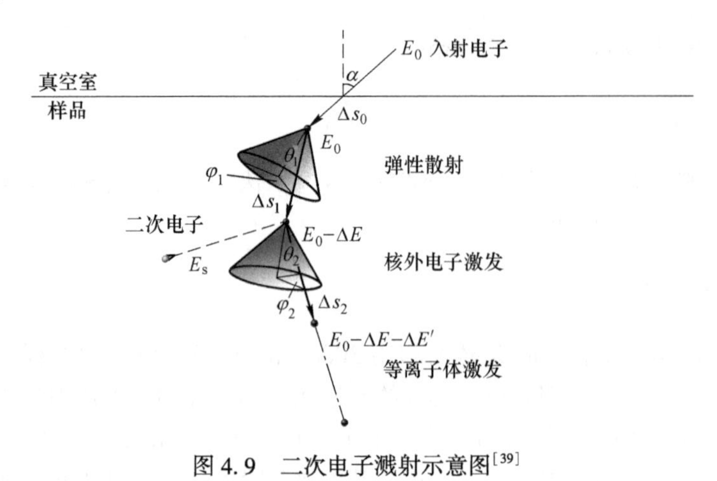

图 4.9　二次电子溅射示意图[39]

4.1.4.2　二次电子产额

二次电子产额（secondary electron yield，SEY）是每个轰击固体表面的离子产生的电子数。精确测量二次电子产额对于理解不同领域中的电子与固体表面原子的相互作用十分重要。

Isabel Montero 等人[40]研究发现，纯银涂层的二次电子溅射产额随着入射电子能量的变化而变化，如图 4.10 所示。在能量较低阶段时，二次电子产额随入射电子能量的增加而增加，当电子能量为 314eV，SEY 值达到最大值 2.34；但当电子能量继续增加时，SEY 值则持续下降。

4.1.5　辉光放电及原理

放电从非自持放电转变到自持放电的过程称为气体的击穿过程，这种放电现象及理论的发现与建立者为科学家汤生，故称为汤生放电[41]。汤生引入 3 个系数 α、β 和 γ 描述电子和正离子产生气体电离的机理。这 3 个系数通常又叫做汤生第一电离系数、汤生第二电离系数和汤生第三电离系数。

汤生第一电离系数 α 表示一个电子从阴极到阳极经过单位路程时与中性气体粒子作非弹性碰撞产生的电子-离子对数目，或发生的电离碰撞数。这个电离过程也称为 α 过程。

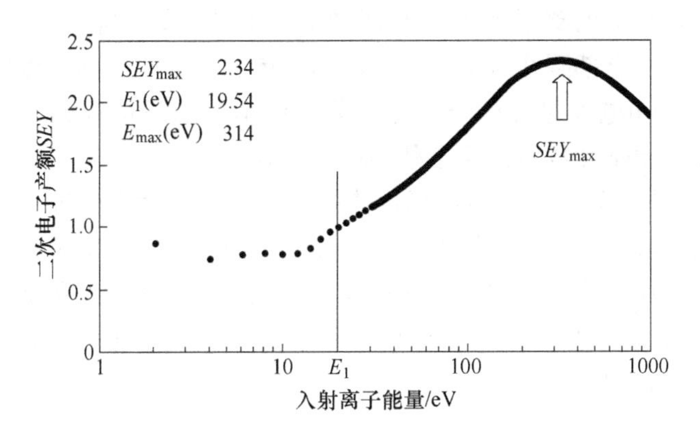

图 4.10　二次电子产额随入射电子能量的变化趋势[40]

汤生第二电离系数β表示一个正离子从阳极到阴极经过单位路程时与中性气体粒子做非弹性碰撞产生的电子-离子对数目，即由离子产生的电离碰撞数。这个电离过程也称为β过程。

汤生第三电离系数γ表示一个正离子撞击阴极表面时从阴极表面逸出的平均电子数目（二次电子发射），这种电离过程称为γ过程。汤生认为电子从阴极逸出是由于正离子轰击阴极的结果，后来实验证明在一些放电中同时还有光电发射和次级电子发射。故在放电时，由于阴极表面受到某些基本过程的作用而引起电子从阴极逸出的过程都称为γ过程。α和β与放电气体的性质、气体压强和给定放电点的电场强度等有关，而γ与气体性质、电极材料和离子能量等有关。

通常的放电中，$\beta \approx 0$。因为正离子只有当它获得相当于几千个电子伏特的能量时，才能有效地电离原子。而正离子获得上述能量的概率是很小的，所以一般不考虑β过程。英国物理学家汤生提出了著名的汤生放电理论。

气体自持放电的条件为

$$\frac{1}{\gamma} = e^{ad} - 1 \tag{4.2}$$

式中，a是电子在电场方向运行单位距离所产生的电离数，即电离系数；d是电极间距。

从式（4.2）可知，二次电子发射系数γ对气体的自持放电起着重要作用。γ过程中，由离子轰击阴极表面致使电子发射的过程的二次电子发射系数称为离子诱导二次电子发射系数（ion induced secondary electron emission coefficient，ISEE）。γ_{ISEE}是二次电子发射系数γ最主要的组成部分。

4.1.6　辉光放电组成及特性

图 4.11 所示为直流二级辉光放电过程的伏安特性曲线。随着电场施加的电

压的增加，定向移动的离子或电子不断增加，即 *AB* 段。当电压增加到一定值，产生的粒子或电子全部到达对电极，电流达到饱和，即电流不随电压的增加而增加（*BC* 段），说明电离过程已经产生，但电源本身的阻抗很大。一些辐射计数器，如 Geiger-Muller 计数器，就是利用这一原理。当电压继续增强，电流发生急剧增加，即 *CD* 段，这是由通过电场加速的离子相互碰撞产生进一步的电离引起的，也就是汤生放电区或非自持放电区。如果电源的内阻非常高，不能产生足够的电流以击穿工作气体，真空管将保持在电晕状态，电极上存在小的电晕点（电刷放电）。如果内阻较低，则气体将在电压作用下击穿并进入正常放电状态（区域 *DE*），即辉光放电过程。

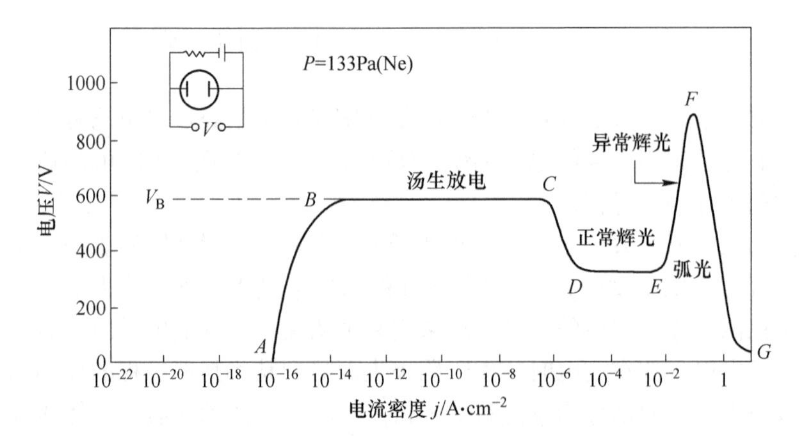

图 4.11　直流二级放电过程的伏安特性曲线[42]

气体的击穿现象可以由帕邢定律（Paschen' Law）来描述：

$$V_{\text{breakdown}} = \frac{Bpd}{\ln(APd) + \ln\left[\ln\left(\frac{1}{\gamma} + 1\right)\right]} \tag{4.3}$$

式中，$V_{\text{breakdown}}$是击穿电压；p 是气体压强；d 是电极间距；A 和 B 是常数，气体压强和电极间距是影响溅射过程中气体起辉放电的两个重要参量；γ 为汤生第三电离系数。

阴极和阳极之间的大部分电压降发生在阴极和负辉光之间。从阴极到负辉光边界的阴极下降区域或“暗区”的长度通常为几厘米。因此，大部分功率消耗在该区域内，并且伴随强电压降，但电压下降的距离通常不完全等于暗区的宽度。当辉光放电区域仅覆盖阴极的一部分时，放电处于正常辉光放电模式。粒子之间的相互撞击形成辉光，此时等离子体密度足够高，电极之间出现明暗相间区域。从阴极至阳极的区域为阿斯顿暗区、阴极辉光区、阴极暗区、负辉区、法拉第暗区、正柱区、阳极暗区以及阳极辉光区，如图 4.12 及图 4.13 所示。

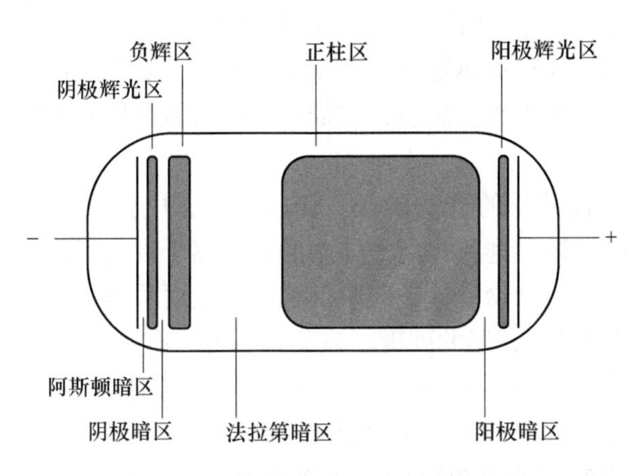

图 4.12 辉光放电明暗区域分布[43]

图 4.13 二极管辉光放电明暗区域分布实例

图 4.11 中 EF 段为过渡区或异常辉光区，该过程呈正电阻特性。若电晕电流足够高，可发生肉眼可见的辉光放电现象。在这种情况下，电极处的电流密度与放电电压无关，因此通过增加电流，等离子体覆盖的部分在恒定放电电压下不断增加。从点 E 开始，等离子体完全覆盖阴极表面，并且随着放电电流的增加，放电电压增加。在该区域中，通常发生异常放电，也是溅射沉积镀膜最重要的区域。在点 F 处，电极温度足够高，使得阴极产生热辐射电子。如果电源具有足够低的内阻，则放电将经历从发光到电弧的转变，即电压急剧降低（FG 段）。

在直流二级溅射过程中，阴极暗区的宽度一般为 1~2cm，镀膜设备中阴极靶与基片距离通常为 5~10cm，这样能在维持稳定辉光的情况下获得尽量大的镀膜速率。

4.1.7 溅射镀膜过程

将基体置于真空室中的装载台，溅射镀膜过程由以下 4 个步骤组成：

（1）加热，目标真空的准备阶段。由模块化控制系统控制加热电阻使真空室的温度逐渐升高，并在加热过程中启动真空泵，使真空室的气压不断降低。该抽真空系统一般涉及多级真空装置，如低真空的机械泵中真空的罗茨泵以及高真空的分子泵。

（2）刻蚀，阴极基材的清洗阶段。该过程中，电弧将真空室内的惰性气体电离产生大量等离子体，这些等离子体中的带电离子在电场的作用下不断轰击基体，以清洗其表面的污染物。这是薄膜沉积前的重要步骤，因为它不仅直接影响膜-基结合力，同时对多膜层的硬度、表面粗糙度等有一定影响。

（3）镀膜，涂层的沉积过程。通过溅射过程使固体靶材表面原子逸出，在电场或磁场的作用下沉积到基体表面形成膜层。

（4）降温，真空室的冷却阶段。镀膜结束后，基体将随炉冷却至室温，然后停止真空泵的工作，使真空室内温度及压强与外界一致。冷却过程中需要冷却系统对真空泵和真空室进行冷却。

4.2　直流溅射

直流溅射镀膜根据电极的不同分为直流二级、三级和四级溅射镀膜，及射频、磁控、偏压二级溅射镀等。

直流溅射是指利用直流辉光放电产生的离子轰击靶材进行溅射镀膜的技术。直流溅射装置主要由真空室、真空系统和直流溅射电源构成，如图 4.14 所示。

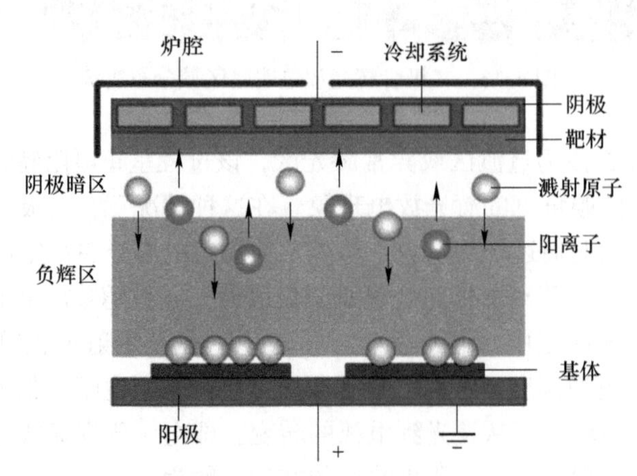

图 4.14　直流溅射装置示意图

普通直流二级溅射是将直流负电位直接施加在溅射靶上，放置被镀工件的基片架作为阳极。由阴极靶溅射出的靶材原子在基片表面沉积即形成薄膜。操作时将真空室抽至高真空后，通入氩气，并使其真空度维持在 1.0Pa 左右，再加上

2~3kV的直流电压于两电极之上，即可产生辉光放电。此时，在靶材（阴极）附近形成高密度的等离子体区，即负辉区，该区中的离子在直流电压的加速下轰击靶材即发生溅射效应，将靶材表面原子溅射出来沉积在工件表面上形成薄膜。通常在溅射过程中 Ar^+放电处于异常辉光放电状态，放电辉光覆盖整个阴极靶面，使靶材溅射和基片表面成膜均匀。在异常辉光放电状态下，可通过调节溅射电压改变溅射电流，进而改变沉积速率。直流二级溅射的优点是装置简单，适合于溅射金属和半导体靶材。但是，溅射时沉积速率较低；由于直接放电电压较高，导致温升过高而损伤基体；对气压的选择条件苛刻，低气压放电无法维持，高气压沉积膜的质量较差；溅射绝缘材料不适用。

由于二级直流溅射是依赖离子轰击阴极发射的次级电子来维持辉光放电，因此它只能在高气压下进行。当电压下降至 1.3~2.7Pa 时，阴极暗区扩大，电子自由程增加，等离子体密度下降，辉光放电将无法维持，因此需要提供一个额外的电子源，这样就形成三级或四级溅射镀膜系统。三级或四级溅射镀膜系统的靶电流和靶电压可独立调节，靶电压低（几百伏）、溅射损伤小，并且溅射过程中不依赖二次电子，由阴极发射电流控制，因此提高了溅射参数的可控性和工艺重复性。但该系统不能抑制电子轰击对基体温度的影响，也不适合反应溅射。

4.3 射频溅射

在直流溅射装置中，如果使用绝缘材料靶，溅射过程中，轰击靶面的正离子会在靶面上聚集，使其带正电，靶电位上升，阴阳两极构成一个电容器，如图 4.15所示。电极间的电场逐渐变小，直至辉光放电熄灭和溅射停止，所以直流溅射装置不能用来溅射沉积绝缘介质薄膜。为了溅射沉积绝缘材料，人们将直流电源换成交流电源。由于交流电源的正负性发生周期交替，当溅射靶处于正半周时，电子流向靶面，中和其表面积累的正电荷，并且积累电子，使其表面呈现负偏压，导致在射频电压的负半周期时吸引正离子轰击靶材，进而实现溅射。由于离子比电子质量大、迁移率小，不像电子那样很快向靶表面集中，所以靶表面的电位上升缓慢，由于在靶上会形成负偏压，所以射频溅射装置也可以溅射导体靶。

从电动力学可知，如果频率足够高，通过施加交流电源可以改变阴阳两极间的电荷分布，使电容器导电。由于电子的运动速度比离子的速度快得多，因而相对于等离子体来说，等离子体近旁的任何部位都处于负电位。设想一个电极上开始并没有任何电荷积累，在射频电压的驱动下，它既可作为阳极接受电子，又可作为阴极接受离子。在一个正半周期中，电极将接受大量电子，并使其自身带有负电荷；在紧接着的负半周期中，它又将接受少量运动速度较慢的离子，使其所带负电荷被中和一部分。经过这样几个周期后，电极上将带有一定数量的负电荷

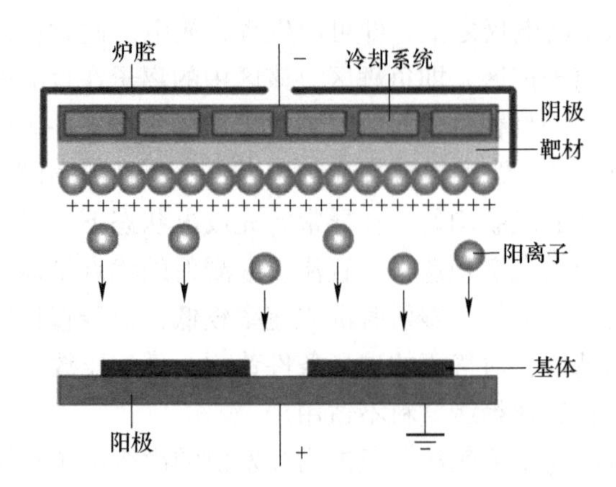

图 4.15 直流电压在绝缘靶上产生的电容现象

而对等离子体呈现一定的负电位。(此负电位对电子产生排斥作用，使电极此后接受的正负电荷数目相等）设等离子电位为 V_p（为正值)，则接地的真空室（包含衬底）电极（电位为 0）对等离子的电位差为 $-V_p$，设靶电极的电位为 V_c（是一个负值)，则靶电极相对于等离子体的电位差为 V_c-V_p。$|V_c-V_p|$ 幅值要远大于 $|-V_p|$。因此，这一较大的电位差使靶电极实际上处在一个负偏压之下，它驱使等离子体在加速后撞击靶电极，从而对靶材形成持续的溅射。图 4.16 所示为射频溅射过程中，电源电压与靶材电压的实际产生情况。

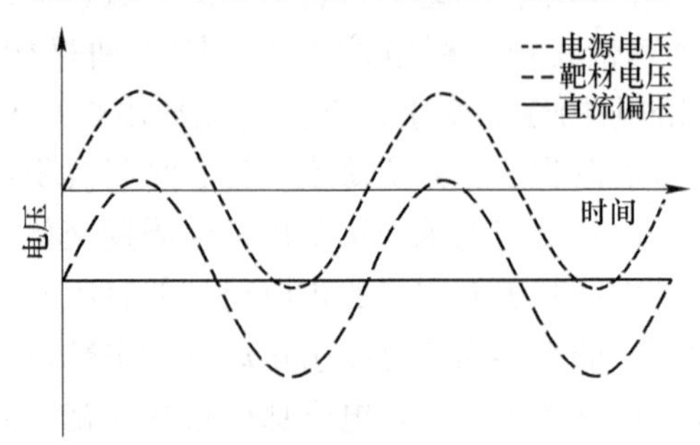

图 4.16 射频溅射过程中的电源电压与实际靶材电压

(1) 射频溅射条件：工作气压 1.0Pa，溅射电压 1000V，靶电流密度 1.0mA/cm^2，薄膜沉积速率低于 0.5μm/min。

(2) 射频溅射法的特点：能够产生自偏压效应，达到对靶材的轰击溅射，并沉积在衬底上；自发产生负偏压的过程与所用靶材是否是导体无关。但是，在靶材是金属导体的情况下，必须通过阻塞电容器实现与射频电源的耦合，以隔绝电荷流通的路径，从而形成自偏压。应该提到的是，直流偏压也可以在绝缘基板电极上形成，即符合：

$$U_T/U_S = (A_S/A_T)^4 \tag{4.4}$$

式中，U_T 是靶材电极的直流偏压；U_S 是基材电极的直流偏压；A_T 是目标电极的表面积；A_S是基板电极的表面积。

如果 $A_S \gg A_T$（实际溅射系统的情况），衬底电极上的直流偏压将非常小。图 4.17所示为射频电压和直流偏置的叠加。在直流电压的作用下，离子将被吸引到绝缘体的表面，使得可以在诸如陶瓷的非导电化合物上进行溅射。

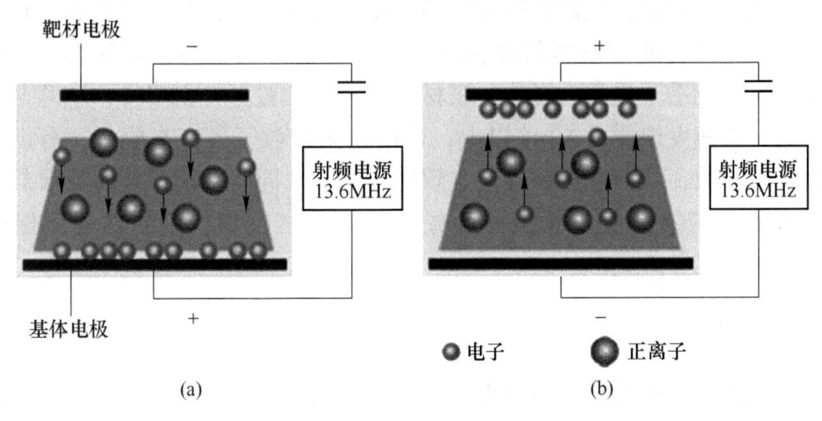

图 4.17 射频溅射原理

（a）正半弦波；（b）负半弦波

在射频溅射装置中，等离子体中的电子容易在射频场中吸收能量并在电场内振荡，因此，电子与工作气体分子碰撞并使之电离产生离子的概率变大，使得击穿电压、放电电压及工作气压显著降低。与直流溅射相比，射频溅射法由于可以将能量直接耦合给等离子体中的电子，因而其工作气压和对应的靶电压较低。

4.4 磁控溅射

早在 1935 年，荷兰物理学家 Penning 首次建议使用磁控溅射进行薄膜沉积。在 20 世纪 60~70 年代，实验室研究了磁控放电中的材料溅射，提出了磁控溅射系统（MSS）的各种配置，包括现代平面磁控管的初代模型。20 世纪 70 年代开发的平面磁控阴极标志着真空镀膜技术进入一个全新的时代。为满足对薄膜各方面性能的高要求，磁控溅射镀膜已成为薄膜沉积的最重要技术。由于该技术具有设备简单、易于控制、镀膜面积大和附着力强等优点，被广泛用于金属、半导体、绝缘体等多种材料的制备。并且其高速、低温、低损伤的特性，不仅融合了沉积的经济性优点，同时也能够在对温度敏感的塑料基板上大面积涂覆。磁控溅射是在低气压下进行高速溅射，需要提高气体的离化率。磁控溅射通过在靶阴极表面引入磁场，利用磁场对带电粒子的约束来提高等离子体密度以增加溅射率。

磁控溅射技术得以广泛应用是由该技术有别于其他镀膜方法的特点决定的。其特点可归为：可制备成靶材的各种材料均可作为薄膜材料，包括各种金属、半导体以及绝缘的氧化物、陶瓷、聚合物等物质，尤其适合高熔点和低蒸汽压的材料沉积镀膜；在适当条件下用多种靶材共溅射方式，可沉积所需组分的混合物、化合物薄膜；在溅射的放电气氛中加入氧或其他活性气体，可沉积靶材物质与气体分子的化合物薄膜；控制真空室中的气压、溅射功率，基本上可获得稳定的沉积速率；通过精确地控制溅射镀膜时间，容易获得均匀的精密膜层，且重复性好；溅射粒子几乎不受重力影响，靶材与基片的位置可自由安排；基片与膜的附着强度是一般蒸发镀膜的 10 倍以上，且由于溅射粒子带有高能量，有助于原子在成膜表面扩散，从而获得高硬度且致密的薄膜，同时高能量使得只要较低的基片温度即可得到结晶膜；薄膜在形成初期成核密度高，可制备厚度极薄的连续膜。

4.4.1 工作原理

传统的溅射技术是在溅射过程中，在真空室内的阴阳极之间施加电压而产生电场，再将非反应性气体（或惰性气体，通常为 Ar 气）注入腔室中发生电离，并在电场的作用下高速飞向阴极（即靶材），与靶材表面原子发生碰撞，致使原子或分子从靶材表面溅射出来。但一般溅射系统中非反应性气体的电离和碰撞速率较低，导致膜层的沉积速率低且密度小。因此，在 1930 年将这项技术进行改良，以增强靶附近的电离率，从而使膜的沉积效率得到提高。如图 4.18 所示，这种改进的磁控溅射设备是由一组放置在靶材下方的磁体组成，这些磁体通过磁场将靶材发射的二次电子捕获到放电中，从而增加靶材周围非反应性气体的电离。

磁控溅射的工作原理是指电子在电场 $\boldsymbol{E}$ 的作用下，在飞向基片过程中与氩原子发生碰撞，使其电离产生出 Ar 正离子和新的电子；新电子飞向基片，Ar 离子在电场作用下加速飞向阴极靶，并以高能量轰击靶表面，使靶材发生溅射。在溅射粒子中，中性的靶原子或分子沉积在基片上形成薄膜，而产生的二次电子会受到电场和磁场作用，产生 E（电场）$\times B$（磁场）所指的方向漂移，简称 $E\times B$ 漂移，其运动轨迹近似于一条摆线。

若为环形磁场，则电子就以近似摆线形式在靶表面做圆周运动，它们的运动路径不仅很长，而且被束缚在靠近靶表面的等离子体区域内，并且在该区域中电离出大量的 Ar 来轰击靶材，从而实现高沉积速率。随着碰撞次数的增加，二次电子的能量消耗殆尽，逐渐远离靶表面，并在电场 E 的作用下最终沉积在基片上。由于该电子的能量很低，传递给基片的能量很小。

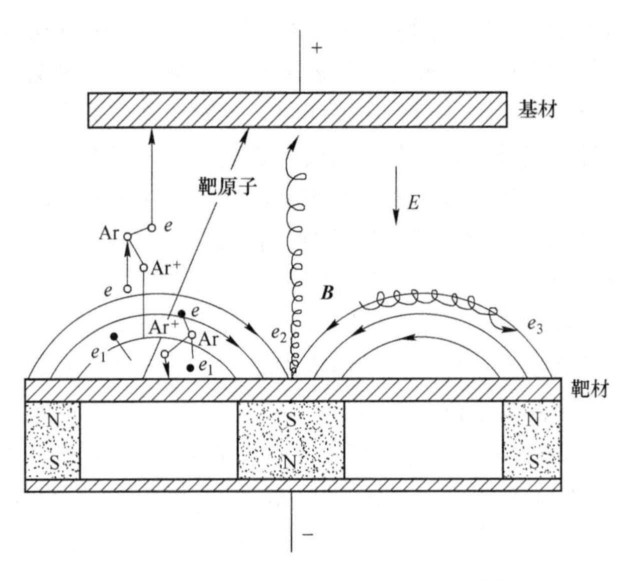

图 4.18　直流磁控溅射系统示意图[44]

根据磁场的分布情况磁控溅射靶源分平衡式和非平衡式。平衡磁控管在磁铁两极之间的磁场方面具有相同的强度，在这些磁极之间产生闭合的场线。相反，在非平衡式中，磁控管外部磁极中的强化磁场的磁场线直接引向基板，这两种类型的磁场及等离子体分布如图 4.19 所示。平衡式靶源镀膜均匀，非平衡式靶源镀膜膜层和基体结合力强。平衡靶源多用于半导体光学膜，非平衡靶多用于硬质、装饰膜。磁控阴极按照磁场位形分布不同大致可分为平衡态磁控阴极和非平衡态磁控阴极。平衡态磁控阴极内外磁钢的磁通量大致相等，两极磁力线闭合于

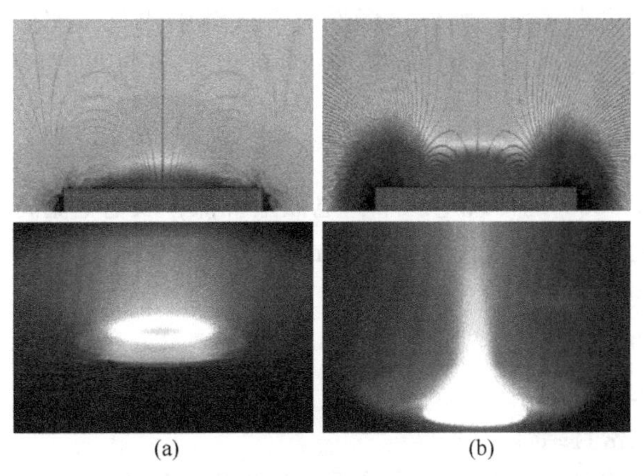

图 4.19　平衡（a）与非平衡（b）磁控溅射的磁场和等离子体分布的差异[43]

靶面，很好地将电子/等离子体约束在靶面附近，增加了碰撞概率，提高了离化效率，因而在较低的工作气压和电压下就能起辉并维持辉光放电，靶材利用率相对较高。但由于电子沿磁力线运动主要闭合于靶面，因此基片区域所受离子轰击较小。非平衡磁控溅射技术是让磁控阴极外磁极磁通大于内磁极，两极磁力线在靶面不完全闭合，部分磁力线可沿靶的边缘延伸到基片区域，从而部分电子可以沿着磁力线扩展到基片，增加基片磁控溅射区域的等离子体密度和气体电离率。不管平衡还是非平衡，若磁铁静止，其磁场特性决定了一般靶材利用率小于30%。为增大靶材利用率，可采用旋转磁场。但旋转磁场需要旋转机构，同时溅射速率要减小。旋转磁场多用于大型或贵重靶，如半导体膜溅射。对于小型设备和一般工业设备，多用磁场静止靶源。

用磁控靶源溅射金属和合金很容易，点火和溅射很方便。这是因为靶（阴极）、等离子体和镀膜工件/真空腔体可形成回路。但若溅射绝缘体（如陶瓷），则回路断了。于是人们采用高频电源，回路中加入很强的电容，这样在绝缘回路中靶材成为一个电容。但高频磁控溅射电源昂贵，溅射速率很小，同时接地技术很复杂，因而难以大规模采用。为解决此问题，发明了磁控反应溅射。就是用金属靶，加入氩气和反应气体，如氮气或氧气。当金属靶材撞向零件时，由于能量转化，与反应气体化合生成氮化物或氧化物。

磁控反应溅射绝缘体看似容易，而实际操作困难。主要问题是反应不光发生在零件表面，也发生在阳极、真空腔体表面以及靶源表面，从而引起靶源和工件表面起弧等。德国莱宝发明的孪生靶源技术很好地解决了这个问题。其原理是一对靶源互相为阴阳极，从而消除阳极表面氧化或氮化。除了磁场平衡之外，还可以通过改变生产过程中的几个参数来修改薄膜特征，例如靶材数量、电源的类型、电流密度、靶材和基板之间的距离、沉积气压和基片温度，以及其他参数，因此该技术通用性非常强。此外，将反应性气体引入真空室中，例如氧气、氮气、甲烷和乙炔，形成化合物薄膜，从而可以改变薄膜的成分、结构和形态特性。

综上所述，磁控溅射有如下优点：

（1）通常在500V的传统电压下，电弧阻抗低，放电电流高（1～100A）；

（2）沉积效率的可控范围为1～10nm/s；

（3）沉积温度低；

（4）涂层的均匀度高；

（5）易于大规模生产；

（6）涂层致密且结合力好；

（7）可沉积的材料种类多（几乎所有金属和化合物）；

（8）可广泛调节镀制膜层的特性。

4.4.2 不同磁控溅射技术

4.4.2.1 中频脉冲磁控溅射技术（MFPMS）

尽管直流电源的溅射产额通常比较低，但是由于其价格便宜且易操作，仍是镀膜设备中最常用的电源，尤其是在磁控溅射或脉冲溅射镀膜系统中。其主要的缺点就是电离率低，有研究表明，只有约1%的靶材被溅射并成功离化。直流电源仅适用于导电靶材的溅射，而射频源仅适用于绝缘或电导率低的靶材。大量研究表明，很好的替代方案是采用中频电源。

等离子脉冲技术可追溯到20世纪60年代后期，并在1990年左右，因建筑玻璃和平板显示器对大面积涂层的大量需求，技术得以蓬勃发展和应用。如果单脉冲靶的电源为矩形脉冲，则根据图4.20所示的脉冲形状分为单极和双极，脉冲频率在1~100kHz的范围内。与直流电源相比，在单极脉冲的情况下，由于在脉冲间歇期间许多电弧熄灭，因此电弧显著减少。在双极脉冲模式中，阴极周期性地切换到小的正电位，从而用作阳极正表面电荷的中和，工艺稳定性进一步提高，然而，阳极电弧消失的问题仍然存在。此外，两种模式的沉积效率都极大取决于占空比。

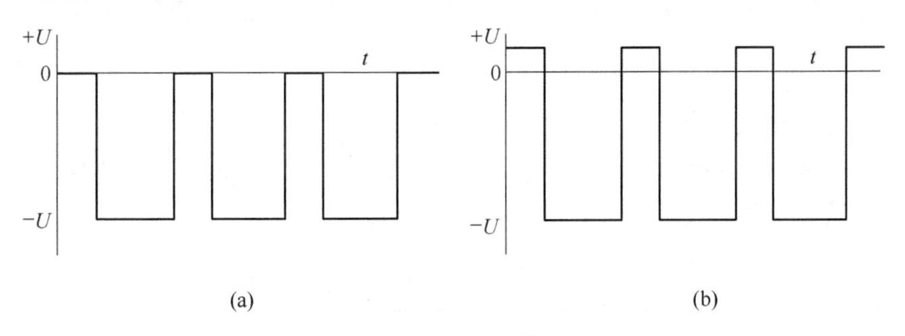

图4.20 单极与双极脉冲电压
（a）单极；（b）双极

最佳解决方案是采用中频孪生靶装置，由10~30kHz范围内的中频脉冲电源提供动力，如图4.21所示。该结构中，一个磁控管处于负电位并充当溅射阴极，另一个磁控管充当临时阳极。阴极产生的二次电子在电场力的作用下加速飞向阳极，以中和阳极表面在脉冲电源的负半周期时积累的正电荷。显然，该结构能够很好地解决脉冲溅射镀膜过程中出现的阴极消失的问题。由于临时阳极能够随时聚集电子，因此大大减小了对其他条件的依赖性，即使在较大的区域和较高的功率密度下，对于诸如SiO_2、Si_3N_4或TiO_2等材料的反应磁控溅射镀膜的工艺稳定性也显著改善了。与直流反应磁控溅射镀膜技术相比，沉积速率通常可提高2~5倍。

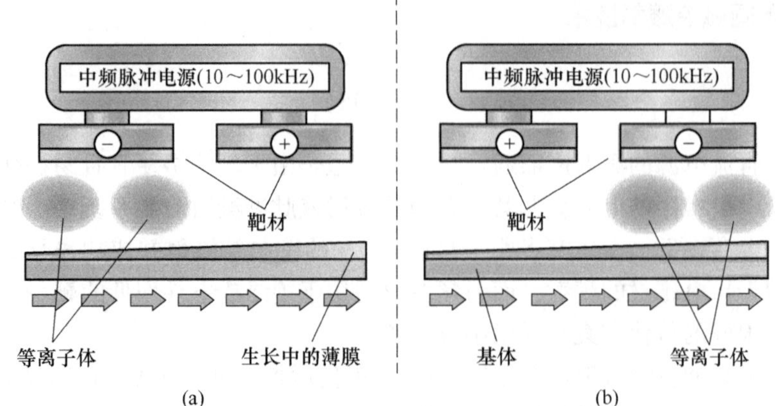

图 4.21　孪生靶中频脉冲磁控溅射结构

（a）正半波；（b）负半波

随着脉冲或中频脉冲磁控溅射镀膜技术向工业方向的转化，该技术逐渐被应用到一些新的领域，如用于改善建筑玻璃上的阳光吸收性，大玻璃板上溅射抗反射涂层，用于平板显示器的涂层，太阳能电池的透明导电薄膜，刀具或结构件的耐磨损涂层，传感器和精密光学器件的涂层。

4.4.2.2　等离子增强磁控溅射技术

等离子体增强磁控溅射技术（PEMS）是在传统的直流磁控溅射技术上发展起来的。该技术将一个电子源引入常规磁控溅射技术，可获得的离子通量比常规磁控溅射技术高 25 倍左右。在传统的磁控溅射系统中，放电产生的等离子体聚集在磁控靶附近。而等离子体增强磁控溅射过程中，真空室中的灯丝在交流电加热下，不断释放电子与其他加热管发射出的热电子与其他原子或分子发生碰撞从而增强了等离子体密度，并扩散到整个腔室。由于离子通量的大幅增加，等离子体增强磁控溅射沉积的薄膜具有更致密的微观结构，更高的硬度，以及更高的抗塑性变形能力，如图 4.22 所示。

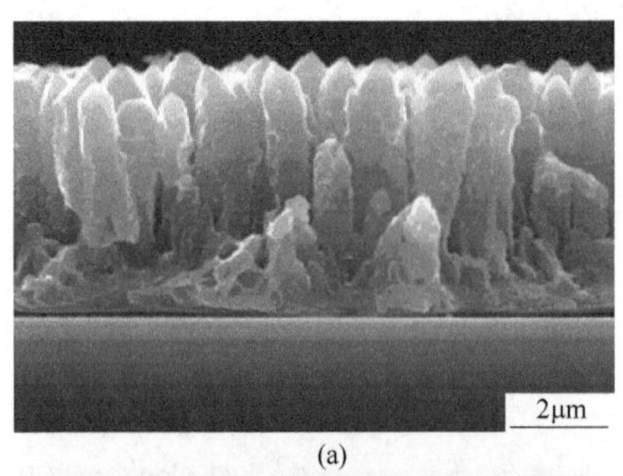

(a)

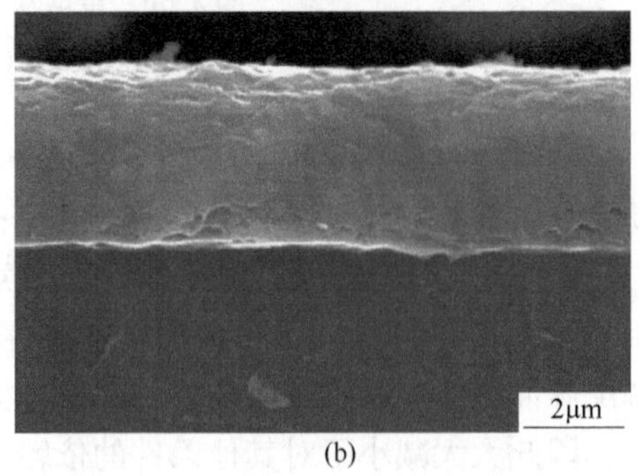

(b)

图 4.22　传统磁控溅射（a）与等离子体增强磁控溅射（b）沉积 Al 膜结构对比[45]

4.4.2.3 非平衡磁控溅射技术（UBMS）

在不平衡磁控管中，磁环的外环相对于中心磁极加强。在这种情况下，并非所有的磁场线都闭合在磁控管中的中心磁极和外磁极之间，而是一些磁场指向基体侧。因此，等离子体不再强烈地与靶材区域连接，部分等离子体在磁场的作用下飞向基体，因此，无需对基板进行外部偏置就可以从等离子体中聚集高离子电流。在一些磁控管设计中，并非所有的磁场线都在自身封闭（实际上，很少，如果有的话，磁控管真正完全平衡）。图 4.23 所示为非磁控溅射靶材区域结构及对应的磁场分布。

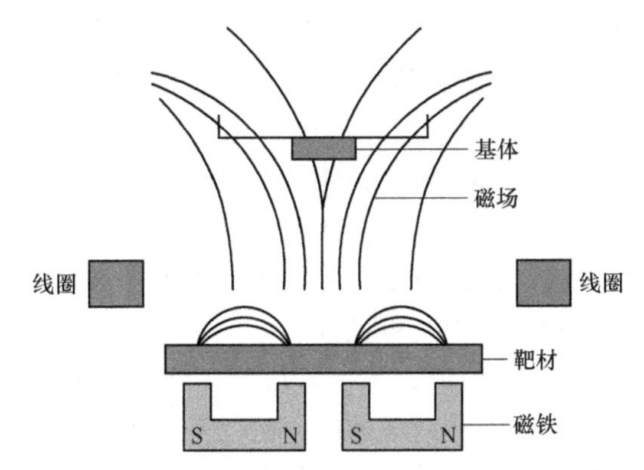

图 4.23 非平衡磁控溅射结构及磁场分布[49]

Windows 和 Savvides[46] 在改变传统磁控管的磁性结构时，首先意识到了这种效应的重要性。随后，他们和其他研究人员发现，当使用非平衡磁控管时，可以常规地产生 $5mA/cm^2$ 或更大的基体离子电流密度，即比常规磁控管高约一个数量级。图 4.24 所示为在不同磁控管模式下两极之间获得等离子体的分布情况。

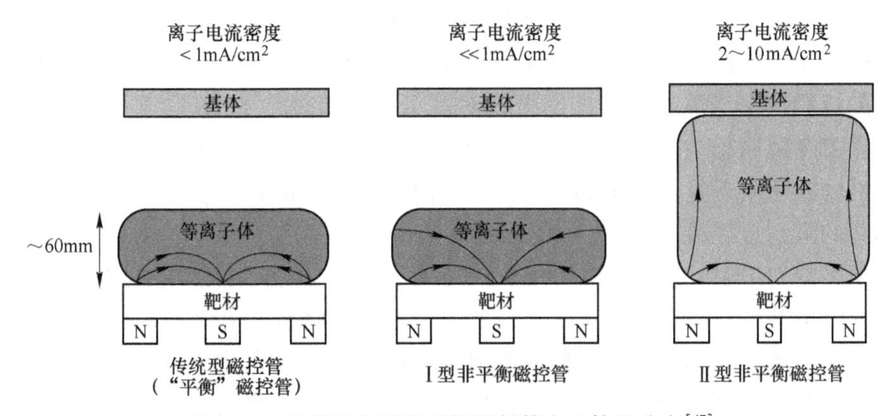

图 4.24 平衡及非平衡磁控溅射等离子体的分布[47]

4.5　高功率脉冲磁控溅射

高功率脉冲磁控溅射（HIPIMS）作为目前较新的技术，通过使用离子或尽量多的离子代替中性粒子来进行薄膜沉积，可以显著改善所得薄膜的性质。1999年，Kouznetsov 等人首次采用高功率脉冲作为磁控溅射的供电模式，获得高离化率和致密度的 Cu 膜，并且靶材利用较高，从而引起广泛关注[48]。该技术经不断发展和改进，现逐步从学术研究向工业应用过渡[49~55]。

与传统的磁控溅射技术不同的是，HIPIMS 技术在磁控阴极上施加低占空比高功率密度的放电脉冲，产生的高密度高能量的等离子体进行薄膜制备。HIPIMS 技术的瞬时功率密度可超过 $1kW/cm^2$，使靶材附近电子密度达到约 $10^{-19}m^{-3}$。电子密度的提高增加了靶材溅射原子与电子的碰撞概率，有效地提高了靶材原子的离化率（25%~100%）。高度离化的靶材原子形成的金属离子在基片等离子体鞘层的作用下，具有较高的能量，显著改善薄膜质量，如致密度、表面粗糙度、均一性及膜基结合强度等。此外，可以通过控制放电电压、峰值功率密度、占空比、脉冲宽度、脉冲频率、脉冲波形等工艺参数，对薄膜的组织结构和性能进行调控，大大提高了工艺可控性。

HIPIMS 放电由两个阶段组成，第一阶段与工作气压有关，紧接的第二阶段则取决于靶材料和功率，这说明放电的前一阶段是气体离子决定的，而后一阶段与发生了自溅射关系密切，对一些材料，放电可以转换到自溅射模式，不同材料之间溅射的较大差异暗示了二次电子的产生和诱捕对电压-电流-时间特征的较大作用[56]。

当前 HIPIMS 技术面临的最严重的问题来自于薄膜的沉积速率低。在放电离化区域内的溅射材料原子被电离后生成的离子受到电压降的作用会加速向靶面运动并轰击靶面发生溅射。尽管该过程增加了离子返回概率，但同时抑制了溅射材料离子的引出，使其无法大量的沉积在基片上，进而导致了 HIPIMS 的薄膜沉积速率远低于传统的磁控溅射技术和阴极弧离子镀技术。大量研究表明，HIPIMS 较低的沉积速率与负高电位的阴极靶对离子的回吸效应有关[57~59]。当溅射发生时，靶材金属原子被输运到等离子体中并发生碰撞离化，但由于靶电位较低，其中一部分在靶附近且没有足够动能的金属离子被阴极靶表面吸回，因此导致了到达基片的溅射金属粒子减少，如图 4.25 所示。

典型的 HIPIMS 电源结构如图 4.26 所示，由一组电容器组成，这些电容器由直流充电电源以恒定电压充电。然后通过电感开关将这些电容器加载到等离子体负载中。直流充电电源结构一般为经典的全桥逆变型高频开关电源，交流电经过整流、逆变、升压、滤波处理为输出电压幅值为几千伏的直流电。放电时电容作为储能装置向负载瞬时释放脉冲能量，从而产生峰值功率较高的能量。

在沉积绝缘膜层或在绝缘基体上沉积时，由于充电效应，偏压可能难以施加，这将进一步弱化 HIPIMS 高离化率的优势。基于此，研究者提出了在传统 HIPIMS 脉冲结束后施加正向脉冲，即双极性脉冲高功率脉冲磁控溅射[60,61]。在传统 HIPIMS 中，其正向脉冲对 HIPIMS 脉冲所产生的离子的推动加速作用，仅作用于 HIPIMS 脉冲结束时，高功率脉冲初期电离由阴极发射电子轰击溅射原子电离产生，此时在高电压作用下，轰击阴极离子能量很高，阴极电子发射量较大，引起了较高的等离子体离化率。而脉冲结束后，

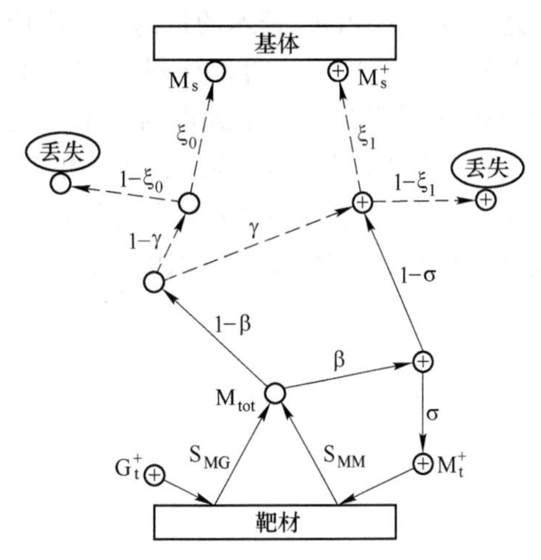

图 4.25 HIPIMS 靶回吸效应示意图[58]

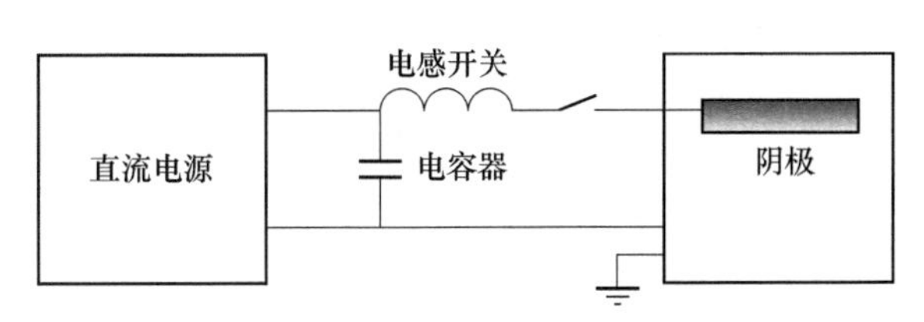

图 4.26 HIPIMS 电源结构示意图[55]

电子发射变弱，电离过程主要以带电离子与中性原子相互碰撞产生的电荷交换为主。因此在正向脉冲持续期间等离子体由于 HIPIMS 脉冲结束而快速扩散消耗，特别是在正向脉冲持续的后半段中，等离子体密度已下降到较低水平，因此正向脉冲对 HIPIMS 脉冲期间所产生的离子的推动加速作用具有一定的局限性[62,63]。

由于 HIPIMS 溅射产率随放电电压而变化，并且离化靶材产生的等离子体受到靶材的反向吸引，导致非反应性 HIPIMS 的沉积速率大大降低。于是，研究者提出了高功率复合脉冲磁控溅射技术，这种新型技术是将直流磁控溅射和高功率脉冲磁控溅射综合起来[64,65]。其中的直流磁控溅射部分有两个作用：一是离子预离化，使脉冲到来时脉冲起辉容易，缩短脉冲起辉延迟时间；二是提供一个持续的直流溅射功率，提高了磁控溅射的平均功率。将 HIPIMS 和直流结合使用可以有效地降低单一 HIPIMS 放电中的峰值电流，从而进一步提高沉积速率。在相同的情况下，薄膜形态从非常致密的结构逐渐变为由直流模式下的柱状结构。

为改善金属离子的离化和输运角度，可以采取在真空室内增加外部“辅助装置”的方法来优化 HIPIMS。采用增加外部电磁场来辅助增强 HIPIMS 放电，进

而达到改善 HIPIMS 技术的目的，如增加外部磁场、感应耦合等离子体和电子回旋共振等装置[66~68]。外部磁场的作用主要体现在约束电子/控制电子运动方面，HIPIMS 脉冲开启时产生大量的电子，但这些电子会直接飞向真空室壁，在真空室内存活几率较低。外部磁场的应用可提高 HIPIMS 放电产生的大量电子的利用效率，减少其直接向真空室器壁的逃逸，从而增加电子与真空室内中性粒子的碰撞离化几率，这对于改善 HIPIMS 沉积速率及提高膜层质量都有益。

5　离子镀膜技术

真空离子镀膜技术（ion plating）是由美国 Somdia 公司的 D. M. Mattox 等人于 1963 年综合了真空蒸发镀膜和真空溅射镀膜两种方式开发出的一种全新镀膜技术[69]。近年来，离子镀膜技术在真空镀膜领域得到了越来越广泛的应用。

5.1　离子镀技术的概述

在真空状态下，可以通过加热或高能粒子轰击的方式将镀膜材料（工作气体或靶材原子）引入气体放电空间中，并使之部分电离得到高能量密度的等离子体。同时，在基体上施加负偏压以加速等离子体沉积在基体表面，从而得到所需的薄膜。根据靶材释放粒子的方式可以将离子镀膜大致分为两种：蒸发源型离子镀与溅射靶型离子镀。前者是通过电阻、电子束或者等离子体束等方式加热靶材使之蒸发并电离得到金属离子与中性原子；后者是利用高能离子（如 Ar^+）对靶材表面进行轰击溅射得到金属粒子，这些粒子在负偏压电场作用下到达基体表面沉积形成薄膜。离子镀技术涵盖了真空蒸镀、真空溅射、辉光放电以及离子沉积注入等过程。凭借其高离化率、高结合强度、组织结构致密、绕射性好等特点，离子镀技术可以在材料表面制备金属、合金、陶瓷等薄膜，并使其具备优秀的力学、光学、电学等性能。

5.1.1　离子镀技术的原理

真空离子镀装置如图 5.1 所示。首先将真空室气压抽至 10^{-3}Pa 以下，然后通入工作气体（Ar）使炉腔内气压升高至 10^{-1} ~ 10^{0}Pa。通入高压电源，在靶材（阳极）与基体（阴极）之间建立起一个低压气体放电的低温等离子体区。靶材通过加热蒸发或者高能粒子轰击的方式产生金属粒子，这些金属粒子在通过低温等离子体区时与等离子体区中的离子、原子和电子发生碰撞，其中，部分金属粒子与电子碰撞后被电离成正离子，

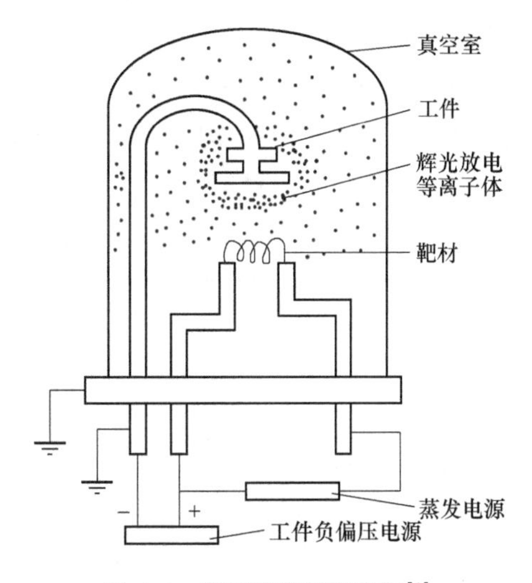

图 5.1　离子镀装置示意图[2]

这些正离子在负偏压电场作用下被加速，以较高能量轰击基体表面，形成薄膜；除此之外，这些正离子在到达基体之前也可能与靶材或工作气体的中性原子发生碰撞，在进行电荷交换后以中性原子的状态沉积在基体或薄膜表面，形成“颗粒”。通常情况下，离子镀膜传递到基体的能量10%由离子携带，90%由中性原子携带，而这些高能离子与中性粒子的能量则由基体上施加的负偏压提供。

5.1.2 离子镀技术的特点

离子镀又称离子辅助沉积（IA）、电离辅助沉积（IAD）或离子气相沉积（IVD），是一种物理气相沉积工艺，其利用高能粒子对基体和薄膜进行周期性轰击。沉积前的轰击可以溅射清洗基体表面，而沉积过程中的轰击可以获得良好的附着力，使沉积材料致密化，改变沉积薄膜的结构、形貌和性能以及改善薄膜残余应力。值得一提的是，在清洗和沉积之间的轰击是连续的，这可以保持一个相对洁净的界面，从而产生以下一系列效应。

（1）涂层与基体结合强度高。高能离子轰击基体可以有效去除基体表面的氧化物或污染物，同时活化基体表面。而离子轰击时产生的热量可以增强基体的扩散效应，当离子能量足够高时，在膜-基界面会产生一个界面过渡层，具有一定的离子注入和离子束混合效应，增强薄膜与基体的附着力。

（2）离子镀膜绕射性较好。在镀膜气压较高时（≥1.0Pa），工作气体或靶材的离子在到达基体前会与中性原子发生多次碰撞，并均匀分布于基体周围，从而改善薄膜性能。在电场作用下，带电离子可以沉积在基体表面任意位置。

（3）镀层沉积效率高、质量好。离子轰击作用使得薄膜组织结构致密程度得到提高，均匀性较好，薄膜无孔洞、空隙、夹杂等缺陷。

（4）靶材与基体的材料选择性广。离子镀技术可以在金属或非金属表面制备金属、化合物、非金属材料的薄膜。由于等离子体的活性有利于降低化合物合成温度，因此离子镀技术广泛应用于各种硬质化合物薄膜的制备。表5.1为典型离子镀膜所用材料及性能。

表5.1 离子镀膜的材料及性能[70]

薄膜类型	膜层材料	基体材料	薄膜性能
金属膜	Cr	型钢	耐磨损
	Al	钛合金、高碳钢	耐腐蚀
	Ti	不锈钢	润滑
	Ni	硬玻璃	耐磨损
	Au	不锈钢	耐热
	Cu	塑料	增加反射率

续表 5.1

薄膜类型	膜层材料	基体材料	薄膜性能
合金	Co-Cr-Al	高温合金	抗氧化
非金属	B	钛	耐磨损
	C	玻璃	耐腐蚀
	P	不锈钢	润滑
化合物	NiCrN	碳钢	耐腐蚀磨损
	AlCrN	高速钢	耐磨损

其中，离子镀在镀硬质耐磨薄膜时尤为重要。例如离子镀技术制备的 TiN、CrN、ZrN、TiCN、AlCrN 等系列薄膜已广泛应用于刀具、模具等领域。表 5.2 为典型硬质薄膜的各项性能。

表 5.2 典型离子镀硬质化合物薄膜性能[71]

薄膜	薄膜颜色	硬度 HV/N	适用温度 /℃	电阻率 /μΩ · cm	摩擦系数 μ_k	传热系数 /W · (m² · K)⁻¹
TiN	金黄	2400±400	550±50	60±20	0. 65~0. 70	8800±1000
CrN	银灰	2400±300	650±50	640	0. 50~0. 60	8100±2000
ZrN	金色	2200±400	600±50	30±10	0. 50~0. 60	
TiCN	灰色	2800±400	450±50		0. 40~0. 50	8100±1400
TiAlN	黑色	2800±400	800±50	5500±1500	0. 55~0. 65	7000±400
DLC	深蓝	3500±500			0. 10~0. 20	

5.1.3 影响离子镀镀膜技术的因数

影响薄膜质量的因素主要是沉积在基体上的各种高能粒子（靶材、工作气体、反应气体的原子和离子）的能量，以及基体表面的温度与状态。

（1）真空室镀膜气压。一般来说，真空室镀膜气压指抽至本底气压后通入的工作气体的压力，它是建立和调控等离子体浓度、影响粒子到达基体数量的重要因素。高能粒子在到达基体之前会与气体粒子多次碰撞，发生散射作用。随着气体压力的增加，散射效应增强，粒子绕射性随之增强。然而，气压过大会使得散射效应过强，进而降低薄膜的沉积速率。

（2）工作气体与反应气体的分压。在反应离子镀中，真空室会同时通入工作气体和反应气体。例如，在沉积 CrN 薄膜时会同时引入工作气体 Ar 和反应气体 N_2 的混合气体，镀膜阶段 Ar 稳定放电，Cr 离子与氮反应得到 CrN。此时，不仅需要控制混合气体的总体气压，还要调控工作气体和反应气体的分压比例。N_2

分压比例的高低影响反应产物的化学计量配比，换言之就是影响 CrN、Cr_2N、Cr_xN_y 的含量，进而表现为生成颜色和性能不同的薄膜。利用离子镀技术制备多元复合薄膜，必须精确调控各种反应气体分压与流量，并且保证布气系统均匀合理，从而获得质量上乘的薄膜[72,73]。

（3）蒸发功率和速率。蒸发功率直接影响蒸发速率，但对薄膜沉积速率没有必然的影响。一般来说，靶材蒸发功率提高，蒸发速率可以提高，但蒸发出的粒子在到达基体前会与真空室的气体粒子发生多次碰撞，散射在真空室中，在到达基体表面后会产生反溅射效应；此外，涂层沉积过程中会受到界面应力、薄膜生长应力、热应力的影响。因此，蒸发功率对沉积速率的影响是多样化的。若蒸发功率过高，蒸发速率随之升高，基体表面易沉积较多的未经离化的中性靶材颗粒，导致薄膜表面粗糙度提高，均匀性下降，进而影响薄膜性能。

（4）靶材与基体的距离。靶-基距受到等离子体区位置、蒸发离子数量与浓度、蒸发源热辐射效应以及薄膜沉积速率的影响。随着靶-基距的增加，成膜粒子在迁移过程中会更易发生碰撞，从而增加离化率和散射率。一般来说，平面靶磁控溅射离子镀靶-基距为 70mm，平面圆靶阴极电弧离子镀靶-基距为 150～200mm。增加靶-基距可以将基体正、反面薄膜厚度比例控制到 1 ∶ 1，但沉积速率和离子能量会相应降低。

（5）基体偏压。在基体上施加一定的负偏压可以促使粒子电离并加速碰撞到基体表面[74]。随着负偏压的增加，离子对基体的轰击作用强化，薄膜结构由粗大的柱状晶结构逐渐转变为细晶结构，但同时高能离子轰击会迫使薄膜产生夹杂、裂纹等缺陷。经验表明，负偏压取值一般在 50～200V 之间，刻蚀阶段会施加较高的偏压（≥600V）以清洗基体表面的氧化物和污染物，同时活化基体表面。

（6）基体温度。基体温度是影响离子镀薄膜组织结构的重要因素，在离子镀中，镀膜温度可以控制在室温至 450℃之间，不同的基体温度可以得到晶粒形状、大小、结构、表面粗糙度完全不同的薄膜。

5.2　空心阴极离子镀

空心阴极离子镀（hollow cathode discharge）是综合了空心热阴极辉光放电技术、弧光放电技术和离子镀技术而开发出的一种镀膜方法，其主要利用电子束加热靶材，使之蒸发、离化、沉积至基体表面，主要应用于装饰镀和刀具镀的工业生产。

空心阴极离子镀膜装置主要由真空系统、直流电源、气源、空心阴极枪、蒸发源、基材和聚焦装置等组成。如图 5.2 所示，空心阴极枪作为负极由钽管材料制作，位于真空室的侧壁区域。蒸发源作为正极置于真空室底部的坩埚内，基体位于蒸发源上方。

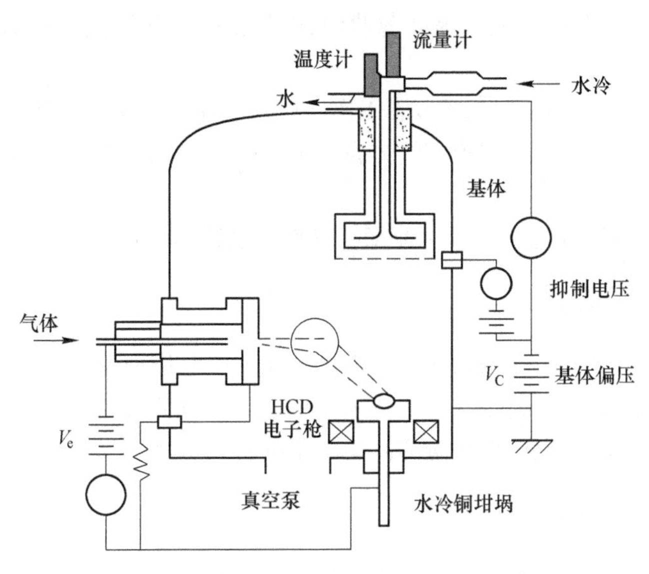

图 5.2　空心阴极离子镀装置示意图[75]

在镀膜过程中，首先将真空室气压抽至 10^{-2}~10^{-3}Pa，然后通过钽管向真空室通入工作气体 Ar，腔体内气压升至 1~10Pa。开启引弧电源，钽管内部与底部会同时发生辉光放电现象。在空心阴极效应下，空心阴极管内的 Ar 电离后将在电场作用下以高能离子态撞击管内壁，发射热电子，使得管壁温度高达 2100~2600K。此时，空心阴极的辉光放电转变为弧光放电，大量等离子体束经过聚束、偏转和聚束磁场，在磁场力作用下向坩埚方向运动促使靶材蒸发。靶材和反应气体在通过等离子体区时被电离或激发，以高能离子态在负偏压作用下运动至基体上完成镀膜。

HCD 枪的主要组成包括空心钽管、辅助阳极、聚焦线圈、偏转线圈、冷却系统等。其中，空心钽管是 HCD 枪的核心部件，称为空心阴极。钽管一端接冷却水，另一端接辅助阳极电源用于引燃放电。钽管外部包裹有一层屏蔽罩用于保温，聚焦线圈和偏转线圈分别用于对电子束的聚束和偏转。HCD 枪管的直径大于 3mm，壁厚 0.2~3mm，长度 60~80mm，使用功率一般为 5~10kW。

空心阴极离子镀膜的特点主要有：

（1）靶材离化率高。HCD 电子枪产生的等离子体同时作为蒸发源和离化源，靶材或反应气体在经过等离子体区时会与离子发生共振荷电交换，使得每个粒子可以携带约数十电子伏特的能量，而束流能量有数百安培和数十电子伏特的极高能量，其粒子密度高达（1~9）×$10^{15}$$cm^{-2}$，这比其他离子镀方法高出 1~2 倍[76]。因此，HCD 的离化率高达 20%~40%。此外，高束流能量使得即使基体负偏压较低，高能粒子依然具有强烈的轰击作用，可以起到良好的溅射清洗作用，同时可

以促进膜-基原子的互扩散，提高薄膜组织的结构致密程度和薄膜的膜-基结合强度。

（2）良好的绕射性。HCD 镀膜工作气压一般在 0.133~1.33Pa 之间，这使得靶材或反应气体在运动过程中与气体原子发生碰撞的几率增加，因而具有更好的绕射性。

HCD 电子枪工作电压低、电流高，操作安全简易，但钽管工作寿命短。

5.3 电弧离子镀膜

电弧离子镀（arc ion plating）是将真空弧光放电作为蒸发源的一种真空离子镀膜技术，它的电弧形式是在冷阴极表面形成阴极电弧斑点。在斑点位置产生爆发性等离子体，从而发射出熔融的高能粒子沉积到基体上。

5.3.1 电弧离子镀膜的工作原理

阴极电弧在放电过程中会优先选择那些温度最高、电场最强或逸出功最低的微区产生电子，因此，人们常见的真空电弧是在阴极表面的一圈圈闪动耀眼的辉光现象，其主要是由一个或多个不连续、很小很亮的阴极斑点重复生成—熄灭—移位造成的。阴极电弧斑点面积一般在 100~200μm^2之间，一个电弧斑点存在若干微弧，每个微弧弧斑面积在 10~30μm^2之间，微弧斑相互之间间隔一个或多个自身尺度的距离，微弧斑只有 1~5μs 的寿命。微弧斑作为强烈的电子发射区，可以高达 1000m/s 的速度同时发射 10 个电子和 1 个原子。在热电子发射和场发射共同作用下，弧斑区内阴极电弧电流密度高达 10^4~10^8 A/cm^2，功率密度高达 10^{16}W/m^2。阴极弧斑是电子、金属离子、金属蒸气以及液滴的发射源。

在电弧蒸发过程中，阴极电弧使得熔融的粒子会从弧斑区发射出颗粒或液滴，在真空室迁移期间变成球状，碰撞到基体后成扁平凸起凝固物，它们的尺寸一般在几百纳米到几百微米之间，成分与阴极靶材一致。这些颗粒降低了薄膜的表面粗糙度，使之在装饰性薄膜、光学薄膜、电学薄膜等领域难以广泛应用。因此，在电弧离子镀工艺中应当尽量减少颗粒的产生。

电弧离子镀的基本组成包括真空镀膜室、阴极电弧蒸发源、基体、负偏压电源、真空系统等，如图 5.3 所示。设备真空系统由粗抽泵、罗茨泵、分子泵组成，极限真空为 10^{-4}~10^{-5}Pa。电源系统由阴极弧源和偏压电源组成，相互独立的阴极离化源能够安装不同成分的纯金属或合金靶材（Cr 靶或 AlCr 靶）。转架位于腔体中央位置，通过轴承与下方电机相连接，基体位于真空室样品架上，阴极弧源与基体间距离为 180mm。

阴极弧源是电弧离子镀的核心，它产生金属等离子体以维持阴极和真空室之间的弧光放电。微小弧斑在靶材表面迅速闪动，弧斑电流密度达 10^5~10^7 A/cm^2，

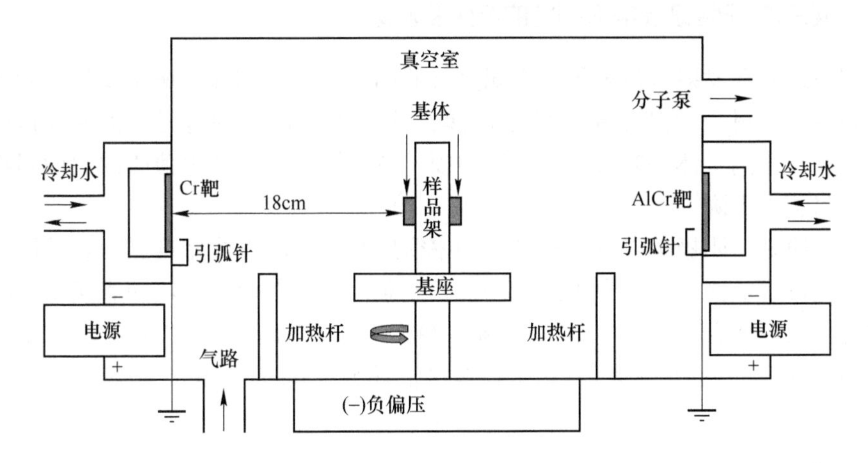

图 5.3　电弧离子镀装置示意图[77]

电压在 20V。由于微小弧斑能量密度极高，弧斑发射的金属蒸气流速度达 10^8m/s。目前，电弧离子镀常用的弧源是柱弧源和矩形平面大弧源。阴极靶材同时承担蒸发源和离化源，外加磁场可以改变阴极弧斑在靶材表面的移动速度，并且使弧斑均匀细化烧蚀阴极靶材。薄膜沉积在基体上会产生残余应力，残余应力的大小与镀膜参数（基体负偏压、基体温度、气体分压等）有关。提高基体负偏压和温度可促进原子迁移率和粒子轰击效应，从而改变膜层的微观结构和力学性能。负偏压电源有直流偏压和脉冲偏压两种电源形式。其中，直流偏压电源可实现在0~1000V 范围内连续可调并且具有自动快速熄灭闪弧功能；脉冲偏压电源要求具备足够的功率容量、耐电冲击等。行业标准规定真空系统漏气率应当 $\leqslant 10^{-3}$Pa · L/s，极限真空度应当达到 5×10^{-4}Pa。

5.3.2　电弧离子镀膜的特点

（1）金属离化率高，一般可以达到 60%~80%，有利于提高涂层的均匀性。入射离子能量高，涂层与基体结合力好，涂层沉积速率高。

（2）设备结构简单，一弧多用，电弧靶源既是阴极材料蒸发源，也是加热源和离化源。

（3）金属阴极蒸发源无需加热即可产生等离子体，电弧靶源可任意方位、多源布置以保证镀膜均匀。

（4）可以在金属或非金属表面制备金属、化合物、非金属材料等多种薄膜。

（5）在镀膜过程中，从阴极靶上发射出去的未经离化的液滴在薄膜表面冷凝，使得薄膜表面粗糙度升高。

5.3.3 电弧离子镀镀膜中大颗粒的产生和消除

阴极弧源在发射大量电子及金属蒸气的同时，由于局部区域温度过高导致阴极弧斑会在靶材表面产生中性粒子团簇，这些中性粒子的直径一般在 10μm 左右，它们与等离子体一起沉积至薄膜表面，造成污染，这使得薄膜的表面粗糙度增加，附着力下降[78,79]。

产生原因：阴极斑点具有极高的功率密度和极高的电流密度，两者共同作用为靶材提供了从固态到等离子态的局部相变条件，也促使部分液滴直接从靶材表面发射出去形成大颗粒。大颗粒以每秒数十至数百米的速度从阴极表面发射出去，在颗粒飞行过程中会与等离子体发生偏析、电子充电、加热蒸发等交互作用。

消除方法：

（1）降低弧流可以减弱电弧放电，缩小弧斑微区数目，缩小熔池微区的面积，从而减少液滴发射；

（2）通过循环水冷却靶体或靶材可以加速弧斑区散热，缩小熔池面积，从而减少液滴发射；

（3）使用高纯度的阴极靶材；

（4）加快阴极斑点运动速度，减少斑点驻留时间，可以降低局部高温加热，从而减少粒子发射；

（5）间歇非连续弧光放电（脉冲弧放电）可以让阴极获得更有效的冷却效果，以此来减少颗粒数量。

此外，在阴极靶材与基体之间放置屏蔽物体或是使用高工作气压来增加离子和中性粒子的运输效率可以减少大颗粒在等离子体运输过程中的沉积数量。而磁过滤是最为彻底的消除液滴的方法，从阴极表面发射的等离子体可以经过磁偏转管进入真空室，中性粒子不能偏转而被过滤干净。

传统的机械引弧方式会因引弧极表面涂层沉积及烧蚀引起放电不稳甚至灭弧，进而导致薄膜性能不稳定，无法实现高精准可控制备。最近发展起来了激光引弧技术，可以很好地克服机械引弧的缺点，尤其是利用此技术制备的四面体非晶碳薄膜（ta-C）薄膜具有超高的硬度（40~60GPa），其厚度高达 5μm，而结合力超过 50N，还具有较低的摩擦系数和磨损率。

6 PVD 薄膜材料及应用

利用 PVD 技术制备的薄膜主要包括硬质薄膜、减摩润滑薄膜、耐蚀防护薄膜和光电磁功能薄膜等几类。

6.1 硬质薄膜

硬质薄膜材料从 20 世纪 80 年代的 TiN 开始，至今已经取得了较快发展。硬质薄膜的发展经历了从最初的简单二元涂层（TiN、TiC）发展到三元或四元固溶涂层（TiAlN、TiCN 和 TiAlCN 等），再至多层或超晶格结构涂层（TiN/TiC/TiN 多层、TiN/TiAlN/TiN 多层和 TiN/AlN 超晶格等）和纳米复合结构涂层（TiSiN、TiAlSiN 等）。目前，多元多层复合薄膜已经成为薄膜研究领域中极具发展和应用潜力的膜层材料之一。此外，按硬度可将薄膜分为三类[80]：硬度值小于 40GPa 为一般硬质薄膜；硬度值介于 40~80GPa 之间为超硬薄膜；硬度值大于 80GPa 为极硬薄膜。

6.1.1 简单的二元氮化物、碳化物

TiN 薄膜是早期研发出的一种简单二元薄膜，由于它具有较高的硬度和较好的耐磨性能，是最早被产业化应用的硬质薄膜。TiN 薄膜具有低摩擦系数，并且与高速钢之间具有较高的膜-基结合强度，这使得 TiN 涂层高速钢刀具在模具钢加工等领域得到广泛应用。TiN 高速钢刀具涂层的出现，更被誉为高速钢刀具性能提升的历史性变革。在切削加工 20CrMo 钢时，TiN 涂层刀具的切削力仅为无涂层刀具的一半，刀具耐磨性能也提高近 1 倍，切削寿命延长近 2 倍。

在摩擦磨损过程中，TiN 涂层表面会被轻微氧化，形成的氧化产物具有优良的润滑性能，从而降低涂层的摩擦系数。但 TiN 涂层的抗高温氧化性能较差，在 500℃时，涂层易被氧化。TiC 涂层具有强的抗磨料磨损性能，在能够降低涂层刀具使用过程中的月牙洼磨损[81]。在活塞环等零件表面采用离子镀涂覆具有 CrN 或 Cr_2N 成分、附着力强的耐磨薄膜，硬度可达 1500~2000HV，性能远高于电镀 Cr 和氮化处理工艺。

表 6.1 为典型的二元氮化物硬质薄膜的性能，常见的主要有 TiN、CrN、ZrN 等[82]。

表 6.1 TiN、CrN、ZrN 三种氮化物硬质薄膜的性能

薄膜类型	颜色	硬度/GPa	摩擦系数 vs 低碳钢	摩擦系数	耐热温度/℃	膜厚/μm	热膨胀系数/$10^{-6}K^{-1}$
TiN	金黄	30±3	0.40	0.60~0.70	550±50	约 7	9.4
CrN	银灰	18±3	0.30	0.40~0.50	650±50	约 10	23
ZrN	金黄	22±3	0.40	0.50~0.60	650±50	约 4	7.2

6.1.2 多元复合过渡金属化合物

在铣削难加工材料时，刀具在受到切削力和切削热的共同作用下，切削刀具刃口处的温度会达到 800~1000℃，对于抗高温氧化温度仅为 500℃的 TiN 薄膜，难以满足此类工况下的应用。为解决 TiN 涂层在高温条件下的抗高温氧化性能差等问题，诸多研究学者在 PVD TiN 薄膜的基础上，积极研究开发出新型 PVD 多元硬质薄膜。

(Ti，C)N 薄膜是在 TiN 薄膜的基础上通过添加 C 元素制备得到的薄膜，其具有韧性好、硬度高、内应力低等力学性能。TiAlN 薄膜是在 TiN 薄膜的基础上通过添加 Al 元素制备出的多元硬质薄膜，也是目前应用较为广泛的硬质合金刀具薄膜之一，其主要优点为，膜层硬度和高温磨损性能均得到明显提高，同时具有低的摩擦系数。结合表 6.2，对比 TiAlN 薄膜与 TiN 薄膜性能之后发现，添加 Al 元素后，薄膜的性能得到显著提高，尤其是抗高温氧化性能，能在 900℃温度仍保持较高硬度。

表 6.2 TiAlN 涂层和 TiN 涂层性能对比

涂层性能	TiN 涂层	TiAlN 涂层
晶体结构	fcc	fcc
晶格常数/nm	0.432	0.417
最大适用温度/℃	600	900
密度/g · cm^{-3}	5.22	5.6
熔点/℃	2930	3800
硬度/GPa	21	33
弹性模量/GPa	590	480
线膨胀系数/$10^{-6}K^{-1}$	9.35	7.5
热导率/W · $(m \cdot K)^{-1}$	19.3	11.3

PVD 技术制备的 TiAlN 薄膜在切削加工时，会在刀屑界面上生成 Al_2O_3 保护膜。由于形成的 Al_2O_3 导热性差，故可以作为基体与刀具-工件前沿的隔热层，在

切削过程，只有少量的切削热传递到基体材料，而更多的热量则由切屑带走。特别是在高强度连续干式切削过程中，由于TiAlN薄膜热传导系数低，使得在刀具涂层表面热量集中较少，TiAlN涂层刀具的切削寿命与未涂层刀具相比，有较大程度提升。

采用PVD技术制备的$Ti_{1-x}Al_xN$薄膜[83]中Al元素的含量对薄膜的组织结构和性能具有重要的影响。当$x \leqslant 0.6$时，晶体呈B1-NaCl（立方）型结构，薄膜硬度会随着Al含量增加而提高，并在$x=0.6$时硬度达到最大；而当$0.6 \leqslant x \leqslant 0.7$时，立方相的晶体结构和六方相的晶体结构同时存在于TiAlN薄膜中；当$x \geqslant 0.7$时，晶体为B4-ZnS（六方）型结构，且薄膜硬度随着Al含量增加而减小。有研究利用PVD技术制备了Al/Ti原子比为0.49~1.29的系列TiAlN薄膜，当Al/Ti原子比为11∶10时，TiAlN薄膜表现出最大硬度值。

除了AlTiN薄膜，PVD技术制备的AlCrN系列薄膜成为另外一种重要的刀具涂层体系。利用电弧离子镀技术可制备不同Al/Cr比的AlCrN薄膜，且随着Al元素含量的增加，AlCrN涂层高速钢刀具的使用寿命逐渐提高，当Al含量达到0.71时，AlCrN薄膜的硬度、摩擦磨损性能和抗氧化性能达到最优[84]，涂层刀具的使用寿命也达到峰值。进一步增加薄膜中Al元素的含量，AlN的晶体结构也从面心立方转变成密排六方结构，硬度和应力降低的同时，其磨损性能和抗氧化性能也变差。由于Cr比Ti具有更高的熔点，因此AlCrN薄膜比AlTiN薄膜硬度略有降低，但抗高温氧化性能显著提高，摩擦系数降低且排屑能力增强。Al在TiN和CrN中的固溶极限值不同，采用PVD技术制备AlTiN系列薄膜保持立方晶体结构的最大铝含量约为60%，而AlCrN基薄膜的铝含量可以提高至70%。在CrN、AlCrN和AlTiN三种典型的薄膜中，AlCrN薄膜通常表现出最好的抗冲击磨损性能和耐磨性。

利用PVD技术，在TiN薄膜中通过添加Si元素，可制备另外一种典型的多元TiSiN多层硬质薄膜。此种薄膜主要由非晶的Si_3N_4相包裹纳米晶TiN组成，这种结构可使得薄膜具有硬度高、抗高温氧化性能好、热稳定性强等特性。同样，在TiAlN薄膜的基础上，通过添加Si元素可制备得到TiAlSiN超硬薄膜。Si原子在（Ti，Al）N的晶界处可形成非晶Si_3N_4相，这种晶体结构可以有效细化晶粒[85]。与TiN和TiAlN薄膜相比，TiAlSiN薄膜在组织结构、力学性能、耐腐蚀性能和抗氧化性能上都表现出巨大优势。TiAlSiN薄膜中Si元素的含量对改善薄膜结构、提高力学性能等方面有着重要意义。当TiAlSiN薄膜中掺入Si元素后，晶体具有（200）择优取向；当Si元素含量为4%~10%（原子分数）时，随着Si含量的增加，薄膜硬度显著提高。而当涂层中Si含量（原子分数）高于20%时，生成大量的非晶Si_3N_4相，导致薄膜力学性能下降。

通过电弧离子镀技术制备的多元AlCrTiSiN薄膜，具有较好的综合性能（硬度高达 41GPa，结合强度 L_{c2} 高达 60N，摩擦系数低至 0.20）[86,87]。优异的综合性能使 AlCrTiSiN 薄膜的切削性能比 AlTiSiN 薄膜又有了进一步的提高。

6.1.3 纳米多层（复合）超硬膜

单一结构的 PVD 硬质薄膜与基体之间存在弹性模量和线膨胀系数不匹配的问题，导致薄膜与基体之间的结合强度下降，无法满足在苛刻服役条件下的应用。而对薄膜进行多层化设计，既能充分发挥单层薄膜的性能优势，又能降低薄膜与基体之间的残余应力，从而可提高膜基结合强度。多层结构薄膜具有高硬度、高韧性和良好的抗高温氧化性能的特点，是目前提高涂层刀具切削性能的重要措施。图 6.1 所示为多元梯度结构薄膜。

电弧离子镀沉积过程中，交替开启 TiAl 和 Ti 靶材，同时通入反应气体，可交替沉积 TiAlN 层和 TiN 层。形成的多层复合结构的 TiAlN/TiN 薄膜不仅具有良好的机械性能和抗高温氧化性能，还具有较好的耐磨性能和耐腐蚀性能。通常，利用电弧技术制备的单层结构 TiAlN 薄膜的组织为粗大的柱状晶，这种结构容易产生孔隙，腐蚀介质及 O 元素易通过这些孔隙渗透进入到薄膜内部并到达基体，最终导致薄膜失效。而在 TiAlN/TiN 多层结构薄膜中，层状结构打断了单一结构 TiAlN 薄膜的柱状生长方式，破坏了孔隙的连续性。当薄膜厚度相同时，TiN/AlTiN 多层薄膜耐磨性优于单一 TiN 和 AlTiN 薄膜，使得切削性能增加。利用 PVD 技术在 TC4 钛合金基体表面制备 Ti/TiN 多层薄膜，可有效提高钛合金的抗冲蚀性能。利用离子镀技术将脆而硬的 TiSiN 薄膜与韧性较高的 AlCrN 薄膜交替沉积，可得到 TiSiN/AlCrN 多层薄膜，既能保持 TiSiN 薄膜的高硬度，又兼具 AlCrN

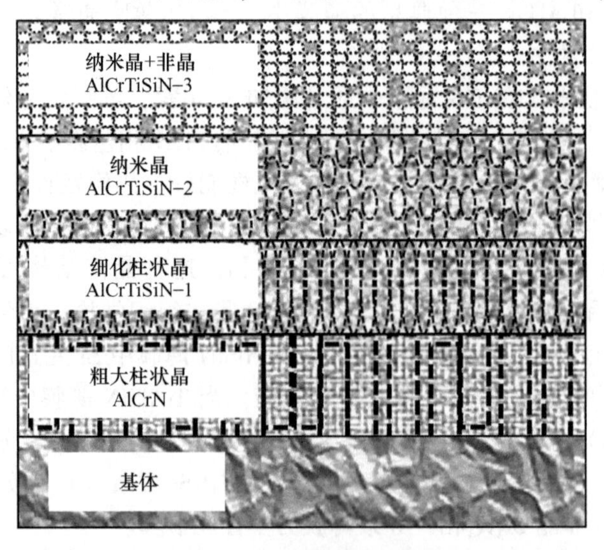

图 6.1　多元梯度结构薄膜

薄膜较高的膜-基结合强度的特点。利用电弧离子镀技术制备 AlCrSiN 梯度薄膜，通过梯度设计含 Si 层的结构，可改善薄膜与基体的结合强度，进而提高 AlCrSiN 涂层刀具的切削性能[88]。

6.2　减摩润滑薄膜

润滑的目的在于降低摩擦系数和减少磨损。固体润滑的引入突破了油膜润滑极限。在许多场合下，减摩润滑薄膜以其自润滑功能显示出巨大的优越性。低摩擦系数固体润滑涂层具有较高的承载能力，且可在腐蚀环境以及在超高温、超低温、超真空、超高速和强辐射等恶劣条件下工作。减摩润滑薄膜已在刀具、电子、食品、医药以及空间机械等领域得到了广泛的应用。

6.2.1　含碳类薄膜

目前，典型的含碳类减摩润滑薄膜主要包括类金刚石薄膜（DLC）、GLC 和 ta-C 薄膜。

6.2.1.1　类金刚石薄膜

类金刚石碳（diamond-like carbon，DLC）膜是一种具有高硬度、高化学稳定性、良好的生物相容性，尤其是具有良好的摩擦学性能的新型薄膜材料，其作为固体润滑膜在轴承、齿轮、航天微电子机械系统等领域具有广泛的应用前景。DLC 膜是一种非晶材料，有含氢和不含氢两种。无氢类金刚石（a-C）膜主要是由金刚石结构的 sp^3 和石墨结构的 sp^2 键碳原子相互混杂的三维网络构成；含氢类金刚石膜（a-C∶H）在三维网络中同时还结合一定数量的氢[89]。这些结构特征使 DLC 材料的摩擦学行为显著不同于金刚石。

由于 DLC 的优异性能，从而在世界范围内引起了碳膜的研究热潮。同时在碳膜的制备技术方面已经取得了很大进展，相继出现了一系列碳膜的制备技术，其中包括物理气相沉积（PVD）技术。

DLC 膜的摩擦机制主要有界面的石墨化-转移膜理论和摩擦化学反应理论。石墨化-转移膜理论认为[90]，DLC 膜在摩擦的过程中亚稳态的碳克服一定的能垒发生石墨化，转变为石墨，由于石墨具有非常低的剪切强度，易形成转移膜，因此可转移到对偶材料表面形成润滑膜，引起摩擦系数的降低。摩擦化学反应理论认为[91]，真空条件下，无氢 DLC 膜的表面在摩擦作用下形成了悬浮键，提高了膜层的表面能，使无氢 DLC 膜在真空下具有较高的摩擦系数和磨损率，而含氢 DLC 膜在摩擦过程中产生的悬键因吸附氢而被氢钝化，膜表面存在一层超薄类聚合物的碳氢化合物，在氢化碳链之间的键强只有 8kJ/mol，因而其真空摩擦系数远低于无氢 DLC 膜。在空气或潮湿的环境中含氢 DLC 膜表面吸附水和氧，并发生摩擦化学反应，形成 CO，引起摩擦系数增大。

DLC 膜具有高硬度、低摩擦系数及良好的抗磨损性能，因而非常适合用于工具涂层。美国 IBM 公司近年来努力发展涂镀 DLC 的微型钻头，用于线路板钻微细孔[92]。与未涂 DLC 膜的微型钻头相比，覆盖了 DLC 膜的微型钻头在线路板钻孔时，钻孔速度提高 50%，使用寿命增加 5 倍，钻头加工成本降低 50%。日本在微电子工业精密冲剪模具的硬质合金基体上采用 DLC/(Ti、Si）涂层的专利技术，显著提高了模具寿命，并已推广应用。刘声雷等[93]将 DLC 膜用于化工设备表面进行防腐，防腐试验结果表明，DLC 膜对酸碱的防护能力强，具有很大的应用潜力。将奥氏体不锈钢表面经过渗碳处理，然后在渗碳表面制备一层 DLC 薄膜可以明显改善不锈钢的摩擦性能和耐腐蚀性能，使其摩擦系数由原来的 0.55 减小并保持在 0.20[94]。此外，由于 DLC 膜具有较低的摩擦系数，也可较好地使用在不适于液体润滑的情况以及有清洁要求的环境中，可满足航天及航空的要求[95]。

利用 DLC 可低温合成的特点，在橡胶、树脂等有机材料上加以应用[96]。特别是电池驱动的携带式器械表面涂覆 DLC，可减少摩擦阻力有助于降低电耗，而且在很大程度上影响电池的耐久性。小型摄像机变焦镜头的伸缩部分兼有防水功能和遮光功能，一般使用橡胶 O 形环。在维持防水和遮光所必需的柔软性的同时，为了改善滑动光滑性和提高耐久性，近年来，这种 O 形环开始采用 DLC。这种有机材料在滑动性和密封性要求较高的场合应用很广，并期待今后不断得到发展。

随着计算机技术的发展，硬磁盘存储密度越来越高，这就要求磁头与磁盘的间隙很小，磁头与磁盘在使用中频繁接触，碰撞产生磨损[92]。为了保护磁性介质，要求在磁盘上沉积一层既耐磨又足够薄，且不会影响其存储密度的膜层。如在硬磁盘上沉积了 40nm 的 DLC 膜，发现有 Si 过渡层的膜层与基体结合强度高，具有良好的保护效果，且对硬磁盘的电磁特性无不良影响。在录像带上沉积一层 DLC 膜也收到了良好的保护效果。

由于 DLC 膜有优良的生物兼容性，因此在人工心脏瓣膜金属环上沉积一层 DLC 膜，可显著改善它的生物兼容性[97]。人工心脏瓣膜作为高技术生物医学工程产品具有极高的经济价值，在目前每年 2 万例的国内市场规模下，经济效益是相当可观的。据统计，国际市场的人工心脏瓣膜年需求量 10 万只，且每年以 6.9%的速度增长。自 20 世纪 70 年代末低温各向同性热解碳开始用于人工心脏瓣膜的制作，但是其制作的双叶机械瓣的血液相容性不够，不能完全满足临床性能要求。因此，发展出具有高度血液相容性和高度可靠耐久性的新型人工心脏瓣膜材料 DLC，是降低机械心脏瓣膜的栓塞率，使患者大幅度减少对抗凝药物的依赖性的根本途径。

目前，人工关节主要由聚乙烯的凹槽和金属与合金（钛合金、不锈钢等）的凸球组成[98]。关节转动部分的接触界面会因长期摩擦产生磨屑，进而与肉体接触，使肌肉变质、坏死，导致关节失效。类金刚石膜无毒，不受液体侵蚀，涂镀在人工关节转动部位上的 DLC 膜不会因摩擦产生磨损，更不会与肌肉发生反应，可大幅度延长人工关节的使用寿命。

6.2.1.2 类石墨碳薄膜

近年来，类石墨碳（graphite-like carbon，GLC）薄膜以其奇特的结构和优异的摩擦学性能备受研究者关注。在结构上，GLC 薄膜是一种以 sp^2 键为主要化学键结构的无定形态（非晶）碳质材料，非晶基质中同时含有大量纳米量级形态各异的碳团簇[99]。在性能上，GLC 薄膜与其他非晶碳基薄膜相比更加接近石墨，可根据结构差异表现出不同程度的导电性[100]。此外，GLC 薄膜在大气、水和油等环境中表现出良好的自适应减摩抗磨特性，可为大量处于干摩擦及混合摩擦状态下的摩擦副零部件提供有效的润滑与防护，成为目前最有前途的固体润滑薄膜材料之一[101]。

1971 年，Aisenberg 等[102]首次采用离子束沉积（IBD）技术在室温条件下合成非晶态碳（amorphous carbon，a-C）薄膜，由此在世界范围内掀起了 a-C 薄膜的研究热潮。典型的 a-C 基质既有 sp^2 杂化碳结构也有 sp^3 杂化碳结构，同时还有可能含有一定的 H，性能介于石墨和金刚石之间。1993 年 Rossi 等利用双离子束溅射和离子束辅助磁控的方法制备了“类金刚石薄膜”，性能测试发现该薄膜硬度高达 35GPa 并同时具备较大硬/弹比，从而使其表现出良好的摩擦学性能，但结构表征发现该“金刚石碳”薄膜微观结构是以 sp^2 杂化碳结构为主的高度无序态非晶网络，且无序态基质中深埋有细小的石墨团簇，与 sp^3 杂化碳结构是 DLC 薄膜高硬度原因的传统理论相去甚远。次年，该团队将此研究公开发表[103]。随后，以 sp^2 杂化碳结构为主要物相的高硬度非晶碳薄膜逐渐被提出并深入研究，因其结构和某些性能（如具有一定的导电性等）与金刚石相比更加接近石墨，故而被称为 GLC 薄膜[104]。

GLC 薄膜拥有良好的性能，因此应用广泛。首先，由于 GLC 薄膜在干摩擦条件下具有良好的低摩擦和低磨损特性，故可广泛应用于工/模具行业。Wang 等的研究表明，高速钢钻头表明涂覆 Cr/C 多层 GLC 薄膜后，其钻削寿命与商用 TiN 涂层刀具相比延长了 3 倍[105]。Fox 等报道 GLC 薄膜的钻削寿命是 TiN 涂层刀具的 4 倍，是未涂层高速钢刀具的 20 倍[106]。严少平等认为 GLC 薄膜与黑色金属对磨时不会发生“触媒反应”，因而与其他非晶碳薄膜相比在加工黑色金属时有较大优势[107]。

GLC 薄膜还在油环境中表现出优异的摩擦学性能，可在发动机系统等油环境中对关键机械摩擦副零部件起到良好的润滑防护作用。如在众多发动机系统摩擦件表面制备 GLC 涂层并进行长时间测试后，发现其仍然呈现出良好的摩擦学性能[108]；燃油喷射系统中的挺杆、活塞环以及轴承零部件表面 GLC 涂层工作良好。他们还将 GLC 涂层处理与其他多种表面处理技术处理的差速传动齿轮在高速低扭矩及低速高扭矩条件下进行对比测试，发现 GLC 涂层处理效果最佳。

由于 GLC 薄膜在水环境中也可表现出良好的低摩擦和低磨损特性，故有望成为水润滑机械零部件有效的固体润滑防护材料。例如，SiN、SiC 和 WC 等水润滑陶瓷材料表面构筑 GLC 薄膜后在水环境（半干）混合摩擦状态下与 Si_3N_4 对磨时的摩擦系数和磨损率均显著降低，其中 WC 表面构筑 GLC 后在水环境中甚至出现了“近零磨损”。在不锈钢表面构筑 GIC 薄膜后，其与聚合物、橡胶等软质水润滑材料配副时具有良好的摩擦学性能。

此外，GLC 薄膜具有良好的生物相容性，可用于医疗行业关键摩擦件，如内植物关节、外科刀/工具等。

6.2.1.3　ta-C 薄膜

四面体非晶碳薄膜（ta-C）是含有较高比例四配位 σ 键（比例可达 70%以上）的无氢类金刚石碳，具备许多可与金刚石晶体相媲美的优异性能，并在电子、机械、国防和医疗等领域有着广阔的应用前景[109]。ta-C 薄膜一般采用激光、电弧和离子束等能量形式产生粒子束沉积而成，这就导致了高内应力与高模量、高硬度、高耐磨性、高透光性和高生物相容性等优异性能[110]。

ta-C 膜在各类切割刀具上的应用很成功，在另外一些领域还在开发中。ta-C 膜很脆，ta-C 膜的刀具在切割钢材等硬度较高的材料时膜层会发生破裂；在切割铝材和铜材的切割工具上，以及缝纫机针上镀一层 ta-C 膜后，不易粘刀，能够有效地延长它们的使用寿命。为了改善 ta-C 膜层的韧性，在靶材中掺入少量其他元素（Al，Si 等）可以提高 ta-C 膜层的韧性，但同时发现镀膜速率会大幅度降低，这可能与这种掺杂靶材的质量不好有关。

锗（Ge）和硫化锌（ZnS）是最常用的红外镜头材料，但这些材料的硬度低、耐磨性差，在实际使用中通常需要镀上一层保护膜以延长它们的使用寿命和改善它们的光学性能。含有很高 sp^3 成分的 ta-C 膜对于红外光有很高的透过率。在 Ge 或者 ZnS 红外镜头的表面镀上一层 ta-C 能有效地增强 Ge 和 ZnS 的抗环境破坏的能力。试验测试表明，在 ZnS 的表面镀上一层 100nm 左右的 ta-C，对 8～12μm 的红外光波段范围透光率下降不到 1%。在抗反射膜上镀一层 100nm 左右的 ta-C 后，对 8～12μm 的红外光波段的透光率下降不到 2%，而其对抗环境破坏的能力增强 5 倍以上[106]。

降低引擎中的活塞环和汽缸壁间的摩擦系数对于减少能耗、降低二氧化碳排放量、保护环境具有重要意义。对活塞环施行表面改性处理是降低摩擦系数、增强耐磨特性的有效方法。传统的活塞环表面用电镀工艺镀一层铬膜，然而电镀工艺中产生的工业废液处理一直是环保方面关注的问题。现在主流的活塞环表面处理是利用对环境无害的真空反应镀膜技术镀上一层 CrN 膜。初步研究发现，DLC 膜比 CrN 膜具有更低的摩擦系数（降低能耗）和更高的耐磨特性，但是由于 CVD 在生产过程中使用甲烷等含氢气体，故利用 CVD 制作的 DLC 膜中含有氢原子，在汽车引擎中，氢原子和汽油及机油中的硫等元素发生化学反应生成酸性物质，对活塞环和汽缸壁等会产生腐蚀作用，因此已经不得不放弃 CVD 技术在引擎部件上的应用。ta-C 不含氢，耐磨特性、摩擦系数都比 CVD 好，普遍被认为是取代 CrN 镀膜的下一代新型材料。研究结果显示，和某种机油相配，ta-C 的摩擦系数可低达 0.02。

6.2.2 MoS_2 薄膜

自 1969 年 Spalvins 等首次通过磁控溅射方法将 MoS_2 涂覆于工件表面之后，MoS_2 的应用得到大力推广。MoS_2 具有六方晶形层状结构，其层间剪切力很低，具有良好的润滑性能，其在超高真空环境下的摩擦系数甚至低至 0.001，这种优异的摩擦磨损得益于其独特的结构。Dickinson 等在 1923 年发现 MoS_2 是一种层状结构，每个单元层由 S—Mo—S 三个平面层组成。在单元层内部，每个钼原子被三棱形分布的硫原子包围，以很强的共价键联系在一起；单元层之间以弱的范德华力相结合，因此层间的剪切强度较低，使得 MoS_2 具有良好的润滑性能。

在工件表面镀一层 MoS_2 润滑膜后，能够明显降低工件表面的摩擦和磨损，延长工件的使用寿命。溅射沉积的 MoS_2 薄膜在真空工作环境中摩擦系数很低，与基体结合性能好，耐磨寿命高，是空间飞行器各种运动机构中常用的固体润滑材料。

6.3 耐腐蚀薄膜

PVD 薄膜多为无机陶瓷材料，化学惰性强、腐蚀电位高，自身具有优良的耐腐蚀性。因此，采用 PVD 技术在基体表面制备陶瓷薄膜可以有效提升基体材料在各种严苛环境下的耐腐蚀性。若期望达到较为理想的防护性能，PVD 薄膜必须具有良好的屏蔽效应，以隔绝腐蚀介质与基底材料的接触，同时要求薄膜自身在腐蚀介质中稳定存在并保持较低的腐蚀速率。因此，通过选择合适的 PVD 薄膜体系，合理设计薄膜结构，精确控制薄膜成分、相组成、晶粒大小及形状、缺陷数量及密度等，可显著提升其防护性能。具体来说，可从以下三个方面来提高 PVD 薄膜的耐蚀性能。

第一，从成分的角度，在二元陶瓷薄膜基础上添加第三组元，通过组元间的协同作用可进一步提高体系耐蚀性能。杨英等人[112,113]采用电弧离子镀技术在

CrN 涂层中添加 Ni 元素来制备 NiCrN 涂层，研究结果表明，随着涂层中 Ni 含量增加，涂层腐蚀磨损失重速率先降低后升高，44.1%Ni 涂层失重速率最低，耐腐蚀磨损性能最佳。

第二，多层结构设计可显著提升薄膜的耐蚀性能。由于 PVD 薄膜沉积具有“模板”效应，因此薄膜往往呈现出柱状晶结构。而柱状晶晶界的存在为腐蚀介质提供了传输通道，对其耐蚀性产生不利影响。多层结构的存在打断了柱状晶的连续生长，同时界面也起到了延长腐蚀介质传输路径，达到阻碍腐蚀介质向基体渗透的目的，从而进一步提升薄膜的耐腐蚀性能。利用 PVD 技术开发的氮化物薄膜如 CrN 和 TiAlN 是常用的防腐材料。但是，腐蚀过程很容易因单层薄膜的破坏而失效，由于存在柱状微结构和缺陷（如微裂纹、针孔、气孔和瞬态晶界等缺陷），这些缺陷可为腐蚀性介质提供扩散途径。通过对单层薄膜进行多层设计，多层薄膜中平行于薄膜表面的分层界面可以有效地抑制薄膜缺陷的增长，并进一步增强薄膜材料抵抗腐蚀介质的能力。例如通过电弧离子镀技术制备了 TiN/TiAlN 多层薄膜，其多层结构打断了柱状晶生长，交流阻抗实验结果显示，具有 6 个循环周次的 TiN/TiAlN 薄膜具有较好的抗腐蚀性能，如图 6.2 所示[114]。

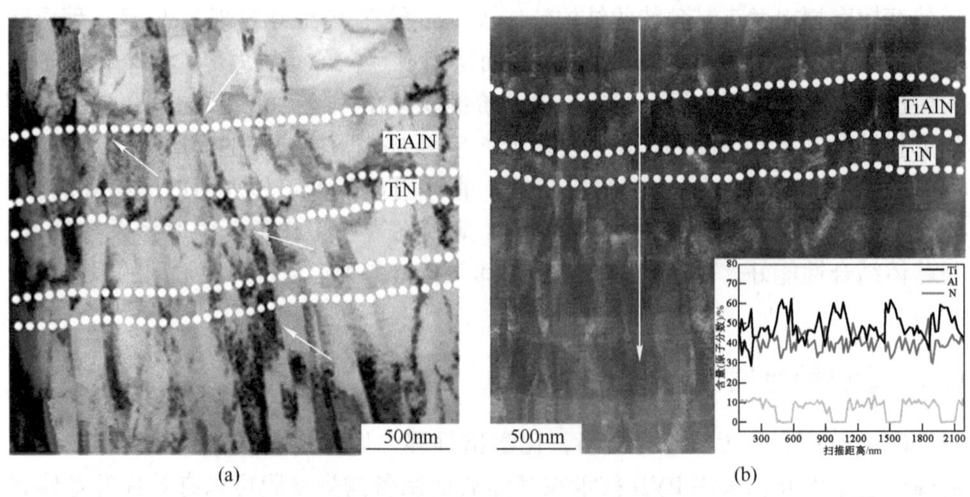

图 6.2 TiN/TiAlN 多层结构薄膜的截面 TEM 照片(a)及线扫面结果（b）[114]

第三，制备表面光洁度高、缺陷少、致密度高的薄膜可进一步提升其耐蚀性能。由于 PVD 薄膜制备过程中会不可避免地出现沉积缺陷，如未经离化的金属颗粒物、针孔、疏松孔洞、夹杂物（如灰尘）等，一方面，这些缺陷由于与薄膜本体在成分上存在差异，从而形成局部微电池，造成薄膜破坏；另一方面，这些缺陷易构成贯穿性腐蚀通道，腐蚀溶液通过这些通道进入到涂层-基体界面处，从而使得基体受到侵蚀。如金属颗粒由于与薄膜本体存在热物性能差异，极易在界面处形成微裂纹；此外，柱状晶晶界的存在也为腐蚀介质提供了传输通道。因此，通过优化沉积工艺以及采用后续真空退火等手段，减少各类缺陷数量及尺寸、细化晶粒则是提升薄膜材料耐蚀性的另一种有效方法。例如，经过 800℃ 真空退火工艺处理的 AlCrN 薄膜，因其表面大颗粒数量及尺寸的减少，在模拟海水以及酸性环境中的耐蚀性相比较沉积态的薄膜均得到了显著的提升[115]。又如 Y 的加入可以减小 AlTiN 薄膜的晶粒尺寸，而采用 AlTiN/AlTiYN 多层结构薄膜可进一步实现晶粒细化，抑制薄膜缺陷的生长，从而实现薄膜耐蚀性的进一步提升[116]。在二元或三元氮化物薄膜材料中加入非晶，是提升薄膜致密性的有效方法。非晶与纳米晶形成的纳米多层复合结构，如 AlCrSiN 薄膜，同样是提升薄膜材料耐蚀性的重要手段之一[117]。

6.4 光电磁功能薄膜

结构薄膜材料是注重强度、硬度、耐磨性和疲劳性能等力学性能特征的一类材料[118]。而薄膜的物理功能特性主要针对功能薄膜而言，主要关注薄膜的光学、电学和磁学等物理性[119]。

6.4.1 光学薄膜

在一些光学器件或其他器件表面上的薄膜，可选择性地吸收某些波长的光，改变某些波长的光的透射性或偏振状态，或者相位，来满足人们的需要。光学薄膜一般由介质或金属分子蒸发而成[111]。

光学薄膜在光学仪器、照明设备和农业生产设施等领域也有广泛的应用。在半导体器件领域，采用电子束蒸发镀膜工艺，在玻璃衬底上制备的新型非晶 MgSnO 薄膜，其在可见光区具有很高的光学透过性，其平均透过率大于 86%，薄膜的光学带隙随着 Mg 含量的增加而增大，霍尔效应测试表明 MgSnO 薄膜为 n 型半导体，Mg 含量可在一定程度上控制薄膜的载流子浓度，MgSnO 薄膜的载流子迁移率最高为 $1.59cm^2/(V \cdot s)$。

6.4.2 电学薄膜

电学薄膜可将整个电路的晶体管、二极管、电阻、电容和电感等元件及它们之间的互连引线进行覆盖，电化学材料可分为金属、半导体、金属氧化物、多种金属混合相、合金或绝缘介质薄膜，其厚度在 1μm 以下。薄膜集成电路中的有源器件，即晶体管，有两种材料结构形式：一种是薄膜场效应硫化镉或硒化镉晶体管；另一种是薄膜热电子放大器。更多的实用化的薄膜集成电路采用混合工艺，即用薄膜技术在玻璃、微晶玻璃、镀釉和抛光氧化铝陶瓷基片上制备无源元件和电路元件间的连线，再将集成电路、晶体管、二极管等有源器件的芯片和不使用薄膜工艺制作的功率电阻、大容量的电容器、电感等元件用热压焊接、超声焊接、梁式引线或凸点倒装焊接等方式连接，组装成一块完整的集成电路[120]。

多晶硅薄膜具有克服当今硅薄膜太阳能电池技术局限性的潜力，并且可以通过低成本的沉积技术生长得到高质量涂层。与等离子增强化学气相沉积（PECVD）相比，电子束蒸发可以达到1μm/min的沉积速率，是PECVD沉积速率的20~30倍，由于多晶硅薄膜的制备不依赖于沉积速率缓慢且成本昂贵的PECVD工艺，因此低成本高效率的电子束（e束）蒸发技术成为多晶硅薄膜太阳能电池领域理想的物理沉积方法[121,122]。同时电子束蒸发的多晶硅薄膜和用PECVD生长的器件上均能获得等效的效率：在平面衬底上实现光捕获的背面织构，效率可达6.7%，甚至可以提高到7.8%[123]。原因可能是由于电子束蒸发是一种定向的、非共形的沉积方法，有利于阴影效应[124]和材料的生长，在织构的陡峭边缘处电子质量较低[125]。

另外，光电薄膜器件是不同功能薄膜的一种组合，可以实现某种特定的光电功能。如透明导电ITO薄膜、CdS与CdSe薄膜、WO_3薄膜和液晶薄膜等[126]。

6.4.3　磁性薄膜

磁性薄（厚）膜已在信息记录、存储和信号传输、处理等方面得到了重要的应用，并成为提高器件、组件和整机性能，实现小型轻量化的基本途径。现代制造技术可以使人们生产出质量空前优良的单层膜、多层膜、厚膜和超薄膜；可以用人工方法任意控制膜的成分与厚度；可以将磁性层与非磁性层随意组合，实现人工分层结构和双稳相，创造出具有人们预想性能的材料。1979年日本松下电器公司利用PVD技术率先向市场推出Co系金属膜微型盒式录音磁带，接着又推出录相用金属蒸镀带。1983年溅射Co系金属薄膜磁盘问世。目前，已研制出几种高频微型器件用的合金膜Co系非晶合金膜及多层膜。另外，在磁光存储材料中，通过电弧离子镀技术也制备出大量的磁性薄膜，其垂直磁各向异性明显，在短波有强的磁光效应，并有高的矫顽力（H_0）值。目前被广泛应用的磁光材料主要为Co/Pd、Co/Pt、非晶NdCo、石榴石等多层膜[127]。

第一篇参考文献

[1] 赵宝升. 真空技术 [M]. 北京：科学出版社，1998.

[2] 杨邦朝，王文生. 薄膜物理与技术 [M]. 成都：电子科技大学出版社，1994.

[3] 田民波. 薄膜技术与薄膜材料 [M]. 北京：清华大学出版社，2006.

[4] 郑伟涛. 薄膜材料与薄膜技术 [M]. 北京：化学工业出版社，2008.

[5] ISO 21874 PVD multi-layer hard coatings——Composition, structure and properties [S]. International Standards Organization, 2019.

[6] Zhang S, Cai F, Li M. The nanostructured phase transition and thermal stability of superhard f-TiN/h-AlSiN films [J]. Surface & Coatings Technology, 2012, 206: 3572~3579.

[7] Wang Q M, Kim K H. Effect of negative bias voltage on CrN films deposited by arc ion plating: I. Macroparticles filtration and film-growth characteristics [J]. Journal of Vacuum Science and Engineering A, 2008, 26: 1258.

[8] Wang R, Mei H, Rensuo Li R, et al. Influence of V addition on the microstructure, mechanical, oxidation and tribological properties of AlCrSiN coatings [J]. Surface & Coatings Technology, 2021, 407: 126767.

[9] 冯爱新，张永康，谢华琨，等. 划痕试验法表征薄膜涂层界面结合强度 [J]. 江苏大学学报（自然科学版），2003, 24 (2): 15~19.

[10] 朱晓东，米彦郁，胡奈赛，等. 膜基结合强度评定方法的探讨——划痕法、压入法、接触疲劳法测定的比较 [J]. 中国表面工程，2002, 4: 28~31.

[11] 林国强. 脉冲偏压电弧离子镀的工艺基础研究 [D]. 大连：大连理工大学，2008.

[12] Ohring M. Materials Science of Thin Films [M]. Second Edition. USA: Academic Press, 2001.

[13] 唐伟忠. 薄膜材料制备原理、技术及应用 [M]. 北京：冶金工业出版社，1998.

[14] Lifshitz I M, Slyozov V V J. The kinetics of precipitation from supersaturated solid solutions [J]. Journal of Physics & Chemistry of Solids, 1961, 19: 35~50.

[15] Wang Q M, Kim K H. Microstructural control of Cr-Si-N films by a hybrid arc ion plating and magnetron sputtering process [J]. Acta Materialia, 2009, 57: 4974~4987.

[16] Movchan B A, Demchishin A V. Study of the structure and properties of vacuum condensates of Ni, Ti, W, Al_2O_3 and ZrO_2 [J]. Physics of Metals and Metallography, 1969, 28: 83.

[17] Thornton A J. Influence of substrate temperature and deposition rate on structure of thick sputtered Cu coatings [J]. Journal of Vacuum Science and Technology, 1975, 12: 830.

[18] Sree Harsha S K. Principle of vapor deposition of thin films [M], Elsevier Science, 2006.

[19] Cai F, Chen M, Li M, et al. Influence of negative bias voltage on microstructure and property of Al-Ti-N films deposited by multi-arc ion plating [J]. Ceramics International, 2017, 43: 3774~3783.

[20] 蔡清元. 薄膜生长的宽光谱监控技术及其应用研究 [D]. 上海：复旦大学，2011.

[21] 张以忱. 真空镀膜技术与设备 [M]. 北京：冶金工业出版社，2014.

[22] Frey H, Khan H R. Handbook of thin-flim technology [M]. Springer, 2015.

[23] 王增福，吴秉羽，杨太平，等. 实用镀膜技术 [M]. 北京：电子工业出版社，2008.

[24] 甄聪棉，李壮志，侯登录，等. 真空蒸发镀 [J]. 物理实验，2017，37 (5)：27~31.

[25] 石玉龙，闫凤英. 薄膜技术与薄膜材料 [M]. 北京：化学工业出版社，2015.

[26] 罗银燕，朱贤方. 电阻热蒸发镀膜与电子束蒸发镀膜对纳米球刻蚀方法制备二维银纳米阵列结构的影响 [J]. 物理学报，2011，60 (8)：086104.

[27] 王震，黄蕙芬，张浩康. 电阻蒸发 Ga_2O_3 薄膜成分和结构的研究 [J]. 电子器件，2004，27 (1)：40~43.

[28] Bishop C A. Vacuum deposition onto webs, films, and foils (Second Edition) [M], Elsevier, 2011.

[29] Hill R J. Physical vapor deposition [M]. 2nd ed. Berkeley, CA: Temescal, 1986.

[30] Charles A. Bishop. Vacuum deposition onto webs, films, and foils (Third Edition) [M]. Elsevier, 2016.

[31] La H J, Bae T K, Lee Y S, et al. Coil design optimization for an induction evaporation process: Simulation and experiment [J]. Journal of Mechanical Science and Technology. 2016, 30 (10): 4417~4420.

[32] Spalvins T, Brainard A W. Induction heating simplifies metal evaporation for ion plating [J]. NASA Tech Brief, 1975.

[33] Grove R W. On the Electro-Chemical Polarity of Gases [J]. Philosophical Transactions of the Royal Society of London, 1852, 142: 87~101.

[34] Sigmund P. Theory of Sputtering I. Sputtering Yield of Amorphous and Polycrystalline Targets [J]. Physical Review, 1969, 184: 383~416.

[35] 方应翠，沈杰，谢志强. 真空镀膜原理与技术 [M]. 北京：科学出版社，2014.

[36] Sigmund P. Recollections of fifty years with sputtering [J]. Thin Solid Films, 2012, 520: 6031~6049.

[37] Nagasaki T, Hirai H, Yoshino M, et al. Crystallographic orientation dependence of the sputtering yields of nickel and copper for 4 keV argon ions determined using polycrystalline targets [J]. Nuclear Instruments and Methods in Physics Research Section B, 2018, 418: 34~40.

[38] Martin P M. Handbook of Deposition Technologies for Films and Coatings: Science, Applications and Technology [M]. Third Edition, Elsevier, 2010.

[39] Chang Y H, Alvarado A, Marian J. Calculation of secondary electron emission yields from low-energy electron deposition in tungsten surfaces [J]. Applied Surface Science, 2018, 450: 190~199.

[40] Montero I, Olano L, Aguilera L, et al. Low-secondary electron emission yield under electron bombardment of microstructured surfaces, looking for multipactor effect suppression [J]. Journal of Electron Spectroscopy and Related Phenomena, 2019.

[41] 周建刚，刘中凡，王文双. 汤生放电理论的简介 [J]. 大连大学学报，2003，24 (6)：16~18.

[42] 崔岁寒. 基于物理仿真的高功率脉冲磁控溅射的优化与放电解析 [D]. 北京：北京大学, 2019.

[43] [日] 菅井秀朗. 张海波, 张丹译. 等离子体电子工程学 [M]. 北京：科学出版社, 2002.

[44] 李芬, 朱颖, 李刘合, 等. 磁控溅射技术及其发展 [J]. 真空电子技术, 2011, 3: 49~54.

[45] Wei R. Plasma enhanced magnetron sputter deposition of Ti-Si-C-N based nanocomposite coatings [J]. Surface & Coatings Technology, 2008, 203: 538~544.

[46] Savvides N, Window B. Unbalanced magnetron ion-assisted deposition and property modification of thin films [J]. Journal of Vacuum Science & Technology A, 1986, 4: 504.

[47] Kelly P J, Arnell R D. Magnetron sputtering: a review of recent developments and applications [J]. Vacuum, 2000, 56: 159~172.

[48] Kouznetsov V, Macak K, Schneider M J, et al. A novel pulsed magnetron sputter technique utilizing very high target power densities [J]. Surface and Coatings Technology, 1999, 122: 290~293.

[49] Li C, Tian X, Gong C, et al. Synergistic enhancement effect between external electric and magnetic fields during high power impulse magnetron sputtering discharge [J]. Vacuum, 2017, 143: 119~128.

[50] Tiron V, Velicu I L, Mihaila I, et al. Deposition rate enhancement in HiPIMS through the control of magnetic field and pulse configuration [J]. Surface and Coatings Technology, 2018, 337: 484~491.

[51] Lin J, Wei R. TiSiCN and TiAlVSiCN nanocomposite coatings deposited from Ti and Ti-6Al-4V targets [J]. Surface and Coatings Technology, 2018, 338: 84~95.

[52] Engwall M A, Shin J S, Bae J, et al. Enhanced properties of tungsten films by high-power impulse magnetron sputtering [J]. Surface and Coatings Technology, 2019, 363: 191~197.

[53] Dai W, Kwon S H, Wang Q, et al. Influence of frequency and C_2H_2 flow on growth properties of diamond-like carbon coatings with AlCrSi co-doping deposited using a reactive high power impules magnetron sputtering [J]. Thin Solid Films, 647, 26~32.

[54] Mei H, Ding J, Xiao X, et al. Influence of pulse frequency on microstructure and mechanical properties of Al-Ti-V-Cu-N coatings deposited by HIPIMS [J]. Surface and Coatings Technology, 2021, 405: 126514.

[55] Sarakinos K, Alami J, Konstantinidis S. High power pulsed magnetron sputtering: A review on scientific and engineering state of the art [J]. Surface and Coatings Technology, 2010, 204: 1661~1684.

[56] Anders A, Andersson J. High power impulse magnetron sputtering: Current-voltage-time characteristics indicate the onset of sustained self-sputtering [J]. Journal of Applied Physics, 2007, 102: 113303.

[57] Christie J D, Tomasel F, Sproul D W, et al. Power supply with arc handling for high peak power magnetron sputtering [J]. Journal of Vacuum Science & Technology A, 2004, 22: 1415~

1419.

[58] Vlcek J, Kudlacek P, Burcalova K, et al. High-power pulsed sputtering using a magnetron with enhanced plasma confinement [J]. Journal of Vacuum Science & Technology A, 2007, 25: 42.

[59] Sittinger V, Ruske F, Werner W, et al. High power pulsed magnetron sputtering of transparent conducting oxides [J]. Thin Solid Films, 2008, 516: 5847~5859.

[60] Nakano T, Murata C, Baba S. Effect of the target bias voltage during off-pulse period on the impulse magnetron sputtering [J]. Vacuum, 2010, 84 (12): 1368~1371.

[61] Wu B, Haehnlein I, Shchelkanov I, et al. Cu films prepared by bipolar pulsed high power impulse magnetron sputtering [J]. Vacuum, 2018, 150: 216~221.

[62] Emmerlich J, Mraz S, Snyders R, et al. The physical reason for the apparently low deposition rate during high power pulsed magnetron sputtering [J]. Vacuum, 2008, 82: 867~870.

[63] Gudmundsson J T. Ionization mechanism in the high power impulse magnetron sputtering (HiPIMS) discharge [J]. Journal of Physics: Conference Series, 2008, 100: 082001.

[64] 李春伟. 复合高功率脉冲磁控溅射技术的研究进展 [J]. 表面技术, 2016, 45 (6): 82~90.

[65] Luo Q, Yang S, Cooke K E. Hybrid HIPIMS and DC Magnetron Sputtering Deposition of TiN Coatings: Deposition Rate, Structure and Tribological Properties [J]. Surface and Coatings Technology, 2013, 236: 13~21.

[65] Bohlmark J, Ostbye M, Lattemann M, et al. Guiding the deposition flux in an ionized magnetron discharge [J]. Thin Solid Films, 2006, 515: 1928~1931.

[66] Konstantinidis S, Dauchot J P, Ganciu M, et al. Transport of Ionized Metal Atoms in High-power Pulsed Magnetron Discharges Assisted by Inductively Coupled Plasma [J]. Applied Physics Letters, 2006, 88 (2): 021501.

[67] Stranak V, Herrendorf A P, Drache S, et al. Highly Ionized Physical Vapor Deposition Plasma Source Working at Very Low Pressure [J]. Applied Physics Letters, 2012, 100 (14): 141604.

[68] Bohlmark J, Östbye M, Lattemann M, et al. Guiding the Deposition Flux in an Ionized Magnetron Discharge [J]. Thin Solid Films, 2006, 515 (4): 1928~1931.

[69] Mattox D M. McDonald J E. Interface formation duringthin film deposition [J]. Journal of Applied Physics, 1963, 34 (8): 2493~2494.

[70] 王福贞, 刘欢, 那日松. 离子镀膜技术的进展 [J]. 真空, 2014, 51 (5): 1~8.

[71] 张以忱. 真空镀膜技术 [M]. 北京: 冶金工业出版社, 2009.

[72] Li J L, Zhang S H, Li M X. Influence of the C_2H_2 flow rate on gradient TiCN films deposited by multi-arcion plating [J]. Applied Surface Science, 2013, 283: 134~144.

[73] Cai F, Zhang S H, Li J L, et al. Effect of nitrogen partial pressure on Al-Ti-N films deposited by arc ion plating [J]. Applied Surface Science, 2011, 258: 1819~1825.

[74] Zhang T F, Gan B, Seong mo Park, et al. Influence of negative bias voltage and deposition temperature on microstructure and properties of superhard TIB2 coatings deposited by high power

impulse magnetron sputtering [J]. Surface and Coatings Technology, 2014, 253: 115~122.

[75] Olejnicek J, Smid J, Perekrestov R, et al. Co_3O_4 thin films prepared by hollow cathode discharge [J]. Surface and Coatings Technology, 2019, 366: 303~310.

[76] 李云奇. 真空镀膜 [M]. 北京: 化学工业出版社, 2011, 12.

[77] Li Q Y, Cheng X D, Gong D Q, et al. Effect of N_2 flow rate on structural and infrared properties of multi-layer AlCrN/Cr/AlCrN coatings deposited by cathodic arc ion plating for low emissivity applications [J]. Thin Solid Films, 2019, 675: 74~85.

[78] Li X, Cai F, Zhang S H. Influence of vacuum annealing on structures and mechanical properties of Al-Ti-N films deposited by multi-arc ion plating [J]. Current Applied Physics, 2013, 13: 1470~1476.

[79] Xiao B, Liu J, Liu F, et al. Effects of microstructure evolution on the oxidation behavior and high-temperature tribological properties of AlCrN/TiAlSiN multilayer coatings [J]. Ceramics Internationa, 2018, 44 (18): 23150~23161.

[80] Zhang S, Sun D, Fu Y, et al. Recent advances of superhard nanocomposite coatings: a review [J]. Surface and Coatings Technology, 2003, 2-3 (167): 113~114.

[81] 胡东平, 季锡林, 姜蜀宁, 等. 纳米 TiC 涂层的制备技术研究 [J]. 表面技术, 2004, 33 (2): 19~21.

[82] Subramanian C, Strafford K N. Review of Multi-component and Multi-layer Coatings for Tribiological Applications [J], Wear, 1993, 165 (1): 85~95.

[83] Kimura A, Hasegawa H, Yamada K, et al. Effects of Al content on hardness, lattice parameter and microstructure of $Ti_{1-x}Al_xN$ films [J]. Surface & Coatings Technology, 1999, 120-121 (1): 438~441.

[84] 耿东森, 曾琨, 黄健, 等. 电弧离子镀 AlCrN 涂层结构和摩擦性能的研究 [J]. 真空科学与技术学报, 2016, 12 (63): 1387~1393.

[85] 赵永生, 李伟, 刘平, 等. TiSiN 纳米复合结构涂层的研究进展 [J]. 机械工程材料, 2013, 6 (37): 6~9.

[86] 董标, 毛陶杰, 陈汪林, 等. Al/Cr 原子比对 AlCrTiSiN 多元复合刀具涂层微观结构及切削性能的影响 [J]. 中国表面工程, 2016, 5 (29): 49~55.

[87] Zhang S H, Wu W W, Chen W L, et al. Structural optimisation and synthesis of multilayers and nanocomposite AlCrTiSiN coatings for excellent machinability [J]. Surface and Coatings Technology, 2015, 277: 23~29.

[88] Cai F, Gao Y, Zhang S H, et al. Gradient architecture of Si containing layer and improved cutting performance of AlCrSiN coated tools [J]. Wear, 2019, 424-425: 193~202.

[89] 刘保国, 林玥, 张世宏. 离子氮化高速钢沉积掺钨类金刚石薄膜的摩擦磨损性能研究 [J]. 表面技术, 2016, 45 (06): 119~124.

[90] 李振军, 徐洮, 李红轩, 等. 类金刚石薄膜的摩擦学特性及磨损机制研究进展 [J]. 材料科学与工程学报, 2004, 22 (05): 774~777.

[91] 李刘合, 夏立芳, 张海泉, 等. 类金刚石碳膜的摩擦学特性及其研究进展 [J]. 摩擦学学

报, 2001, 21 (01): 76~80.

[92] 戴达煌, 周克崧. 金刚石薄膜沉积制备工艺与应用 [M]. 第一版, 北京: 冶金工业出版社, 2001.

[93] 刘声雷, 郑惟彬. DLC 膜化工设备防腐材料的研究 [J]. 安徽化工, 1996, 102 (6): 32~33.

[94] Ueda N, Yamauchi N, Sone T, et al. DLC film coating on plasma-carburize daustenitic stainless steel [J]. Surface and Coatings Technology, 2007, 201: 5487~5492.

[95] Zhang T F, Wan Z X, Ding J C, et al. Microstructure and high-temperature tribological properties of Si-doped hydrogenated diamond-like carbon films [J]. Applied Surface Science, 2018, 435: 963~973.

[96] 田一彦. 类金刚石膜的实用化现状与今后展望 [J]. 超硬材料工程, 2006, 18 (4): 49~54.

[97] 郑传林. 类金刚石碳膜在生物医学上的应用前景 [J]. 稀有金属材料与工程, 2005, 34 (6): 1215~1217.

[98] Hauert R. A review of modified DLC coatings for biological applications [J]. Diamond and Related Materials, 2003, 12: 583~589.

[99] Dai W, Li X, Wu L, et al. Influences of traget power and pulse width on the growth of diamond-like/graphite-like carbon coatings deposited by high power impules magnetron sputtering [J]. Diamond and Related Materials, 2021, 111: 108232.

[100] Zhang T F, Kim K W, Kim K H, et al. Nitrogen-incorporated hydrogenated amorphous carbon film ectrodes on ti substrates by hybrid deposition technique and annealing [J]. Journal of the Electrochemical Society, 2016, 163 (3): E54~E61.

[101] Stallard J, Meres D, Jarratt M, et al. A study of the tribological behaviour of three carbon-based coatings, tested in air, water and oil environments at high loads [J]. Surface & Coatings Technology, 2004, 177-178: 545~551.

[102] Aisenberg S, Chabot R. Ion-beam deposition of thin films of diamond like carbon [J]. Journal of Applied Physics, 1971, 42: 2953~2958.

[103] Rossi F, Andre B, Ueen A, et al. Effect of ion beam assistance on the microstructure of nonhydrogenated amorphous carbon [J]. Journal of Applied Physics, 1994, 75: 3121.

[104] Robertson J. Diamond like amorphous carbon [J]. Materials Science and Engineering Reports, 2002, 37: 129~281.

[105] Wang Y, Li H, Ji L, et al. The effect of duty cycle on the microstructure and properties of graphite-like amorphous carbon films prepared by unbalanced magnetron sputtering [J]. Journal of Physics D: Applied Physics, 2010, 43: 505401.

[106] Fox V, Jones A, Renevier M N, et al, Hard lubricating coatings for cutting and forming tools and mechanical components [J]. Surface and Coatings Technology, 2000, 125: 347~353.

[107] 严少平, 蒋百灵, 苏阳, 等, 磁控溅射类石墨镀层结构的 Raman 光谱和 XPS 分 [J]. 西安理工大学学报, 2008, 24 (1): 8~12.

[108] Renevier N M, Hamphire J, Fox V C, et al, Advantages of using self-lubricating, hard, wear-resistant MoS-based coatings [J]. Surface and Coatings Technology, 2001, 142-144: 67~77.

[109] 李标章. 四面体非晶碳（ta-C）膜的应用［A］. 粤港澳大湾区真空科技创新发展论坛暨2018年广东省真空学会学术年会论文集，2018：8.

[110] 檀满林，朱嘉琦，张化宇，等. 硼掺杂对四面体非晶碳膜电导性能的影响［J］. 物理学报，2008（10）：6551~6556.

[111] 李文钧. SOI材料的光学表征和SOI器件射频性能的研究［D］. 中国科学院研究生院（上海微系统与信息技术研究所），2004.

[112] 杨英，李乐，巫业栋，等. NiCrN涂层相成分调控及腐蚀磨损机理［J］. 硅酸盐学报，2019，47（4）：537~544.

[113] 巫业栋，杨英，张世宏，等. Ni含量对NiCrN涂层腐蚀磨损机理的影响［J］. 中国表面工程，2019，32（6）：63~72.

[114] Li G, Zhang L, Cai F, et al. Characterization and corrosion behaviors of TiN/TiAlN multilayer coatings by ion source enhanced hybrid arc ion plating [J]. Surface & Coatings Technology, 2017, 366: 355~365.

[115] Chen M H, Wu D Q, Chen W L, et al. Structural optimisation and electrochemical behaviour of AlCrN coatings [J]. Thin Solid Films, 2016, 612: 400~406.

[116] Mo J J, Wu Z T, Yao Y, et al. Influence of Y-addition and multilayer modulation on microstructure, oxidation resistance and corrosion behavior of A10. 67Ti0. 33N coatings [J]. Surface & Coatings Technology, 2018, 342: 129~136.

[117] Chen M H, Chen W L, Cai F, et al. Structural evolution and electrochemical behaviors of multiayer Al-Cr-Si-N coatings [J]. Surface & Coatings Technology, 2016, 296: 33~39.

[118] 徐可为，胡奈赛，何家文. TiN薄膜压入过程的开裂方式与其影响因素［J］. 薄膜科学与技术，1993，4（6）：263~270.

[119] Mayrhofer P H, Mitterer C, HultmanL, et al. Microstructural design of hard coatings [J]. Progress in Materials Science, 2006 (51): 1032~1114.

[120] 沈远香，黄晓霞，王永惠. 光学薄膜的研究新进展及应用［J］. 四川兵工报，2012.

[121] Matsuyama T, Terada N, Baba T, et al. High-quality polycrystalline silicon thin film prepared by a solid phase crystallization method [J]. Journal of Non-Crystalline Solids, 1996, 940: 198~200.

[122] Green A M, Basore A P, Chang N, et al. Crystalline silicon on glass (CSG) thin-film solar cell modules [J]. SolarEnergy, 2004, 77: 857.

[123] Sontheimer T, Becker C, Ruske F, et al. Challenges and opportunities of electron beam evaporation in the preparation of poly-Si thin film solar cells [C]. Proceedings of the 35th IEEE Photovoltaic Specialists Conference, Hawaii, USA, 2010, 614~619.

[124] Mattox M D. Handbook of physical vapor deposition (PVD) processing [M]. Noyes Publications, 1998.

[125] Becker C, Sontheimer T, Steffens S, et al. Polycrystalline silicon thin films by high-rate electron-beam evaporation for photovoltaic applications-Influence of substrate texture and temperature [J]. Energy Procedia, 2011, 10: 61~65.

[126] Chen C, Shi R X, Zheng C T, et al. Influence of Temperature on Surface Morphology and Photoelectric Performance of CuAl-O_2 Thin Films [J]. Chinese Journal of Analytical Chemistry, 2018, 10 (46): 1887~1892.

[127] Crisan O, Vasiliu F, Crisan A D, et al. Structure and magnetic properties of highly coercive L10 nanocomposite FeMnPt thin films [J]. Materials Characterization, 2019, 152: 245~252.

第二篇　化学气相沉积 (CVD) 技术

本篇从化学气相沉积（CVD）的技术基础出发，详细介绍了热 CVD、等离子增强 CVD（PECVD）、反应活化扩散 CVD 和其他新型 CVD 技术的技术原理和特征，对 CVD 技术沉积各种金属和陶瓷涂层在硬质防护、高温防护和功能化方面的应用进行了归纳总结。本章的特色在于将不同 CVD 的技术原理与最新设备以及应用发展相结合，特别是 CVD 技术在超硬工具、半导体、集成电路和光电功能材料等领域的发展和应用，CVD 技术正在向低温、超厚和结构 – 功能一体化方向发展。

7 CVD 技术基础

7.1 CVD 技术的发展历程

化学气相沉积（chemical vapor deposition，CVD）是利用气态或蒸气态的物质在气相或气固界面上反应生成固态沉积物的技术。现代 CVD 技术发展始于 20 世纪 60 年代，主要应用在刀具涂层领域[1]。从 20 世纪 60 年代末联邦德国和瑞典 TiC 涂层刀具先后投放世界市场，到 1970 年美、日、英等国硬质合金制造商相继开始了 CVD 涂层刀具的研究与生产，CVD 制备的 TiC、TiN 等硬质薄膜技术逐渐成熟并广泛应用于硬质合金刀具，显著提升了刀具的切削性能和寿命[2]。为了提高涂层刀具的切削寿命，除单层涂层外，近年来还发展了双层涂层及多层涂层的复合涂层刀片。常见的多层涂层有 TiC/TiN[3]、TiC/Al_2O_3[4]等涂层。这些多层涂层的相互结合改善了涂层的结合强度和韧性，提高了耐磨性。

随着 CVD 金刚石薄膜技术的研究与发展，金刚石薄膜也被应用于切削刀具。金刚石具有硬度高、耐磨性好、导热性好、热膨胀系数低和化学惰性等优良特性，是制造刀具的理想材料。苏联 Deryagin 和 Fedoseev 等[5]在 20 世纪 70 年代引入原子氢开创了激活低压 CVD 金刚石薄膜生长技术，80 年代在全世界形成了研究热潮，也是 CVD 领域的一项重大突破。中国在激活低压 CVD 金刚石生长热力学方面，根据非平衡热力学原理，开拓了非平衡态相图及其计算的新领域，第一次真正从理论和实验对比上进行定量化证实，反自发方向的反应可以通过热力学反应耦合基于另一个自发反应提供的能量来完成。低压下从石墨转变成金刚石是一个典型的反自发方向进行的反应，依靠自发的氢原子耦合反应的推动来实现。

随着半导体和集成电路技术发展，薄膜材料在半导体工业中也有着广泛的应用，CVD 技术得到了更迅速和更广泛的发展[6]。CVD 技术不仅成为半导体级超纯硅原料-超纯多晶硅生产的唯一方法，也是单晶硅外延、砷化镓等Ⅲ～Ⅴ族半导体和Ⅱ～Ⅵ半导体单晶外延的基本生产方法。在集成电路生产中更广泛地使用 CVD 技术沉积各种掺杂的半导体单晶外延薄膜、多晶硅薄膜、半绝缘的掺氧多晶硅薄膜、绝缘的二氧化硅、氮化硅、磷硅玻璃、硼硅玻璃薄膜以及金属钨薄膜等。在制造各类特种半导体器件中，采用 CVD 技术生长发光器件中的磷化硅外延层等也占有很重要的地位。在集成电路及半导体器件应用的 CVD 技术方面，美国和日本特别是美国占有较大优势。日本在蓝光发光器件中关键的氮化镓外延生长方面取得突出进展，实现了批量生产。

传统 CVD 方法的主要缺点是沉积温度很高，一般在 1000～1200℃之间，超过了许多基体的承受度，导致热 CVD 基片选择、沉积层或所得工件的质量都受到限制。向低温和高真空发展是目前 CVD 技术发展的两大主要趋势。

金属有机化学气相沉积技术（MOCVD）是一种中温进行的化学气相沉积技术，采用金属有机物作为沉积的反应物，通过金属有机物在低温下分解实现化学气相沉积[7]。MOCVD 最主要的特点是沉积温度低。例如制备 ZnSe 薄膜，普遍采用化学输运反应的 CVD 技术沉积温度需在 850℃左右，而 MOCVD 仅为 350℃左右；又如用四甲基硅烷为源制备 SiC，生长温度小于 300℃，远远低于用 $SiCl_4$ 和 C_3H_8 为源的生长温度（1300℃以上）。近年来发展的等离子体增强化学气相沉积法（PECVD）也是一种很好的方法。该方法是利用电磁场作用在反应室内形成低温等离子体，利用在等离子体状态下的微观粒子具有较高的能量，使许多原来需要在高温下才能完成的沉积反应可以在较低的沉积温度下实现。常见的 PECVD 有射频增强 CVD（RF-PECVD）和微波增强 CVD（MW-PECVD）。因为 PECVD 法利用了等离子体环境诱发载体分解（形成沉积物），这样就减少了对热能的大量需要。例如制备氮化硅薄膜，采用普通 CVD 工艺时，沉积温度需 700～900℃，采用 RF-PECVD 可降到 250～350℃；若采用 MW-PECVD，沉积温度只需 100℃。沉积温度的降低大大扩展了沉积材料及基体材料的选择范围，目前 PECVD 技术除了用于半导体材料外，在刀具、模具等领域也获得成功的应用。1972 年 Nelson 和 Richardson 用 CO_2 激光聚集束沉积出碳膜，从此发展了激光化学沉积相沉积（LCVD）的工作[8]，随后，许多学者采用几十瓦功率的激光器沉积 SiC、Si_3N_4 等非金属膜和 Fe、Ni、W、Mo 等金属膜和金属氧化物膜。LCVD 利用激光激活使常规 CVD 技术得到强化，且工作温度大大降低[9]。由于激光束斑尺寸精准可控，因此 LCVD 可在精确的位置上进行沉积。此外，由于激光高能激化作用，使得 CVD 化学反应可在任何压强下进行，并可利用单色光源的特性进行特定物质的选择性激发。通常 LCVD 分为热解 LCVD 和光解 LCVD 两类。主要用于激光光刻、大规模集成电路掩膜的修正以及激光蒸发-沉积。

在向高真空发展方面，超高真空化学气相沉积（UHVCVD）法的生长温度低（425～600℃），虽然要求真空度小于 1.33×10^{-8}Pa，但系统的设计制造比分子束外延（MBE）容易。其优点是能够实现多片生长，反应系统的设计制造也不困难[10]。与传统的外延完全不同，这种技术采用低压和低温生长，特别适合于沉积 Sn：Si，Sn：Ge，Si：C，Ge_x：Si_{1-x} 等半导体材料[11,12]。

CVD 作为一种非常有效的材料表面改性方法，相比其他涂层技术，如 PVD 技术，在制备超硬、超厚、超纯涂层上具有独特的优势。随着 CVD 气源、新型能量辅助技术、复合技术的发展，CVD 技术也在持续发展，不断满足各个应用领域的需求[13]。

7.2 CVD薄膜沉积反应类型

在CVD薄膜制备过程中，反应源气化后通入真空室中混合。在适当温度和压力下，气态分子吸附在基体表面，通过化学反应在基片表面最终形成固态薄膜[14]。CVD反应大致可分为如下几种：

(1) 热解反应。利用元素的化合物（如氢化物、羟基化合物、有机物等）气态，在一定的条件下，在基体表面吸附，在热和催化剂作用下，分解为单质固体薄膜和气体（被抽出）。比较典型的例子是SiH_4热解制备单质Si薄膜。

$$SiH_4(g) = Si(s) + 2H_2(g)(650℃) \quad (7.1)$$

(2) 还原反应。一些元素的卤化物、卤氧化物、羟基化合物等在气态下热稳定性非常好，需要采用适当的还原剂才能将其还原出来。H_2因容易得到，是目前使用最为广泛的一种还原剂。例如利用H_2还原$SiCl_4$外延制备单晶薄膜的反应。

$$SiCl_4(g) + 2H_2(g) = Si(s) + 4HCl(g)(1200℃) \quad (7.2)$$

以及从六氟化物制备难熔金属W、Mo薄膜的反应：

$$WF_6(g) + 3H_2(g) = W(s) + 6HF(g)(300℃) \quad (7.3)$$

热解反应和还原反应常用来制备金属单质薄膜。

(3) 氧化反应。氧化反应是利用氧化剂（如O_2、H_2O等）与化合物气源反应制备氧化物薄膜。如利用O_2与SiH_4反应制备SiO_2薄膜。

$$SiH_4(g) + 2O_2(g) = SiO_2(s) + 2H_2O(g)(450℃) \quad (7.4)$$

(4) 置换反应。由两种或两种以上的反应气态前驱体，利用不同元素间的置换反应，沉积出所需要的固态薄膜。与热分解法相比，该方法的应用更为广泛，因为可用于热分解沉积的化合物并不多，而只要所需物质的反应前驱物可以以气态形式存在且有一定反应活性，都可以利用该方法制备。例如各种碳化物、氮化物、硼化物等无机薄膜。

$$SiCl_4(g) + CH_4(g) = SiC(s) + 4HCl(g)(1400℃) \quad (7.5)$$

(5) 歧化反应。有些元素具有多种气态化合物，而每种化合物具有不同的稳定性。外界条件的变化可以促使一种化合物转变为另一种化合物。例如，Ge—I化合物在较高温度下（600℃）下易形成GeI_2，在相对较低温度下（400℃）容易形成GeI_4。利用该特性，通过调整反应室温度，可以实现Ge的制备。在高温下让GeI_4通过Ge形成GeI_2，然后在低温下让GeI_2在衬底上歧化反应生成Ge薄膜。

$$2GeI_2(g) = Ge(s) + GeI_4(g)(300 \sim 600℃) \quad (7.6)$$

(6) 气相输运反应。把需要沉积的物质作为源物质，使之与适当的气体介质发生反应并形成一种气态化合物。这种气态化合物经化学迁移或物理载带运输到与源区温度不同的沉积区，再发生逆向反应生产源物质而沉积出来。

$$Ge(s) + I_2(g) \underset{T_2}{\overset{T_1}{\rightleftharpoons}} GeI_2(g) \tag{7.7}$$

一些物质的升华温度不高时，也可以利用其升华和冷凝的可逆过程实现其气相的沉积。例如，利用如下反应，可使处于较高温度 T_1 的 CdTe 发生升华，并被气体夹带输送到处于低温 T_2 的衬底上，然后发生冷凝沉积。

$$2CdTe(s) = 2Cd(g) + Te_2(g) \tag{7.8}$$

除上述反应外，还有利用等离子体、激光、微波、射频等增强反应沉积。借助其他能源的增强，可以显著降低 CVD 沉积温度和气压，实现低温低压制备。

7.3　CVD 薄膜生长热力学与动力学

CVD 制备过程本质是一种气-固表面多相化学反应[15]。如图 7.1 所示，整个沉积过程可分为如下几个步骤：（1）参加反应的气源物质向沉淀区输运；（2）反应物质分子由沉淀区向生长表面转移；（3）反应物分子吸附在衬底表面；（4）吸附物之间或吸附物与气态物种之间在表面或表面附近发生反应，形成成晶粒子和气体副产物，成晶粒子经表面扩散排入晶格点阵；（5）副产物分子从表面解吸；（6）副产物气体分子由表面区向主气流空间扩散；（7）副产物和未反应的反应物分子离开沉淀区，从系统中排出。这些步骤是依次接连发生，最慢步骤决定总沉积速率，因此最慢步骤也称为“速率控制步骤”。其中，“质量输运控制”或“质量转移控制”（如步骤（2）、（6）、（7）等）过程速率由气体分子的扩散、对流等物理过程控制；“化学动力学控制”或“表面控制”由固体表面上发生的有关表面吸附、反应、扩散或解吸步骤控制过程的速率。

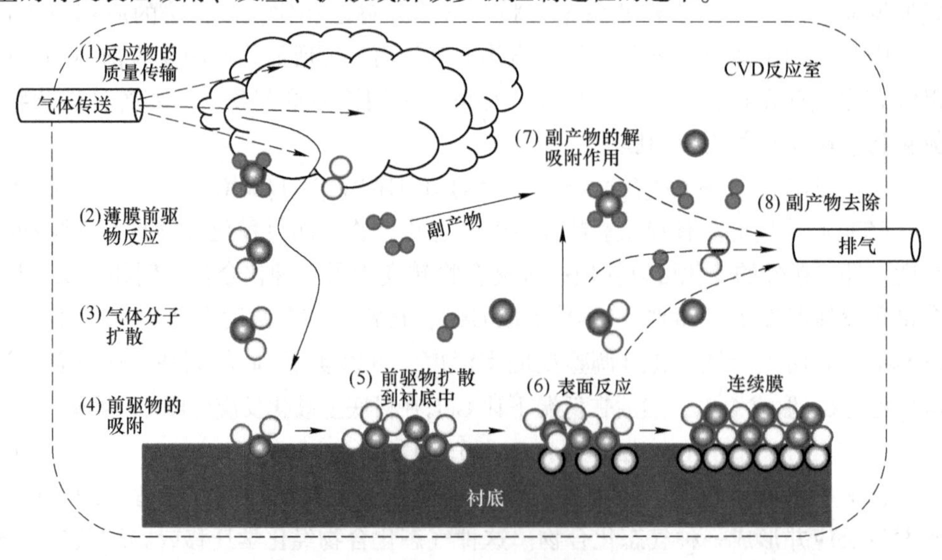

图 7.1　CVD 传输与反应过程示意图[15]

7.3.1 CVD 的生长热力学

按热力学原理，化学反应的自由能变化 ΔG 可以预测某些特定条件下 CVD 反应的可行性（化学反应的方向和限度），由此确定 CVD 工艺参数。当反应物过饱和而产物欠饱和时，反应吉布斯自由能变 $\Delta G_r<0$，即反应可以沿正方向自发进行；反之，$\Delta G_r>0$，反应可沿反方向自发进行。

CVD 中化学反应可以表达为：

$$aA + bB = cC \tag{7.9}$$

式中，A，B 为反应物；C 为反应产物。

其自由能的变化为：

$$\Delta G = cG_C - aG_A - bG_B \tag{7.10}$$

式中，a，b，c 分别是反应物和反应产物的摩尔数；G_i 是每摩尔 i 物质的自由能。由于每种物质的自由能都可以表达为：

$$G_i = G_i^{\ominus} + RT\ln\alpha_i \tag{7.11}$$

式中，$G_i^{\ominus}$ 是相应物质在标准状态下的吉布斯自由能，即是指一个大气压，温度为 T 时的纯物质的自由能；R 是气体常数，T 是热力学温度；α_i 为物质的活度，相当于有效浓度，可得式（7.12）：

$$\Delta G = \Delta G^{\ominus} + RT\ln\frac{a_C^c}{a_A^a a_B^b} \tag{7.12}$$

式中，$\Delta G^{\ominus}=cC_C^{\ominus}-aC_A^{\ominus}-bG_B^{\ominus}$，反应达到平衡时，有 $\Delta G=0$，因而：

$$\Delta G^{\ominus} = -RT\ln K \tag{7.13}$$

或者

$$K = e^{-\frac{\Delta G^{\ominus}}{RT}} \tag{7.14}$$

式中，K 为相应化学反应的平衡常数，它等于反应达到平衡时，各物质活度的函数 $a_{C_0}^c/a_{A_0}^a a_B^b$，由式（7.12）~式（7.14）可导出式（7.15）：

$$\Delta G = RT\ln\frac{r_C^c}{r_A^a r_B^b} \tag{7.15}$$

式中，$r_i = a_i/a_{i0}$，为 i 物质的活度与平衡活度之比，代表该物质实际的过饱和度。

在很多情况下，可以用物质的浓度或分压代替其活度值。利用上述式子，可以确定在该条件下 CVD 反应系统的热平衡温度，设定反应温度，计算反应理论转化率以及总压强、配料比等对反应的影响。此外，还可以根据热力学原理选择合适的化学反应路径。例如制备单晶时，只需要引入一个生长核心，同时抑制其他生长核心的形成。根据晶体的形核理论，要满足晶体的生长条件，需要新相形成过程的自由能变化 ΔG 小于 0；但要抑制多个晶核的形成，确保单晶的生长条件，需要过程的 ΔG 尽量接近零，使反应物与产物近似处于一种平衡共存的状态。如果 ΔG 负值过大，会导致大量的新相核心同时形成，破坏所需的单晶生长条件，产物只能是多晶体。

7.3.2　CVD 的生长动力学

热力学计算可以从理论上计算出特定沉积条件下（温度、压强以及物质浓度等）薄膜沉积量和所有气体的分压，但不能给出沉积速率[16]。反应动力学是研究化学反应的速度和各种因素对其影响的科学。CVD 反应动力学可以研究薄膜的生长速率，确定过程速率的控制机制，为进一步调整工艺参数，获得高质量、厚度均匀的薄膜。

7.3.2.1　气体的输运

CVD 沉积需要把含有构成薄膜元素的气态反应剂的蒸汽及反应所需的其他气体引入反应室，并在衬底表面发生化学反应，沉积薄膜。所以气体的输运过程对薄膜的沉积速率、薄膜厚度的均匀性、反应物的利用效率等都有重要影响。气体运输过程中，气体分子与器壁或基片相对运动产生摩擦，使气体的流动处于黏滞流的状态，出现边界层。

如图 7.2 所示，在边界层内，气体处于一种流动性较低的状态，而反应物和反应产物都需要经过扩散过程通过这一边界层，因此边界层影响反应物向基片的输运和薄膜生长。对于平板表面，其边界层厚度函数为：

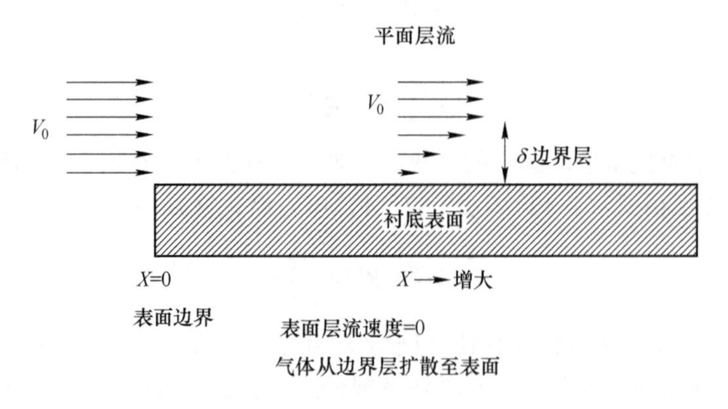

图 7.2　CVD 气体运输示意图[16]

$$\delta(x) = \frac{5x}{\sqrt{Re(x)}} \tag{7.16}$$

式中，x 为沿长度方向的坐标；Re 为雷诺（Reynolds）准数，此式，$Re(x)$ =

$v_0\rho x/\eta$；v_0、ρ、η 分别为气体的流速、密度和动力学黏度系数。

边界层的存在限制了薄膜的沉积速率，为了提高反应气体向基片的输运，需要减少边界层的厚度。提高 Re 有利于减少边界层的厚度，提高薄膜的沉积速率，这要求相应地提高气体的流速和压力，降低气体的黏度系数。但当 Re 过高时（$>$ 1200），气体流动状态由层流转为紊流，影响薄膜沉积的均匀性，造成薄膜缺陷。因此，应尽可能使气体流动状态维持层流状态。气体的流速也不宜过高，过高不仅会提高 CVD 过程的成本，同时也使气体分子尤其使活性基团在衬底附近的停留时间过短，降低利用率[17,18]。

7.3.2.2　气相组分的扩散

CVD 反应所需的反应气体必须通过上述边界层到达基片的表面，而反应产生的气体或未反应的反应物也必须通过边界层排出。反应气体或生产物通过边界层时是以扩散的方式进行的，而使气体分子进行扩散的驱动力是来源于气体分子局部的浓度梯度。扩散通量 J_i 的一般表达式为：

$$J_i = -D_i \frac{\mathrm{d}n_i}{\mathrm{d}x} \tag{7.17}$$

式中，x 为坐标；n_i 为 i 组分的摩尔体积浓度；D_i 为扩散系数。

理论推导表明，气相中组分的扩散系数 D_i 与气体的温度 T 和总气压 P 有关，并且满足 $D_i \propto T^{3/2}/P$，因而一般情况下可将扩散系数写成如下的形式

$$D_i = \frac{P_0}{P}\left(\frac{T}{T_0}\right)^n D_{i0} \tag{7.18}$$

式中，D_{i0} 为 i 组分在参考温度 T_0 和参考压力 P_0 时的扩散系数。

不难看出，D_i 与压强成反比，减少反应器中压力可提高气体的输运速率。

利用理想气体的状态方程 $n_i = P_i/RT$，扩散通量可以改为：

$$J_i = -\frac{D_i}{RT}\frac{\mathrm{d}p_i}{\mathrm{d}x} \tag{7.19}$$

式中，p_i 为相应气体组分的分压。

对于通过衬底表面厚度为 δ 的边界层的扩散来说，上式可以近似为：

$$J_i = -\frac{D_i}{RT\delta}(P_i - P_{is}) \tag{7.20}$$

式中，P_{is} 是在衬底表面处相应气体组分的分压；P_i 是边界层外该气体组分的分压。若 i 组分为反应物，则衬底表面的分压将低于边界层外该组分的压力，引起相应组分向衬底方向的扩散。压力梯度驱动的扩散过程使得该组元得以不断到达衬底表面。提高温度、减少压强，有利于增强扩散。

7.3.2.3　表面吸附及表面化学反应

气体组分在扩散至薄膜表面之后，还要经过表面吸附、表面扩散、表面反应、反应产物脱附等过程完成薄膜的沉积。吸附、扩散、反应、脱附过程的快慢可能成为薄膜过程的控制性环节。

如图 7.3 所示，假定气相组分向衬底表面的扩散通量为 J，在其到达衬底表面以后，被衬底表面俘获的几率为 δ，则被反射离开衬底表面的几率为 $1-\delta$。被俘获的分子被物理吸附（范德华力）在衬底表面，在热能作用下，沿着衬底表面进行一定距离的扩散。在扩散过程中，一些分子会获得适当的能量，经脱附过程离开衬底。能够从物理吸附态进一步转化为化学吸附态的分子只占扩散通量 J 的一部分，相应的转化率被称为化学吸附几率 ζ。而被化学吸附的分子中，只有部分分子最终融入薄膜之中，其余分子则通过脱附过程又返回气相之中。在扩散来的通量 J 中，最终溶入薄膜的分子比例被称为凝聚系数 S_c。S_c 决定薄膜的生长速率。在气相与固相处于平衡的情况下 $S_c=0$。设化学吸附速率 $R_r=k_r n_s=k_r n_{s0}\Theta$，化学脱附速率 $R_d=k_d n_d=k_d n_{d0}\Theta$，其中 k 为系数，n 为吸附分子面密度，n_s 为吸附分子可以占据的面密度，Θ 为所有可能被占据的表面吸附位置中已被物理吸附分子所占的比例。假设物理吸附了分子的表面位置不会再吸附新的分子，则存在如下关系：

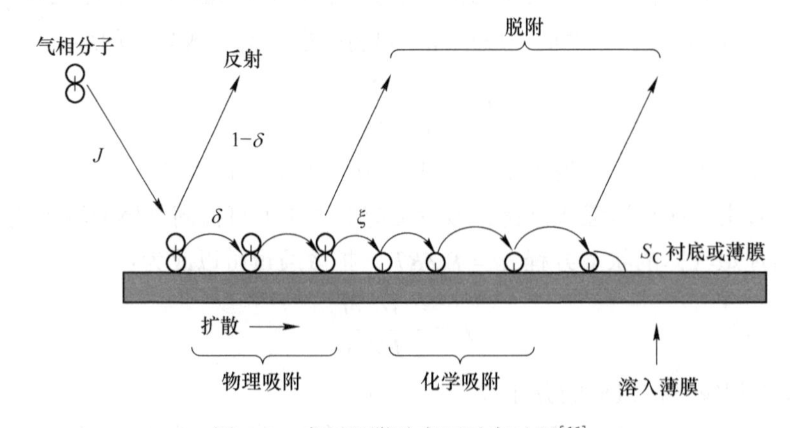

图 7.3　表面吸附及表面反应过程[16]

$$J\delta(1-\Theta)=R_r+R_d=(k_r+k_d)n_{s0}\Theta \tag{7.21}$$

$$\Theta=\frac{J\delta}{J\delta+n_{s0}(k_r+k_d)}S_c=\frac{R_r}{J}=\frac{k_r n_{s0}\delta}{J\delta+n_{s0}(k_r+k_d)} \tag{7.22}$$

一般情况下，表面位置被物理吸附分子占据的几率以及分子的凝聚系数不仅与各过程的反应常数 k_r、k_d 以及 δ 有关，也与扩散通量 J 有关。J 很大时，表面将趋于被吸附分子全部占据，$\Theta=1$，同时凝聚系数将趋于零，即扩散来的分子被溶入薄膜的几率很低。J 很小时，表面被物理吸附分子占据的几率 Θ 与 J 成正比，而分子凝聚系数 S_c 将趋近于一个常数。薄膜的沉积速率等于：

$$R_r = k_r n_s = k_r n_{s0}\Theta = \frac{k_r\delta}{k_r + k_d}J \tag{7.23}$$

将各过程速度常数代入式（7.23），得到：

$$R_r = \frac{\delta}{1 + \frac{k_{d0}}{k_{r0}}e^{-\frac{E_d-E_r}{RT}}}J \tag{7.24}$$

当 $E_d-E_r>0$ 时，提高温度，R_r 下降，促进脱附强于促进反应；当 $E_d-E_r<0$ 时，提高温度，R_r 上升，促进反应强于促进脱附。

温度对薄膜的生长有很大的影响。典型的 CVD 反应可以分为扩散控制和表面反应控制。图 7.4 所示为描述温度对生长控制影响的简单模型。

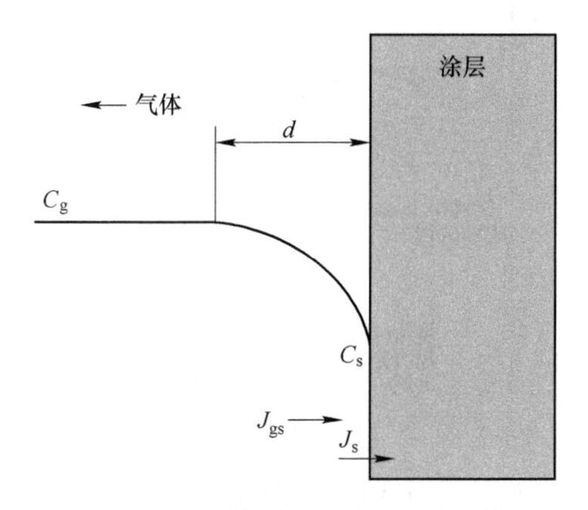

图 7.4　CVD 涂层生长过程示意图[16]

图中，C_g 和 C_s 分别是物质在主气流中和衬底表面的浓度。扩散沉积流正比于气体从体内到基片表面的浓度梯度和扩散系数。

$$J_g = D\frac{C_g - C_s}{\delta} = h_g(C_g - C_s) \tag{7.25}$$

式中，h_g 为气相物质传输系数。

反应消耗流为 $J_s = K_s C_s$，K_s 为表面最慢反应常数；在稳定状态下 $J_g = J_s$，所以：

$$C_s = \frac{C_g}{1 + \frac{k_s}{h_g}} \tag{7.26}$$

当 $k_s \gg h_g$ 时，$C_s < C_g$，此时反应物质在界面层的低运输扩散速率控制薄膜生长。当 $h_g \gg k_s$ 时，$C_s \approx C_g$，此时反应速率决定薄膜生长速度。温度对反应参数和质量运输系数影响不同。温度对 K_s 影响符合 Arrhenius 公式，即 $K_s \sim e^{-\Delta E\alpha/kT}$。随着温度的升高，活化过程的速率成指数上升。温度对质量运输系数 $h_g = D/\delta \sim T^2$，薄膜的生长速率为：

$$\dot{G}(x) = \frac{J_s}{N_0} = \frac{h_g k_s C_g}{(h_g + k_s) N_0} \tag{7.27}$$

高温时，$k_s \gg h_g$，$\dot{G}(x) = h_g C_g / N_0$，此时，薄膜生长过程为扩散生长控制；低温时，$k_s \ll h_g$，$\dot{G}(x) = k_s C_g / N_0$，此时，薄膜生长过程由表面反应速度控制。如图 7.5 所示。

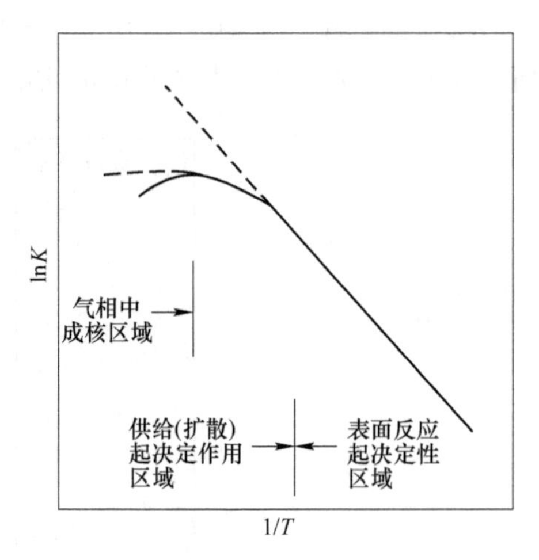

图 7.5　CVD 成膜速率与温度关系的模型[16]

K—生长速率；T—生长温度

8 热CVD及等离子体增强CVD技术

8.1 热CVD技术

8.1.1 热CVD技术原理及特征

热化学气相沉积（Thermal CVD，热CVD）是依靠发热体（普通的电阻丝、碳化硅棒、石墨、钨丝、钼丝等）加热，使反应物之间在热能的促进作用下在固体表面发生化学反应形成涂层的技术[19]。由于热化学气相沉积时真空室内气压较高，甚至接近大气压，所以热CVD又被称为常压CVD或者近常压CVD[20]。

热CVD大致包括三个步骤：（1）产生挥发性的物质；（2）将挥发性的物质转移到沉积区；（3）在基体表面发生化学反应并生成固态薄膜[21]。因此，对于热化学气相沉积体系来说，必须满足三个准则：（1）在沉积温度下，反应物必须具有足够高的蒸汽压，从而可使它们在合适的速率下引入反应室内，若所有的反应物在室温下均为气体的话，设备可以简化；（2）除了待沉积的材料外，其他反应产物必须是挥发性的；（3）沉积的薄膜本身必须具有足够低的蒸汽压，从而在反应过程中使之沉积在加热的基体上[22]。

热CVD的反应物质可分为三种状态：（1）气态。在室温条件下为气态的物质，如CH_4、CO_2、NH_3、SiH_4、H_2等，它们最有利于化学气相沉积，只需用流量计调节流量。（2）液态。这类物质分为两种：一种是该物质的蒸汽压在相当高的温度下也很低，需要与另一种物质反应，生成气态物质进入反应室，参与反应；另一种是在室温或者稍高一点的温度下，有较高的蒸汽压，如$TiCl_4$、$SiCl_4$、CH_3SiCl_3等，可用载气（如H_2、N_2、Ar）流过液体表面或者液体内部鼓泡，然后携带该物质的饱和蒸汽进入工作室。（3）固态。在没有合适的气态源或液态源的情况下，只能采用固态原料。有些元素或其化合物在数百摄氏度时才能升华出需要的蒸汽量，因此，如$TaCl_5$、WCl_6、$AlCl_3$、$NbCl_5$、$ZrCl_4$等，可利用载气将其携带进入工作室沉积成膜层[19,23]。

热CVD薄膜的形成涉及多种热力学及动力学过程，较为复杂。为方便了解CVD成核和生长的过程，建立浓度边界层模型用以描述基体表面附近的反应过程，如图8.1所示。基体表面的过程为：a反应气体从气相主体被强迫引入边界层；b反应气体由气相主体扩散和流动（黏滞流动）穿过边界层；c反应气体被吸附在基体表面；d反应物质在基体表面发生化学反应，形核及生长；e生成物从基体表面解吸；f 生成气体从边界层到整体气体的扩散和流动；g 气体从边界层引出到气相主体[24]。

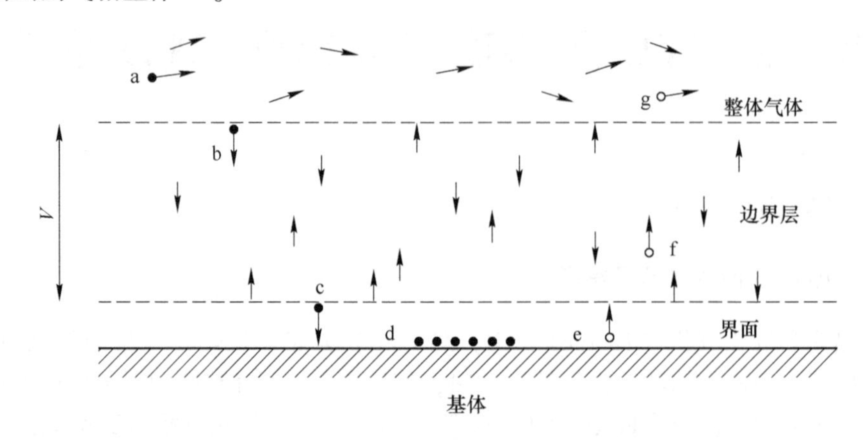

图 8.1　浓度边界层模型示意图[24]

热 CVD 是非常常见的化学气相沉积方法，它被广泛应用于金属及非金属薄膜的制备，图 8.2 所示为热 CVD 法制备 TiC 薄膜示意图[25]。工件在镀膜前应进行清洗和脱脂，并在高温氢气流中作还原处理，选用氢气和甲烷（纯度要求 99.9%以上）以及 $TiCl_4$（高于 99.5%）作为原材料。采用汽化器将 $TiCl_4$气化，而且在通入反应室前经过净化，以除去其中的氧化性成分。将反应室内的工作温度保持在 1000~1500℃，采用氢气作为载流气体把 $TiCl_4$和 CH_4气体带入反应室中，使 $TiCl_4$中的 Ti 与 CH_4中的 C 化合，反应物质在工件表面经过吸附、扩散、反应、形核生长以及生成物的解吸脱附等过程生成 TiC 薄膜。沉积过程中反应室内的温度要严格控制，若沉积温度过高，虽然 TiC 薄膜的沉积速率会增加，但是薄膜的晶粒粗大导致性能下降；若沉积温度过低，$TiCl_4$还原出来的 Ti 沉积速率大于碳化物的形成速率，所以生成的涂层具有多孔性，膜-基结合力差[26]。产生的残余气体必须经过净化装置处理，达到排放标准后才能排到大气中。其沉积反应如下：

$$TiCl_4(l) + CH_4(g) \longrightarrow TiC(s) + 4HCl(g)$$
$$TiCl_4(l) + C(\text{基体}) + 4H(g) \longrightarrow TiC(s) + 4HCl(g)$$

热 CVD 技术的特点如下[20,26~28]：

（1）适用范围广、可控性强。适用于制备多种金属或非金属材料的薄膜，通过控制反应气体的流量可实现较大范围内准确控制涂层成分以及掺杂水平。

（2）沉积速率高、成膜速度快。能够达到几微米/分钟，另外装炉量大、效率高，适合工业化生产。

（3）涂层均匀性好。由于成膜时腔体内气压高，气体的绕射性能好，所以

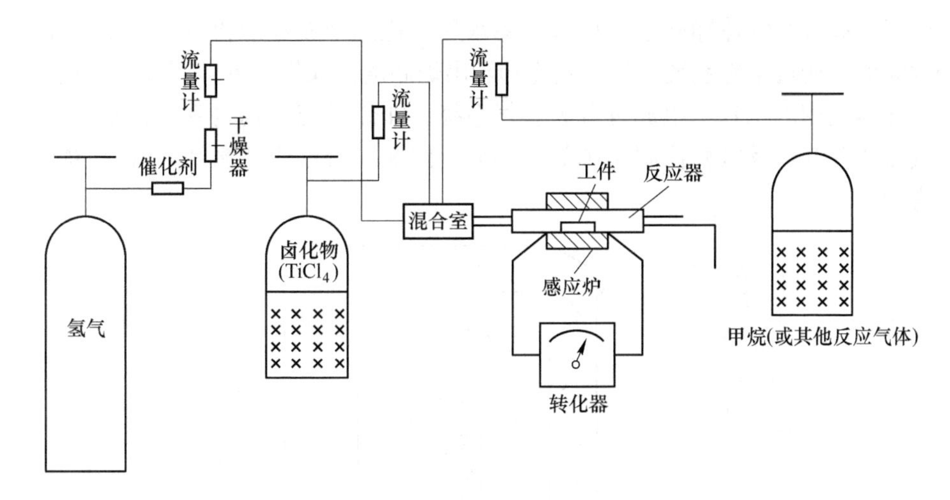

图 8.2 热 CVD 法制备 TiC 薄膜示意图[25]

薄膜具有良好的均匀性。不仅能在大面积基体上沉积连续均匀的薄膜，还能够在具有孔洞结构等复杂形状的工件表面上均匀沉积，这是物理气相沉积所不能媲美的优点。

（4）膜-基结合力好。部分反应中基体也参与反应，在膜-基之间形成过渡层，从而增加涂层与基体之间的附着力，有利于沉积耐磨性和抗腐蚀性优异的涂层。

（5）沉积温度高，易造成工件变形，造成工件失效以及涂层脱落。

（6）沉积后要增加热处理工序。

8.1.2 热 CVD 系统

CVD 技术最早应用于高纯度金属的精炼和金属板材的制造，后来用于制备半导体和磁性体的薄膜[29]，为适应制备材料与基材的变化，CVD 制备技术也变得多种多样。可根据沉积温度、反应器的内压力、反应器的温度和沉积反应的激活方式等对 CVD 技术进行如下分类：（1）按沉积温度。低温（200~500℃）、中温（500~1000℃）、高温（1000~1300℃）。（2）按反应器的内压力。常压 CVD、低压 CVD。（3）按反应器壁的温度。热壁 CVD、冷壁 CVD。（4）按反应激活方式。热激活、等离子激活[30]。

热 CVD 又称热激活 CVD，其制备的工艺过程主要包括以下几步：（1）工件装炉后抽真空加热，使工件处于高纯度氢气中，去除残余在工件表面的氧化物，使工件表面进一步活化；（2）工件表面活化后，向腔室内通入保护气体并升温至预定沉积温度，即进行反应沉积处理；（3）在膜层沉积过程中，反应排出的残余气体经淋水气体净化装置中和、除水后，达到排放标准再排放；（4）沉积处理完后，通过水冷系统使反应室冷却至出炉温度，取出工件。因此，根据工艺需求化学气相沉积基本组成可分为供气系统、加热系统、真空系统、水冷系统、废气排放系统以及电源控制系统等六部分，图 8.3 所示为热激活 CVD 系统结构示意图。

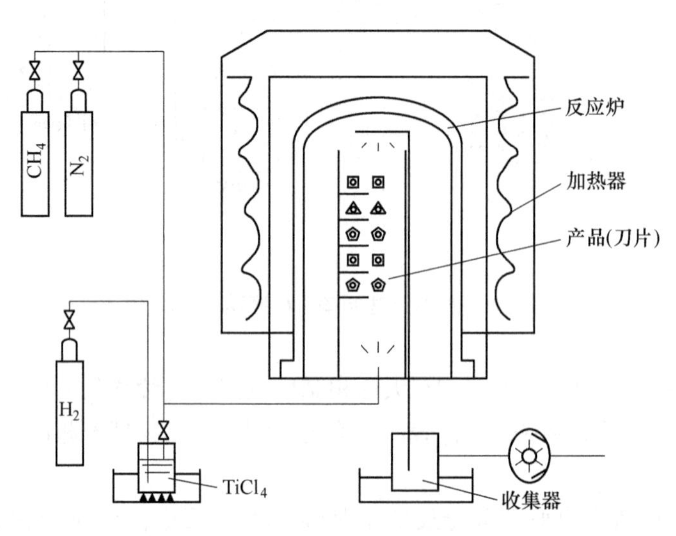

图 8.3　热激活 CVD 系统结构示意图[29]

热 CVD 系统最主要的元件就是反应器，但反应器的形状多种多样，按照反应器的外部形态，可将热 CVD 分为立式和卧式系统。根据反应器的结构不同，可将热 CVD 分为开管气流法和封管气流法系统[31]。

图 8.4 所示为卧式和立式 CVD 系统示意图。在卧式 CVD 系统中，为了保证得到均匀膜厚的薄膜，衬底支架要倾斜放置，炉温要保持有一定的温度梯度。因为随着反应的进行，原料气体会消耗，所以远离原料气体进口的位置膜层厚度会降低，因此要通入大流量的气体，以减少加热器进气端和出气端的反应物浓度差[5,6,14]。此外，在多组分的情况下，除了考虑膜厚的分布之外，卧式装置还要考虑组分比的分布问题[11]。在立式系统中，气体从反应室顶部引入，所有原料都必须以气体形式供给。因为气体垂直于基体表面，到达基体的气流浓度均匀，因而使沉积的薄膜膜厚均匀。该系统采用旋片式和行星式加热器加热，这样能得到均匀的温度分布[23,24,32]。这两种系统各有特点，应该根据不同的使用目的合理选择。在大量生产和操作性能方面，卧式 CVD 系统优势明显，而在膜厚及成分的均匀性方面，立式 CVD 系统更适合。

图 8.5 所示为开管气流法和封管气流法 CVD 系统示意图。开管气流法的特点是反应气体混合物能够连续补充，同时残余的气体不断排出沉积室，使反

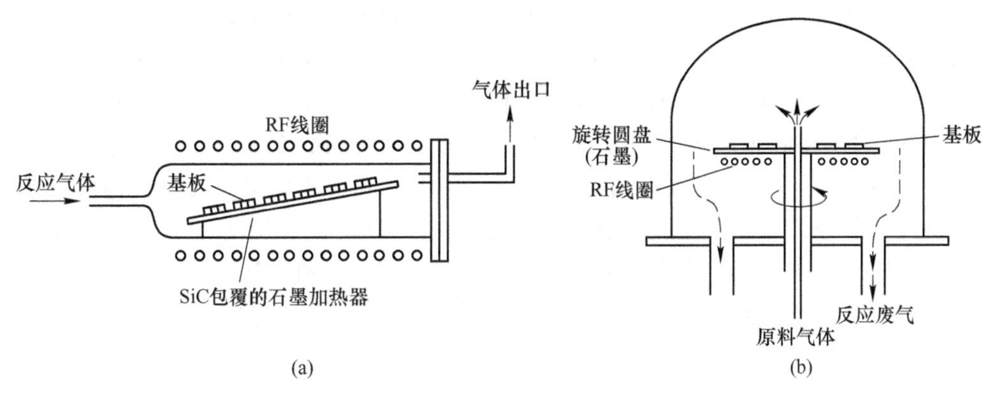

图 8.4　卧式（a）和立式（b）CVD 系统示意图[11,23,24,32]

应始终处于非平衡状态，有利于薄膜的形成和沉积。开管式 CVD 法具有取样方便、工艺参数容易控制、重复性好，易于批量生产等优点[20,33]。按照加热方式的不同，开管气流法可分为热壁式和冷壁式两种。热壁式反应器一般采用电阻加热炉加热，沉积室室壁和基体都被加热，因此，这种加热方式的缺点是管壁上也会发生沉积。冷壁式反应器只有基体本身被加热，故只有热的基体才发生沉积。实现冷壁式加热的常用方法有感应加热、通电加热和红外加热等。封管气流法 CVD 系统是将一定量的反应物和基体放置在反应器的两边，将反应器抽成真空，向其中注入一定的输运气体，然后密封；再将反应器置于双温区内，使反应器两端的温度形成一定梯度，温度梯度造成的负自由能变化是传输反应的推动力，于是物料就从封管的一端传输到另一端并沉积下来。封管法的优点是：（1）可降低来自外界的污染；（2）不必连续抽气即可保持真空；（3）原料转化率高。缺点是：（1）材料生长速率慢，不利于大批量生产；（2）有时反应器只能使用一次，沉积成本较高；（3）管内压力测定困难，具有一定的危险性。

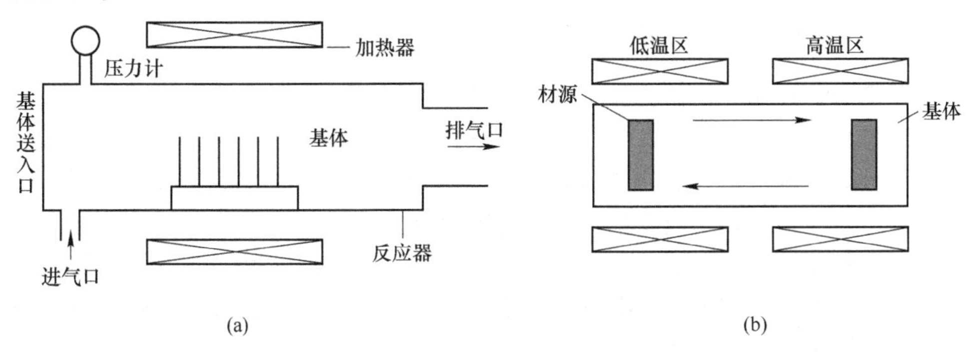

图 8.5　开管气流法（a）和封管气流法（b）CVD 系统示意图[20,33]

热 CVD 的加热方式多种多样，有高频感应加热、灯照加热、电阻加热等方法，其中采用电阻加热为最常用的加热方法，热丝 CVD 是最典型的代表。目前世界上的知名 CVD 设备制造厂商主要有美国的 sp3 公司、德国的 Cemecon 公司和瑞士的 Ionbond 公司等。其中美国的 sp3 公司和德国的 Cemecon 公司是目前世界上产业化热丝 CVD 金刚石涂层设备推广应用最成功的厂家，两家公司在中国只做涂层服务，禁止向中国销售热丝 CVD 装备。国内目前热丝 CVD 金刚石涂层装备制造厂家主要是北京泰科诺科技有限公司和沈阳中科院沈科仪研制中心有限公司，但是没有成熟的批量化、标准化实验型或工业型热丝 CVD 金刚石涂层加工装备制造厂家[34]。

8.2　等离子体增强 CVD 技术（PECVD）

等离子体化学气相沉积（plasma enhanced CVD）简称 PECVD，是一种用等离子体激活反应气体，促进在基体表面或近表面空间进行化学反应，生成固态膜的技术。等离子体化学气相沉积技术的基本原理是在高频或直流电场作用下，源气体电离形成等离子体，利用低温等离子体作为能量源，通入适量的反应气体，利用等离子体放电，使反应气体激活并实现化学气相沉积的技术。

PECVD 与传统 CVD 技术的区别在于等离子体含有大量的高能量电子，这些电子可以提供化学气相沉积过程中所需的激活能，从而改变了反应体系的能量供给方式。等离子体中的电子温度高达 10000K，电子与气相分子的碰撞可以促进反应气体分子的化学键断裂和重新组合，生成活性更高的化学基团，同时整个反应体系却保持较低的温度，这一特点使得原来需要在高温下进行的 CVD 过程可以在低温下进行。

PECVD 是用等离子体激活反应气体，促进在基体表面或近表面空间进行化学反应，生成固态膜的技术。按产生等离子体的方法，分为射频等离子体、直流等离子体和微波等离子体 CVD 等。

8.2.1　等离子体的基本概念和性质

近代科学研究的结果表明，物质除了具有固态、液态和气态这三种早已为人们熟悉的形态之外，在一定的条件下，还可能具有更高能量的第四种形态——等离子体状态。例如通过加热、放电等手段，使气体分子离解和电离，当电离产生的带电粒子密度达到一定的数值时，物质的状态发生新的变化，这时的电离气体已经不再是原来的普通气体了。由于这种电离气体不管是部分电离还是完全电离，其中的正电荷总数始终和负电荷总数在数值上是相等的，于是人们将这种由电子、离子、原子、分子或者自由基团等粒子组成的电离气体称为等离子体。

不管在组成上还是在性质上，等离子体不同于普通的气体。普通气体由电中性的分子或原子组成，而等离子体则是带电粒子和中性粒子的集合体。等离子体和普通气体在性质上更是存在本质的区别，首先，等离子体是一种导电流体，但是又能在与气体体积相比拟的宏观尺度内维持电中性；其次，气体分子间不存在净电磁力，而等离子体中的带电粒子之间存在库仑力；最后，作为一个带电粒子体系，等离子体的运动行为会受到电磁场的影响和支配。因此，等离子体是完全不同于普通气体的一种新的物质聚集态。

应当指出，并非任何的电离气体都是等离子体。众所周知，只要绝对温度不为零，任何气体中总存在有少量的分子和原子电离。严格说来，只有当带电粒子的密度足够大，能够达到其建立的空间电荷足以限制其自身运动时，带电粒子才会对体系性质产生显著的影响，换言之，这样密度的电离气体才能够转变成等离子体。除此之外，等离子体的存在还有其特征的空间和时间限度，如果电离气体的空间尺度 L 不满足等离子体存在的空间条件 $L \gg l_D$（德拜长度 l_D 为等离子体宏观空间尺度的下限）的空间限制条件，或者电离气体的存在的时间不满足 $t \ll t_p$（等离子体的振荡周期 t_p 为等离子体存在的时间尺度的下限）时间限制条件，这样的电离气体都不能算作等离子体。

8.2.2 等离子体的产生方法和原理

获得等离子体的方法和途径多种多样，其中宇宙星球、星际空间以及地球高空的电离层等属于自然界产生的等离子体，另当别论，这里只讨论人为产生等离子体的主要方法和原理。一般说来，电离的方法有如下几种：

（1）光、X 射线等照射。通过光、X 射线等照射提供气体电离所需的能量，由于其放电的起始电荷是电离生成的离子，故形成的电荷密度通常极低。

（2）辉光放电。通过从直流到微波的所有频率带的电源激励产生各种不同的电离状态。

（3）燃烧。通过燃烧，火焰中的高能粒子相互之间发生碰撞，从而导致气体发生电离，这种电离通常称为热电离。另外，特定的热化学反应放出的能量也能够引起电离。

（4）冲击波。气体急剧压缩时形成的高温气体发生热电离，形成等离子体。

（5）激光照射。大功率的激光照射能够使物质蒸发电离。

（6）碱金属蒸气与高温金属板的接触。由于碱金属蒸气的电离能小，当碱金属蒸气接触到比电离能大的功函数的金属时，电离容易发生，因此碱金属蒸气与高温金属板的接触能够生成等离子体。

在上述等离子体产生的方法中，辉光放电法产生的低温等离子体在薄膜材料的制备技术中得到了非常广泛的应用。

8.2.3 PECVD 沉积原理

等离子体增强化学气相沉积（PECVD）技术是借助于辉光放电等离子体使含有薄膜组成的气态物质发生化学反应，从而实现薄膜材料生长的一种新的制备技术。由于 PECVD 技术是通过反应气体放电来制备薄膜的，有效地利用了非平衡等离子体的反应特征，故从根本上改变了反应体系的能量供给方式。

一般说来，采用 PECVD 技术制备薄膜材料时，薄膜的生长主要包含以下五个基本过程：

（1）反应物的分解反应（一次反应）。在辉光放电的等离子体中，通过外电场加速，电子动能增加，破坏反应气体分子的化学键。因此，高能电子与反应气体分子发生非弹性碰撞，使其电离（离化）或者分解，产生中性原子和分子生成物。

（2）空间气相反应（二次反应）。一次反应中生成的各种活性基团向薄膜生长表面的扩散，以及各种粒子与分子或者粒子之间发生散射和气相反应过程。这些粒子和基团在漂移和扩散的过程中，由于平均自由程很短，所以都会发生基团-分子反应和离子-分子反应等过程。

（3）各种一级反应和二级反应产物吸附于基片的表面。

（4）到达基片并被吸附的化学活性物（主要是基团）的化学性质都很活泼，它们在生长表面扩散迁移，并发生化学反应；同时膜内部的不稳定基团还会在晶格中弛豫，发生互扩散。

（5）在反应过程中生成的气相副产物以及不稳定的基团脱离表面重新回到气相中，而将薄膜留在衬底表面。

其工艺原理示意图如图 8.6 所示。

具体来说，基于辉光放电方法的 PECVD 技术，能够使得反应气体在外界电磁场的激励下实现电离，形成等离子体。在辉光放电的等离子体中，电子经外电场加速后，其动能通常可达 10eV 左右，甚至更高，足以破坏反应气体分子的化学键，因此，通过高能电子和反应气体分子的非弹性碰撞，会使气体分子电离（离化）或者使其分解，产生中性原子和分子生成物。正离子受到离子层加速电场的加速与上电极碰撞，放置衬底的下电极附近也存在一个较小的离子层电场，所以衬底也受到某种程度的离子轰击。因而分解产生的中性物依靠扩散到达管壁和衬底。这些粒子和基团（这里把化学上是活性的中性原子和分子物都称为基团）在漂移和扩散的过程中，由于平均自由程很短，所以都会发生离子-分子反应和基团-分子反应等。到达衬底并被吸附的化学活性物（主要是基团）的化学性质都很活泼，它们之间相互反应从而形成薄膜。

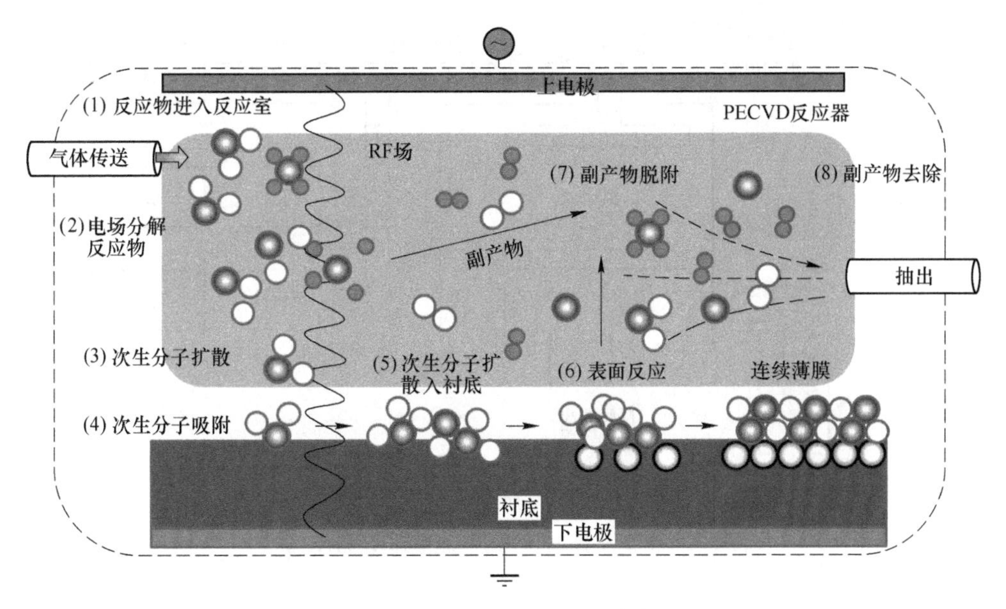

图 8.6 PECVD 工艺原理[15]

等离子体增强化学气相沉积技术利用等离子体激活反应前驱气体，采用平板电容式结构，下极板连接温控加热电源用以控制衬底温度，上极板连接射频电源，上下极板之间加有射频电压，使得两极之间产生辉光放电，促使反应气体电离，促进在基体表面或近表面空间进行化学反应，形成的等离子体在衬底表面沉积形成薄膜，其设备结构如图 8.7 所示。等离子体增强化学气相沉积镀膜机主要由三个模块组成：进气系统、薄膜沉积系统和真空抽气系统。其中，进气系统一般由多个气源和相应的气体流量控制系统组成，针对不同的薄膜材料制备选择相应的反应气源，例如制备硅基 PN 结太阳能电池一般选择硼烷/磷烷、硅烷和氢气等作为反应气源，而生长石墨烯材料一般选择甲烷和氢气作为反应气源；薄膜沉积系统一般由反应腔、平板电容式极板、加热系统和射频电源构成；真空抽气系统一般由机械泵和二级真空泵（如罗茨泵、分子泵等）构成。

8.2.4 PECVD 技术特点及发展趋势

PECVD 具有以下特点：

(1) 反应所需要的物质源来源于气体，设备结构简单。

(2) 在低温下成膜，可减小对基底的影响，避免生成膜层和衬底间的脆性问题，膜层附着力大。

(3) 可大面积成膜，成膜面积取决于衬底托盘的大小。

(4) 可通过改变气体成分来沉积高质量的均匀性好的薄膜，并可连续成膜，

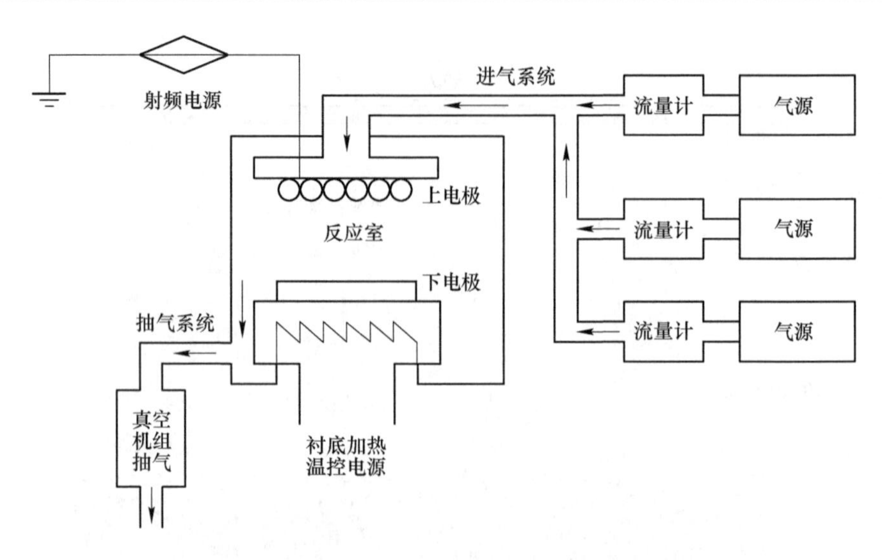

图 8.7　等离子体增强化学气相沉积设备结构[15]

增加膜厚。

(5) 可改变基体，制备各种有机聚合物薄膜、金属薄膜等，很大程度上扩大了沉积应用范围。

技术缺点：

(1) 设备投资大、成本高，对气体的纯度要求高；

(2) 涂层过程中产生的剧烈噪声、强光辐射、有害气体、金属粉尘等对人体有害；

(3) 对小孔径内表面难以涂层等。

例如，在 PECVD 工艺中由于等离子体中高速运动的电子撞击到中性的反应气体分子，就会使中性反应气体分子变成碎片或处于激活的状态，容易发生反应。衬底温度通常保持在 350℃ 左右就可以得到良好的 SiO_x 或 SiN_x 薄膜，可以作为集成电路最后的钝化保护层，提高集成电路的可靠性。

尽管 PECVD 有许多优点，但仍存在不足：一是经济成本；二是技术成熟度。在技术上，等离子体增强化学气相沉积无论是反应装置还是工艺都有待改进和完善。例如，常见的直流等离子体由于电极烧蚀会导致连续工作时间不长，工作状态十分不稳定，还有高温反应炉的封接以及反应壁的结疤问题，都是未能良好解决的老问题。再如，对于高频等离子体，反应原料的注入方式也是一个十分棘手的难题，轴向方式容易导致等离子体熄弧，而径向方式因受热不均或温度不均，使反应无法完全进行，等离子体的高温优点无法体现出来。高熔点块状材料，特别是一些新型材料，在等离子体中的形成微观过程也有待深入研究。不过随着研究的深入，等离子体增强化学气相沉积技术必将不断发展和成熟。

8.2.5 PECVD 技术分类

8.2.5.1 直流 PECVD（DC-PECVD）

直流辉光放电增强型化学气相沉积（DC-PECVD）就是利用高压直流负偏压，使低压碳氢气体发生辉光放电，从而产生等离子体，在电场作用下沉积到基体上而形成。其具有处理效果好、设备简单、造价低、操作方便、无电极污染、应用范围广等优点，但沉积速率比较低。

8.2.5.2 射频 PECVD（RF-PECVD）

射频增强等离子体增强化学气相沉积法（RF-PECVD）是一种可在较低的湿度和较低的压强下制备薄膜的化学气化沉积方法，大多采用射频的方法辉光放电，产生等离子体进行气相沉积，这里的射频电场可采用两种耦合方式，分别为电感耦合和电容耦合。日本科尼卡公司于 1994 年提出利用射频增强等离子体化学气相沉积法制备晶粒较小的多晶硅薄膜，衬底可以选用非晶硅衬底，射频增强等离子体化学气相沉积法的应用现在也较为广泛。

8.2.5.3 微波 PECVD（MPCVD）

MPCVD 为目前使用最为广泛的制备人造金刚石薄膜的方法，其原理为通过磁控管产生频率 2.45GHz 或 915MHz 的微波作为等离子体激发源，通过特定的波导管和模式转换装置将微波在石英或不锈钢密闭腔体内进行耦合，在一定气压下激发反应气体，形成等离子体，被激发的等离子体中含有大量离解后的含碳活性基团，这些基团在衬底上沉积便可得到金刚石膜。由于 MPCVD 系统激发的等离子体具有无极放电、污染少、等离子体密度高、衬底形状适应性强等许多优点，因此受到国内外研究者的广泛关注。

8.2.5.4 微波电子回旋 PECVD（MWECR-PECVD）

微波电子回旋共振（MWECR）等离子体源具有电离度高、无电极污染、高活性等特点。1983 年日本 NTT 实验室 Matsuo 等首次采用这种等离子体源低温沉积介电薄膜之后，ECR 等离子体源被广泛应用于各种薄膜的低温等离子体增强化学气相沉积（PECVD），这些薄膜包括碳化硅、氮化硅、二氧化硅、金刚石、类金刚石、非晶硅、硅锗合金、砷化镓等。

微波电子回旋共振等离子体增强化学气相沉积（MWECR-PECVD）的机理为：频率为 2.45GHz 的微波通过耦合窗进入谐振腔，在谐振腔内磁感应强度为 875×10^{-4}T 的区域的电子的回旋频率等于微波频率，从而产生回旋共振，有效吸收微波能量，成为高能电子；这时通入反应气体，高能电子对其作用，即可使气体迅速产生电离并形成高度活化的等离子体。在发散磁场的作用下，产生的等离子体可被导入沉积室，从而对沉积室内的基片进行沉积。

8.2.5.5 甚高频 PECVD（VHF-PECVD）

采用 RF-PECVD 技术制备薄膜时，为了实现低温沉积，必须使用稀释的硅烷作为反应气体，因此沉积速度有限。甚高频 PECVD（VHF-PECVD）技术采用的是甚高频电容耦合式放电技术。将甚高频电源接在功率电极板上，在相对放置的两个平行电极板加上甚高频电压，衬底放置于电极上，通入反应气体得到相应的等离子体，在等离子体各种活性基团的参与下，实现薄膜生长。由于 VHF 激发的等离子体比常规的射频产生的等离子体电子温度更低、密度更大，因而能够大幅度提高薄膜的沉积速率，该技术在实际应用中获得了广泛的应用。

9　反应活化扩散 CVD 技术

反应活化扩散 CVD 技术指的是在一定温度下，利用金属或非金属元素在合金表面反应或向内扩散，改变合金表层的化学成分和组织结构，以得到比均质材料更适用于特殊服役环境的金属热处理工艺。这种技术也可以称为化学热处理技术，实质上可以认为是一种特殊复合材料，芯部为原始成分的合金材料，表面则渗入了金属或非金属元素，形成固溶体或化合物相。芯部与表层之间是紧密的晶体型结合，它比电镀、化学镀、真空镀膜等表面技术获得的芯部和表层的结合要强得多。

反应活化扩散目的主要在于[35~38]：

(1) 提高零件的硬度和耐磨性。例如合金钢件用渗氮方法可获得氮化物构成的硬化表层，钢件表面硬度可达 HV800~1200。在钢件表面制备减磨、抗黏结薄膜，改善摩擦条件，同样可提高耐磨性。例如，蒸汽处理表面产生的四氧化三铁薄膜有抗黏结作用；表面硫化获得硫化亚铁薄膜，可兼有减磨与抗黏结的作用。近年来发展起来的多元共渗工艺，如氧氮共渗、硫氮共渗、碳氮硫氧硼五元共渗等，能同时形成高硬度的扩散层与抗黏或减磨的薄膜，有效提高零件的耐磨性，特别是抗黏结磨损性。

(2) 提高零件的疲劳强度。渗碳、渗氮、软氮化和碳氮共渗等方法，都可使钢零件在表面强化的同时在零件表面形成残余压应力，有效地提高零件的疲劳强度。

(3) 提高零件的耐蚀性与抗高温氧化性。例如，渗氮可提高零件抗大气腐蚀性能；钢件渗铝、渗铬和渗硅后，与氧或腐蚀介质作用，形成致密、稳定的 Al_2O_3、Cr_2O_3 和 SiO_2 保护膜，可提高抗蚀性及高温抗氧化性。

9.1　反应活化扩散 CVD 技术的原理

9.1.1　反应活化扩散层形成的条件

(1) 渗入元素必须与基体金属形成固溶体或金属间化合物；

(2) 欲渗元素与基体金属之间必须直接接触；

(3) 欲渗元素在基体金属内要有一定的渗入速度；

(4) 提供渗入元素活性原子的化学反应必须满足热力学条件。

例如，渗剂提供活性原子有如下反应类型：

置换反应　　$Fe + AlCl_3 \longrightarrow FeCl_3 + [Al]$　渗铝

还原反应　　$TiCl_4 + 2H_2 \longrightarrow HCl + [Ti]$　渗钛

分解反应　　$2NH_3 \longrightarrow 3H_2 + [N]$　渗氮

渗剂中有多个反应的可能性，用热力学可预测某温度下这些反应是否发生。

9.1.2 反应活化扩散层形成机理

反应活化扩散包括 3 个基本过程，即化学反应剂分解为活性原子或离子的分解过程、活性原子或离子被合金表面吸收和固溶的吸收过程、扩散原子不断向内部扩散的扩散过程[36-40]。下面以钢件表面反应活化扩散为例进行说明。

（1）分解过程。化学反应剂是含有扩散元素的物质。扩散元素以分子状态存在，它必须分解为活性原子或离子才可能被合金件表面吸收和固溶，很难分解为活性原子或离子的物质不能作反应剂使用。例如普通气体渗氮时不用氮气而用氨气，因为氨极易分解出活性氮原子。根据化学反应热力学，分解反应产物的自由能必须低于反应物的自由能分解反应才可能发生。但仅满足热力学条件是不够的，在生产中实际应用还必须考虑动力学条件，即反应速度；提高反应物的浓度和反应温度，虽然均可加速反应剂的分解，但受材料或工艺等因素的限制。使用催化剂以降低反应过程的激活能，可使一个高激活能的单一反应过程变为由若干个低激活能的中间过渡性反应过程，从而加速分解反应。铁、镍、钴、铂等金属都是使氨或有机碳氢化合物分解的有效催化剂，所以钢件表面渗氮时，钢本身就是很好的催化剂，渗剂在钢件表面的分解速率比其单独存在时的分解速率可以提高好几倍。

（2）吸收过程。工件表面对周围的气体分子、离子或活性原子具有吸附能力，这种表面的物理或化学作用称为固体吸附效应。气体分子或者被钢件表面吸附，并且由于铁的催化作用而使其加速分解为活性原子；或者先分解为活性原子或离子，再被钢件表面吸附。被吸附的活性原子或离子在钢件表面溶入铁的晶体点阵内，形成固溶体；如果被渗元素的浓度超过了该元素在铁中的固溶度，则形成相应的金属间化合物，这些过程称为吸收过程。

（3）扩散过程。渗入元素的活性原子或离子被钢件表面吸收和溶解，必然不断提高表面的被渗元素的浓度，形成芯部与表面的浓度梯度。在芯、表部之间浓度梯度的驱动下，被渗原子将从表面向芯部扩散。在固态晶体中原子的扩散速率远低于渗剂的分解和吸收过程的速率，所以扩散过程往往是化学热处理的主要控制因素。提高温度，增大渗入元素在金属中的扩散常数，减小其扩散激活能的因素均可加速扩散过程。

9.1.3 渗层的组织特征

在一定的渗入温度、缓慢冷却的情况下，渗层组织的形成遵循合金相图的规律；在化学热处理后进行淬火的情况，则要考虑淬火组织的特点。但不论何种情况，渗层均可当作含有较高渗入元素浓度的材料来考虑，需要注意的是渗入元素的浓度是有梯度的，如图 9.1 所示[35~41]。

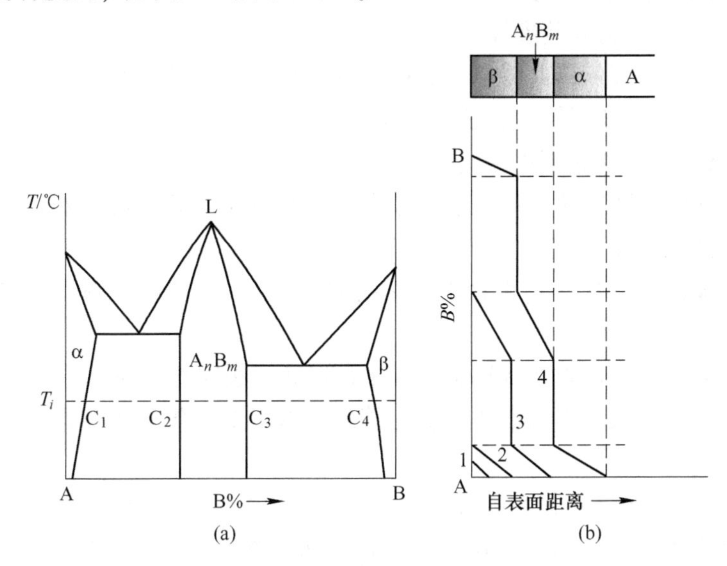

图 9.1 A-B 合金相图（a）和渗层组织 B 在 A 表面层中的含量分布（b）

（1）在纯扩散条件下形成的组织为连续的固溶体冷却下来的组织。以铁基合金渗碳为例，高温时所获组织为碳浓度连续变化的奥氏体，缓冷后获得与 Fe-Fe_3C 相图对应的组织分布，快冷后为与过冷奥氏体转变曲线对应的组织。

（2）在有相变的条件下形成的组织为新相。将金属 A 埋在能获得 B 元素活性原子的固体粉末中，于 T_i 温度下扩渗，所获组织与相图相对应，不存在两相共存区。

1）B 渗入 A 中形成 α 固溶体，B 在 A 中的含量初始分布曲线如图（b）中曲线 1 所示；

2）随着 B 不断扩散至 A 中，B 在 A 中的含量达到了该温度下的饱和含量，则 B 在 A 中的含量分布曲线如图（b）中曲线 2 所示；

3）随着 B 含量进一步增加，形成化合物相 A_nB_m，则 B 的含量分布曲线如图（b）中曲线 3 所示；

4）随着 B 不断渗入，会形成 β 相，则 B 的含量分布曲线如图（b）中曲线 4 所示；

5）渗层最终组织由外向内依次是β、A_nB_m、α、基体A。

9.2 反应活化扩散CVD技术的分类

（1）按渗入元素的数量分类。

1）单元渗：渗碳、渗氮、渗硫、渗硼、渗铝、渗硅、渗锌、渗铬和渗钒等。

2）二元渗：氮碳共渗、氧氮共渗、硫氮共渗、硼铝共渗、硼硅共渗、硼碳共渗、铬铝共渗和铬硅共渗等。

3）多元渗：氧氮碳共渗、碳氮硼共渗、硫氮碳共渗、氧硫氮共渗、碳氮钒共渗、铬铝硅共渗和碳氮氧硫硼共渗等。

（2）按渗剂的物理形态分类。

1）固体法：颗粒法、粉末法、涂渗法（膏剂法、熔渗法）和后扩散处理法（电镀、电泳或喷涂）等。

2）液体法：熔盐法（熔盐渗、熔盐浸渍、熔盐电解）、热浸法和水溶液电解法等。

3）气体法：有机液体滴注法、气体直接通入法和真空处理法等。

4）辉光离子法：等离子体渗碳、等离子体渗氮、等离子体渗硫和等离子体渗金属等。

（3）按钢铁基体材料在进行化学热处理时的组织状态分类。

1）奥氏体状态（800~950℃）：渗碳、碳氮共渗、渗硼及其共渗，渗铬及其共渗、渗铝及其共渗、渗钒、渗钛和渗铌等。

2）铁素体状态（低于600℃）：渗氮、氮碳共渗、氧氮共渗及氧氮碳共渗、渗硫、硫氮共渗及硫氮碳共渗、氮碳硼共渗和渗锌等。

（4）按渗入元素种类分类。

1）渗非金属元素：渗碳、渗氮、渗硫、渗硼和渗硅等。

2）渗金属元素：渗铝、渗铬、渗锌、渗钒、渗钛和渗铌等。

9.3 反应活化扩散CVD技术的应用

9.3.1 碳元素反应活化扩散

碳元素反应活化扩散即渗碳，是一种表面硬化工艺，其中碳在低碳钢部件达到奥氏体转变温度的表层中扩散，然后经过淬火和回火形成硬质马氏体微观结构。部件表面下方获得碳含量的梯度变化导致硬度的梯度变化，在铁基材料上形成坚固耐磨的表面层。典型的渗碳部件相当于“复合材料”，在低碳的基体上形成高硬度的壳层，基体硬度较低但韧性较高。高碳的渗层有利于其耐磨性的提高，在淬火过程中也与低碳芯部发生相互作用，产生有利的残余压应力，从而提高整体结构件的承载能力。微观结构梯度和残余应力分布决定了渗碳部件的疲劳和断裂性能。

渗碳被广泛用于各种机械部件：传动部件、汽车发动机部件、滚子和滚珠轴承、齿轮、磨损部件和轴等疲劳应力部件。以齿轮为例，众所周知，齿轮达到最佳性能需要马氏体结构。为了抵抗由于根部圆角处的循环弯曲应力引起的齿轮疲劳失效，最佳表面层结构是高碳马氏体和奥氏体的混合物，高硬度的马氏体可确保洛氏硬度至少达到 57HRC。

最常用的渗碳方式是气体渗碳，部件暴露于高温渗碳气氛中，通过控制工艺气氛来控制表面碳含量（原位氧探针和 $CO-CO_2$ 红外分析），实现表面硬度的控制。为了获得足够的碳溶解度和穿透深度，在 900～950℃ 的相对高温下进行处理。几十年来，通过汽车齿轮的典型实例探索了各种钢渗碳应用，主要集中在齿轮钢和轴承钢等。20 世纪 90 年代初，哈尔滨工业大学韦永德等人[42]成功地应用稀土对 20 钢和纯 Fe 进行辅助扩渗，开拓了稀土在合金材料化学热处理方面的研究。接着，围绕稀土的辅助扩渗作用，哈工大闫牧夫课题组的研究人员展开了大量的研究，其中最多的研究围绕稀土辅助气体渗碳展开。综合来看，稀土作用表现在三个方面[43]：显著的催渗作用，即加快了碳扩渗的速度，实现了工艺温度的降低；增加了渗层厚度，提高了承载能力；细化了晶粒组织，改善了硬化层的力学性能。

美国 Ipsen 公司在 20 世纪 50 年代提出了真空渗碳，于 1960 年申请了专利，随着数十年来的发展，目前已经在航空航天、汽车行业、船舶兵器、军工、电子、模具等行业得到广泛的应用。真空低压渗碳技术是指在真空炉内采用低于 3000Pa 的乙炔、丙烷等羟类气体作为渗碳介质进行的渗碳工艺。真空低压渗碳与传统渗碳相比，在工件渗碳后的组织和性能、工艺的灵活性、生产成本和环境保护等方面都有着无法比拟的优势。它不需用 CO 和 CO_2 等载气，而是通过高的碳流量实现高效的碳转移，使工件表层奥氏体中碳浓度快速饱和，有效克服了普通气体渗碳的缺点，具有渗层均匀性好、渗层组织优良、表面碳浓度波动性小、自动化程度高、环境污染小等特点。此外，真空渗碳可以有效避免渗层因晶间氧化而出现黑色组织和表面脱碳现象。目前真空渗碳的一些机制尚不清晰，真空渗碳的设备成本有待进一步降低。北京机电研究所从 20 世纪 80 年代就开始研究真空渗碳设备和工艺成套技术，多年的研发积累，使得真空低压渗碳在核心技术层面上形成突破，已研制出接近国际先进水平的真空低压渗碳设备，技术上趋于成熟，形成了自己的系列产品，并成功进行了推广应用[44]。

20 世纪 70 年代，等离子体开始被应用于辅助加速渗碳过程，等离子渗碳在低压真空状态下进行，因此无氧化物形成，产品质量高，同时扩渗速率快，能够实现深层渗碳[45]。此外，对于复杂构件而言，如汽车齿轮，等离子体渗碳与气体渗碳相比，扩渗更加均匀，并且工件的变形量更小[46]。80 年代起，等离子体渗碳已经开始应用于工业生产[47]，与气体渗碳相比，等离子体渗碳的处理时间可以缩短 50%以上，并且工件的表面质量高，无需后续的机加工和抛光处理，能量损耗和成本降低，避免了环境污染等问题[48]。然而，奥氏体相区的等离子体渗碳对设备要求较高，且工艺可调控性和稳定性不如气体渗碳。不锈钢应用在很多腐蚀环境下，但是其较低的表面硬度和较差的耐磨性限制了它的广泛应用。由于不锈钢表面 Cr_2O_3 膜阻碍了改性层与基体的结合，使得传统的表面处理（如物理气相沉积、电镀和气体化学热处理等）均无法应用于不锈钢[49]。等离子体化学热处理在预处理时通过离子轰击可以消除表面的氧化膜，活化表面，因此适用于不锈钢的表面改性。目前的研究主要集中在不锈钢低温等离子体渗碳获得耐磨兼具耐蚀的硬化层方面。

在一些创新渗碳研究中，硅的渗碳被描述为一种快速便捷制备石墨烯的方法。在硅碳共渗过程中，碳源预沉积形成一层 3C-SiC（111）薄膜，因为它与 Si（110）具有良好的晶格匹配。3C-SiC（111）的缓冲层由六方阵列组成，作为石墨烯成核和生长的模板[50]。杨阳等人[51,52]采用等离子体渗碳设备制备了类金刚石碳（DLC）膜，即利用等离子体渗碳法可以高效地制备渗碳层和 DLC 薄膜组成的复合层，具有比传统渗碳层更为优异的力学性能和摩擦磨损性能。并且基于第一性原理计算，提出了等离子体渗碳制备 DLC 薄膜的形成机理，即 Fe_3C 相有助于诱导 DLC 薄膜的形成，如图 9.2 所示。

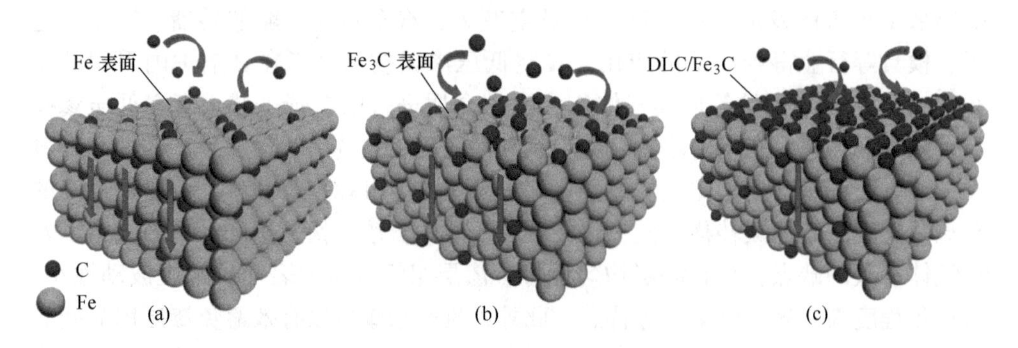

图 9.2　DLC 膜在含 Fe_3C 相渗碳层表面的生长机制[52]

（a）碳向 Fe 晶格中扩散；（b）形成 Fe_3C 相；（c）Fe_3C 相诱导 DLC 形成

9.3.2　氮元素反应活化扩散

氮元素反应活化扩散即渗氮也称为氮化，它是一种以氮原子渗入钢件表面，形成一层以氮化物为主的渗层的表面处理方法，可以提高金属硬度等力学性能、耐磨性和耐腐蚀性能等。以钢件为例，钢件表面形成的渗氮层具有如下的性能：

（1）渗氮层具有高硬度和高的耐磨性；

（2）渗氮在钢件表面形成压应力层，可显著提高耐疲劳性能；

（3）渗氮层表面有化学稳定性高的 ε 相，能显著提高耐腐蚀性。

渗氮不同于渗碳层必须经过淬火才能强化，因此渗氮强化具有以下特点[53]：

（1）氮化物层形成温度低，一般在 480~580℃，由于扩散速度慢，所以工艺时间长。例如，获得 1mm 渗碳层需要 6~9h，而获得 0.5mm 渗氮层则要 40~50h（气体渗氮）。

（2）由于渗氮工件处理温度低，且不淬火、变形小，处理后只做精加工或不做处理。

（3）由于渗氮后不再进行热处理，钢件芯部的强化由渗氮前的热处理完成，一般采用调质处理使工件芯部强韧化。

相图可以用来指导渗氮过程，了解可能形成的氮化物，如图 9.3 所示，奥氏体 γ-Fe(N) 只有在 873 K 以上才稳定，但可以通过快速冷却到室温下对其进行保存，其转变为马氏体的转变温度和转变程度（M_s、M_f）取决于氮含量和冷却速率。如果氮浓度高于 $C_N = 8.6\%$，完全可以避免这种转变，并且所有奥氏体都可以在室温下保留为亚稳相。ε-氮化铁具有六方晶体结构（P312 或 P6322），氮的溶解度可达 15%~33%，将氮浓度从 33%增加到 33.2%会导致 ε-氮化物晶格的各向异性变形，并形成正交的 ζ-Fe_2N 线型相。在技术应用方面，ε 相因其高硬度和更好的耐腐蚀性而备受关注。氮含量低于 27%的 ε-氮化物在室温下是亚稳定状态，随着氮含量的降低，它会分解成具有较高氮浓度的 ε 相和 γ′相，它也被报道能分解为 ε 相和 α″相。

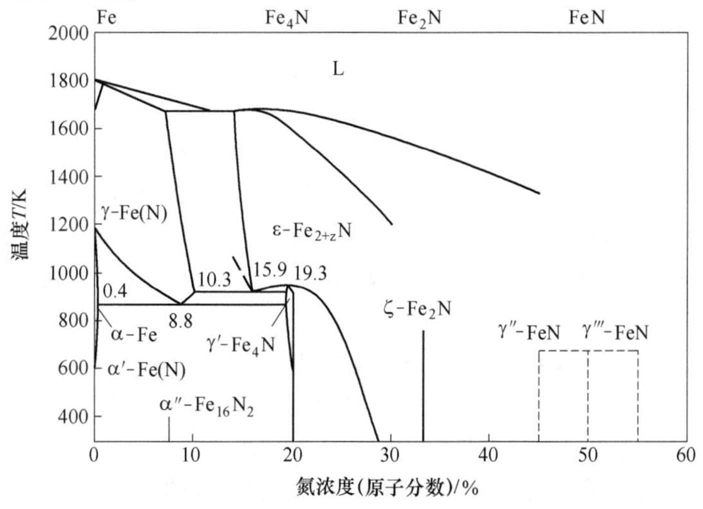

图 9.3　Fe-N 平衡相图[53]

钢铁的渗氮过程和其他化学热处理过程一样，包括渗剂中的反应、渗剂中的扩散、相界面反应、被渗元素在铁中扩散及扩散过程中氮化物的形成。渗剂中的反应主要指渗剂分解出含有活性氮原子的过程，该物质通过渗剂中的扩散输送至铁表面，参与界面反应，在界面反应中产生的活性氮原子被铁表面吸收，继续向内部扩散，最终形成梯度分布的硬化层，包含固溶体为主的扩散层和表面的化合物层，如图 9.4 所示。在共析温度 A_1 以下进行氮化是常见的热处理方式，该氮化过程不会产生硬质马氏体而会形成氮化物，其可以赋予表面高硬度和高耐磨性。据最近报道，在共析温度以上也可以进行有效氮化。目前最常用的工业气体渗氮为氨气、氮气和氢气的混合物，盐浴渗氮一般使用含氰化物和氰酸盐，上述方法都可以使氮化非常容易地进行。等离子体渗氮通过辉光放电来激活氮气分子（一般为 N_2 和 H_2 的混合物）。

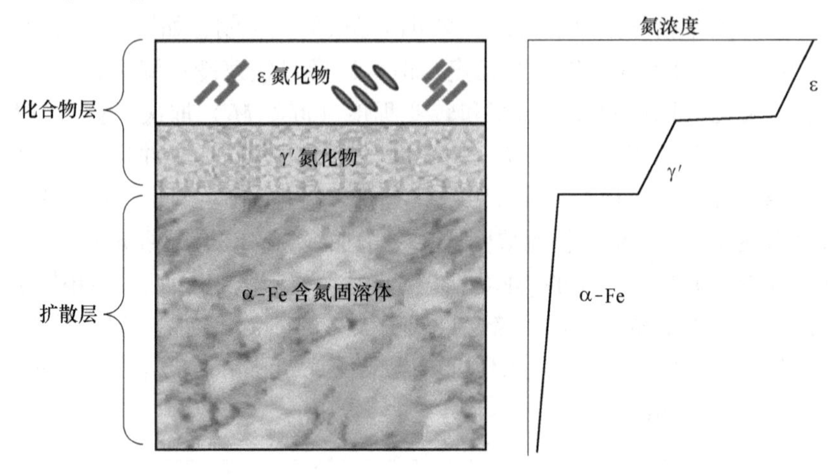

图 9.4　渗氮后传统的渗层截面[54,55]

许多机械零件、工件和工具（齿轮、凸轮轴、气缸套和摇臂）都需要经过工业氮化处理，以提高其摩擦磨损性能和耐蚀性能。氮化钢 32CrMoV13 适用于航空航天轴承主轴或喷气发动机，在高速、高温和有限润滑条件下运行。该应用要求在 525～550℃ 渗氮 100h 后，氮化层深度超过 600μm。表面硬度在 730～830HV，约 30μm 厚的复合层通过磨削去除。扩散层可以区分两个区域。首先是 100μm 厚的区域，毗邻化合物层，碳化物贫化，沉淀出更稳定的氮化物或碳氮化物。第二个区域与基体相邻，是自由析出的氮化物区。纳米氮化物的析出相和较高的压残余应力使渗氮层具有良好的使用性能和滚动接触性能。凸轮轴的典型例子是 OvaX 200 钢，在 490～510℃气体渗氮 20h 后，钢的表面硬度达到 850～1000 HV。为了改善氮化后的脆性，可以选择氮碳共渗处理，又称软氮化，氮碳共渗形成的渗层表面硬度比渗氮层略低些，呈现更加平缓的梯度分布，有助于承载能力和抗冲击能力的提高。

碳钢、低合金钢及铸铁渗氮除了提高耐磨性，也可以用以提高耐蚀性，包括在大气、水、过热蒸汽、苯、弱碱溶液及气体燃烧产物中的抗蚀能力。研究者们给出的方案为：渗氮温度 600～700℃，氨分解率较低（600℃时为 40%～50%，700℃时采用 55%～60%），适当保温时间，以保证获得 20～60μm 深的无孔、致密的 ε 相层。为了保证 ε 相层的耐蚀性，需要注意的是，控制渗层应力，防止出现裂纹贯穿 ε 相层。在等离子体或气体氮化中加入氧会对氮化层产生有利的影响，因为氧的存在会增加层的生长速度并稳定 ε 化合物层。可以选择在氮化后添加氧化步骤或者采用氮氧共渗，使黏结层的铁氧化合物层均匀生长，进一步改善其耐腐蚀性（图 9.5）。

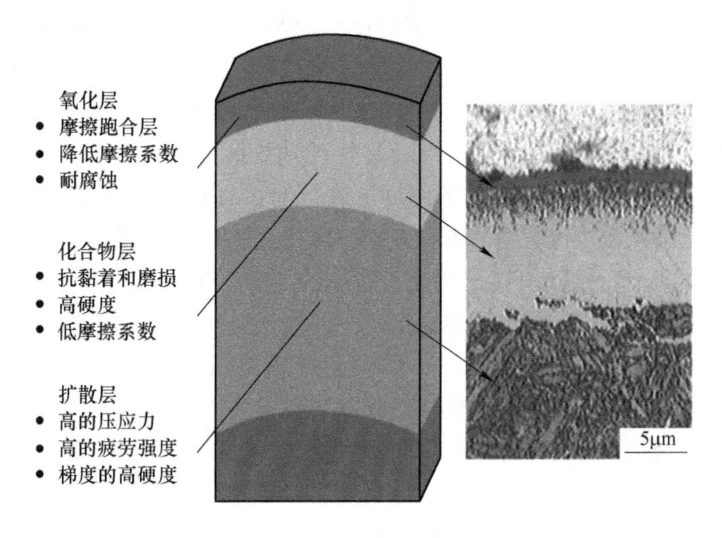

图 9.5　钢氮氧化后微观结构及其性能特征[56]

对于不锈钢，为了提高其零件在腐蚀性较强的介质中工作的耐磨性，对含铬不锈钢、铬镍不锈钢（如 2Cr13、4Cr13、1Cr18Ni9Ti、4Cr14Ni14W2Mo 等钢）制造的泵轴、叶轮活塞、活门等进行渗氮处理[57]，可获得既耐蚀又耐磨的综合优良效果。这要求对不锈钢进行低温渗氮以形成兼具耐磨性和耐蚀性的含氮奥氏体相（S 相）。S 相因其优异的性能一度成为研究的热点，伯明翰大学 Dong 教授等人[58]对 S 相的结构、成分、稳定性、形成条件和硬化机制等进行了详细综述。不锈钢由于铬含量较高，表面形成一层致密的氧化薄膜（钝化膜），它会阻碍氮原子的渗入，因此气体渗氮前必须清除其钝化膜。消除方法有两类：渗氮前工件喷细砂（表面粗糙度要求不高的工件），或预磷化、氯化物浸泡；在渗氮炉膛中加入氯化铵或滴入四氯化碳，破坏表面的钝化膜。等离子体渗氮可以预溅射消除氧化膜，因此在不锈钢渗氮方面具有优势。

针对低温渗氮效率低的问题，研究者们展开了提高渗氮速率的工艺探索。主流的三种方案是：（1）预氧化渗氮；（2）纳米化渗氮；（3）稀土渗氮。常州大学研究人员[59]对预氧化加速渗氮做了较为系统的工艺研究，其机理是预氧化增加了材料的表面自由能，增强了表面活性。中科院金属所利用表面机械研磨实现纯铁的表面纳米化，进一步在超低温 300℃下渗氮，发现其渗层硬度和氮浓度与粗晶纯铁相比有明显提高，实现了钢铁材料超低温及深层渗氮[60]。自从稀土被引入渗碳后，研究者们进一步对稀土渗氮进行了研究，同样发现稀土有助于加速渗氮或氮碳共渗[61]。杨阳等人通过第一性原理计算对稀土渗氮机理进行了研究[62]，计算结果表明稀土元素的加入可以提高铁基合金对氮元素的吸附，或者降低氮元素的扩散激活能。

钛合金因其具有较高的强度与重量比、耐热性和耐腐蚀性能而具有竞争力。同时，表面硬度低、耐磨性差和耐高温氧化能力差是其主要缺点。氮化是改善其摩擦学特性的处理方法之一。所有的氮化技术基本都适用于钛合金。气体渗氮的缺点是需要 650~1000℃的高温，持续时间长达 50h 以上，疲劳寿命下降。钛合金的等离子渗氮是在 400~950℃的温度下进行的，时间大大缩短，疲劳强度的降低可通过降低渗氮温度来消除。激光渗氮也适用于钛合金，但由于应力较大，表面有开裂的倾向。对发动机转子和叶片所用的 Ti6Al4V 合金进行激光渗氮，在氮气和氩气的混合作用下，发现基体表面的激光熔化使表面硬度提高到 1300 $HV_{0.2}$。钛表面氮化层的形成涉及在气体/金属界面和金属内部发生的几种反应。首先，表面吸收的氮气向 α-Ti 相内扩散，并建立氮浓度梯度，超过溶解度极限后，形成 Ti_2N 相。在气体/金属界面氮浓度进一步增加时，TiN 的形成过程如下[63]：

$$\alpha\text{-Ti} \longrightarrow \alpha\text{-Ti(N)} \longrightarrow Ti_2N \longrightarrow TiN$$

缓慢冷却后，扩散区有可能析出。图 9.6 所示为钛合金渗氮组织结构演变示意图。

铝合金的低耐磨性是其应用中的关键问题之一，因此，铝合金渗氮提高耐磨性具有重要的研究意义。由于氮不溶于铝，因此铝合金渗氮仅能形成薄的 AlN 化合物层，例如，铝合金在 500℃下等离子渗氮 20h，形成 1~2μm 厚的等离子渗氮层。AlN 具有 1400HV 的高硬度、高导热性和高电阻率。为了提高渗氮速率，应细化 Al 的晶粒尺寸。AlN 的生长受晶界扩散的控制，因此增加晶界密度就增加了快速扩散路径。另一种加速 AlN 生长的方法是加入合金，加入 1%（质量分数）的 Ti 是有效的。在相同的渗氮温度 500℃、氮化时间 20h 的条件下，掺 Ti 的渗层为 3μm，比无 Ti 的 1~2μm 厚的 AlN 层更厚。同时，等离子渗氮也是提高铝耐蚀性的有效方法。铝合金渗氮也存在缺点，AlN 层的存在可能影响铝的本体性能。Al-Si-Mg 合金的等离子体氮化导致其他性能下降，例如屈服、极限拉伸强

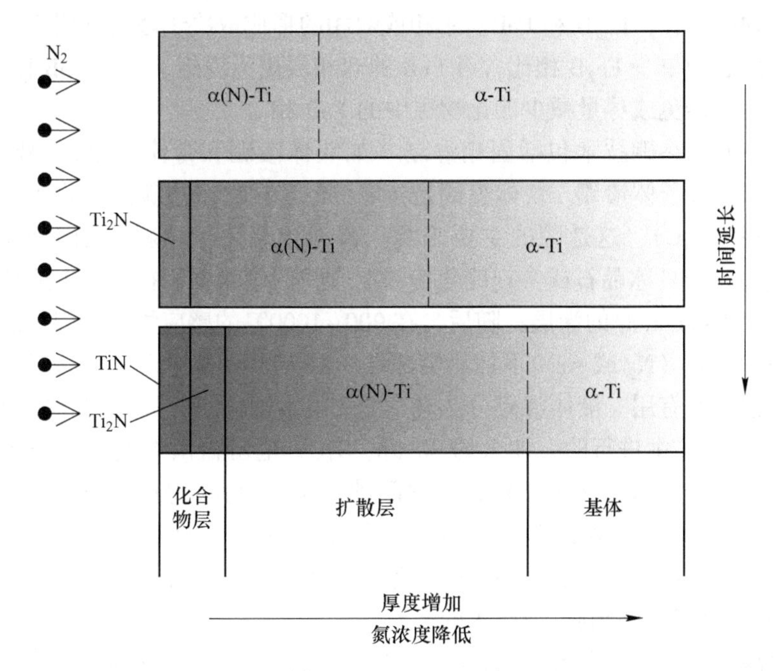

图 9.6 钛合金渗氮组织演变[63]

度、伸长率和应力松弛率等。AlN 与 Al 基体界面处产生的应力是导致 AlN 和 Al 基体过早失效的原因之一。由于较大的压应力和 AlN 层与 Al 基体性能的差异，AlN 薄膜容易开裂和分层。针对 Al 合金和 Cu 合金这类不溶氮的合金，哈工大闫牧夫教授提出了先镀 Ti 后渗氮的方案，通过 Al 和 Ti 或 Cu 和 Ti 的互扩散提高结合力，最终在表面形成高硬度的钛氮化合物。其他难熔合金也可以进行氮化处理，例如，对于 Mo-0.5%Ti 和纯 Mo 合金，氮的内扩散是速率控制步骤。它们在 1100℃下的气体氮化后表面硬度能达到 1800HV，表面层由两个区域组成：外层为 α-Mo_2N，内层为 β-Mo_2N。在 Mo-0.5%Ti 合金中还形成了一层内部氮化层，硬度为 800HV，含有细小的 0.4nm 厚片状的 TiN 粒子。

9.3.3 硼元素反应活化扩散

硼元素反应活化扩散即渗硼是将硼扩散到基体材料中，并与基体材料结合，在表面形成一个单相或双相金属渗硼层。与许多其他表面处理不同，大多数合金和金属都可以通过扩散硼形成硬质硼化物层。所有的渗硼处理都是在 700～1000℃下进行的，通常持续几个小时，产生 30～180μm 厚的硬化层。与铁基合金的渗碳处理不同，铁基合金渗硼会导致从富碳表面到基体的成分逐渐减少，从而形成具有一定成分的硼化物的单相或双相层。二元体系铁硼的平衡相图显示了两种铁硼化物的存在：Fe_2B 和 FeB。单相或双相的形成取决于硼的利用率。形成具有锯齿状形态的单一 Fe_2B 相比含有 FeB 的双相层更为理想，因为 FeB 比 Fe_2B 更脆，因此，应避免或尽量减少硼化物层中的 FeB 相。

现有不同的渗硼技术包括固相渗硼（如块体渗硼和膏体渗硼）、液相渗硼、气相渗硼和等离子体渗硼。块体渗硼是将零件封装在粉末渗硼混合物中，粉末中含有碳化硼（B_4C），这是硼的主要来源。膏体渗硼用于填料渗硼困难的情况。将 45%B_4C 和 55%冰晶石或常规硼化粉末混合物的糊状物刷在零件上或喷涂在零件上，形成 1～2mm 厚的涂层；随后，在 900～1000℃的感应炉、电阻炉或常规炉中，在保护气氛（N_2 或 Ar）下加热钢部件。对于大型零件或需要局部渗硼的零件，此工艺非常有用。液体渗硼分为化学法和电解盐浴法：化学方法是在 900～950℃的硼砂熔体中进行的，加入约 30%的 B_4C；电解盐浴渗硼是将作为阴极的金属部件和石墨阳极浸入 950℃的电解硼砂液中，熔盐浴分解成硼酸（B_2O_3），钠离子与硼酸反应，生成自由态的硼。然而，盐浴法易造成对环境的污染。B_2H_6-H_2 或 BC_{13}-H_2-Ar 的混合物可用于等离子体渗硼，但气体的剧毒特性和难以获得良好的层均匀性限制了该技术的发展。

工业渗硼可用于大多数铁基材料，如工具钢、不锈钢、铸钢、灰铸铁和球墨铸铁。铁基材料的硼化物层硬度为 1800～2100 HV。渗硼也适用于钛合金，在 950℃的封装工艺中可形成由 TiB_2 和 TiB 化合物组成的致密、均匀的层。此外，纯镍粉包在 850～950℃中渗硼 8h，可形成由 Ni_2B、Ni_5Si_2 和 N_2Si 相组成的 237μm 厚的表面层，硬度超过 980HV。渗硼零件已被广泛应用于工业领域。渗硼材料的高硬度使其适合于抵抗磨损，特别是由磨粒引起的磨损。工业应用包括挤压螺杆、圆筒、纺织喷嘴、冲模、冲压模、塑料和陶瓷模具、压铸模、压辊、芯轴、热成型模。

9.3.4　硅元素反应活化扩散

硅元素反应活化扩散即渗硅，形成的渗硅层的组织通常为硅在 α 铁中的固溶体，表面可能形成 Fe_3Si 化合物相。渗硅层不易被腐蚀，在硫酸、硝酸、海水以及大多数盐、稀释碱中有很高的抗蚀性。表面呈白色，硅的含量由表及里逐渐减少。硅的渗入使钢表面的碳向内部迁移，在基体与渗层交界处出现富碳区。大多数渗硅层都会出现孔隙。渗硅层硬度虽不高，但由于渗层多孔，有较好的减摩性能，常用于汽车、拖拉机零件的减摩应用。低硅电工钢渗硅后，硅含量达到 6.5%，可以明显降低铁损，提高导磁性，获得电磁性能优良的高硅硅钢片。对难熔金属（钼、钨、铌等）进行渗硅，可提高它们的高温抗氧化性能。但是，渗硅会使钢的强度极限，尤其是冲击韧性和伸长率降低。渗硅可以在粉末、盐浴或气体介质中进行。常用渗硅剂配方及处理工艺见表 9.1。

表 9.1 常用渗硅剂配方及处理工艺

方法	渗剂配方	处理工艺		渗层厚度/mm	备注
		温度/℃	时间/h		
粉末法	硅铁粉 40%+石墨粉 57%+NH_4Cl 3%	1050	4	0.95~1.1	黏结层易清理
	硅铁粉 80%+8%Al_2O_3+12%NH_4Cl	950	1~4		A3、45、T8 钢渗硅孔隙度达 44%~54%，减摩性良好
盐浴法	$BaCl_2$ 50%+NaCl 30%~35%+硅铁（含硅 70%~90%）15%~20%	1000	2	0.35（10 号钢）	硅铁粒度为 0.3~0.6mm
	（2/3 硅酸钠+1/3 氯化钡）65%+SiC 35%	950~1050	2~6	0.05~0.44（工业纯铁）	
	（2/3 硅酸钠+1/3 氯化钠）80%~85%+硅钙合金 15%~20%	950~1050	2~6	0.044~0.31（工业纯铁）	硅钙粒度为 0.1~1.4mm
	（2/3 硅酸钠+1/3 氯化钠）90%+硅铁合金 10%	950~1050	2~6	0.04~0.2（工业纯铁）	钙铁粒度为 0.32~0.63mm

9.3.5 硫元素反应活化扩散

硫元素反应活化扩散即渗硫又称硫化，是在含硫介质中加热，使铁基合金表面形成铁的硫化物层。钢铁零件经过渗硫后，在表面形成 FeS（或 FeS+FeS_2）膜。渗硫能提高钢铁件的耐磨性、抗咬合能力及抗黏着磨损性能。渗硫方法有固体、液态和气体三种，按渗硫的温度，又可分为低温渗硫（160~200℃）、中温渗硫（520~560℃）和高温渗硫（800~930℃）。各种渗硫方法中，应用较多的是低温液体电解渗硫，见表 9.2。

表 9.2 几种渗硫剂成分及工艺

方法	渗硫剂配方	工艺参数			备注
		温度/℃	时间/min	电流密度 /$A \cdot dm^{-2}$	
低温液体电解渗硫	75% KCNS+25% NaCNS	180~200	10~20	1.5~3.5	盐浴流动性好，零件表面灰色；渗层均匀；摩擦系数 μ=0.15；电压大于 2V 时零件表面有硫黄析出
	在盐浴（75% KCNS+25% NaCNS）中再加入 0.1% $K_4Fe(CN)_6$ 和 0.9% $K_3Fe(CN)_6$	180~200	10~20	1.5~2.5	当电压为 2~4V 时，零件表面无硫黄；当电压大于 4V 时，零件表面析出硫黄

续表 9.2

方法	渗硫剂配方	工艺参数			备 注
		温度/℃	时间/min	电流密度/A·dm^{-2}	
低温液体电解渗硫	(30～70)% KCNS+(70～30)% NH_4CNS	180～200	10～20	3～6	
	73% KCNS+24% NaCNS+2% $K_4Fe(CN)_6$+0.07% KCN+0.03% NaCN	100～200	10～20	2.4～4.5	通氮气搅拌，流量 59 m^3/h
	55% KCNS+40% NaCNS+1.2% KCN+0.8% NaCN+0.04% Na_2S+2% $K_4Fe(CN)_6$	250	7	3	
离子渗硫	H_2S+H_2+Ar	500～560	60～120	—	渗硫层厚度可达 25～50μm

钢铁件渗硫后，表面渗硫层实质上是由 FeS 或（FeS+FeS_2）组成的化学转化膜。170℃以下仅有 FeS 层（黑色），180～200℃形成 FeS 中混有 FeS_2（黄铜色），200℃以上形成 FeS_2 层。FeS 具有密排六方晶格，硬度约为 HV60，受力时沿（0001）晶面滑移，在金属摩擦副表面起到防止金属间直接接触的作用，尤其渗层有大量微孔，能显著降低摩擦系数。由于渗硫层是化学转化膜，因此对于有色金属及表面具有氧化物保护薄膜的不锈钢等不适用。一般渗硫应在淬火、渗碳、软氮化、高频淬火等表面强化处理工艺之后进行。

9.3.6 金属元素反应活化扩散

金属元素反应活化扩散即渗金属，是采用加热的方法，使一种或多种金属扩散渗入零件表面形成表面合金层。渗金属的特点是：渗层是靠加热扩散形成的，所渗元素与基体金属常发生反应形成化合物相，使渗层与基体结合牢固。渗层使零件表面获得特殊的性能，如抗高温氧化、耐腐蚀和耐磨损等性能。

9.3.6.1 渗铝

零件（铁及非铁合金）经渗铝后具有很高的抗高温氧化与抗燃气腐蚀的能力。在大气、硫化氢、碱和海水等介质中，渗铝层也具有良好的耐腐蚀性能。渗铝的方法有多种：粉末渗铝、热浸渗铝、气体渗铝、热喷涂渗铝、静电喷涂渗铝、电泳沉积渗铝和料浆渗铝等。其中应用最多的是粉末渗铝和热浸渗铝。粉末渗铝的原理是通过化学气相反应和热扩散作用形成渗铝层，加热时铝或铝铁合金与活化剂（如氯化铵）发生反应

$$NH_4Cl \longrightarrow NH_3 + HCl$$
$$6HCl + 2Al \longrightarrow 2AlCl_3 + 3H_2$$

在零件表面有反应

$$AlCl_3 + Fe \longrightarrow FeCl_3 + [Al]$$

热浸渗铝的机理是借助于熔融的铝液与零件表面材料互溶而形成富铝的合金层。两种方法渗铝后都需进行扩散退火，以降低脆性和表面铝浓度，使渗层与基体结合得更紧密。渗铝除可用于钢铁材料外，还可用于铁基粉末冶金、铜合金和钛合金。

根据 Fe-Al 相图（图 9.7），随渗层铝含量增加，渗铝层出现 α 相（Al 在 α-Fe 中的固溶体）、β_1 相（Fe_3Al）、β_2 相（FeAl）、ξ 相（$FeAl_2$）、η 相（Fe_2Al_5）和 θ 相（$FeAl_3$）等。

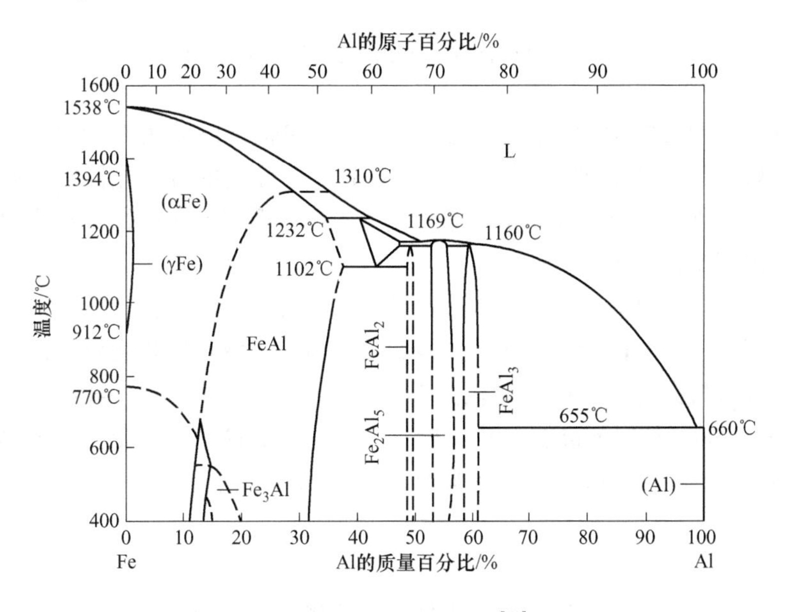

图 9.7 Fe-Al 合金相图[53]

钢铁件的热浸铝渗层形成过程如下：（1）铁基表面被溶解，并形成合金层；（2）合金层中的渗入原子向内扩散形成固溶体或化合物；（3）合金层表面包覆一层纯金属。一般而言，在钢铁件热浸铝过程中，钢的表面先形成 $FeAl_3$，随着铝原子的向内扩散，形成呈柱状晶的 Fe_2Al_5，在其前沿是 Fe_3Al 和固溶体，随后是基体，如图 9.8 所示。

渗铝钢具有优异的抗高温氧化性能，原因在于其表面形成了一层稳定的氧化膜。一般认为，要使渗铝钢材具有抗高温氧化性，表面上的铝必须达到一临界值（临界浓度）。在断续氧化的条件下应用渗铝钢时，临界浓度约为 5%；在连续氧

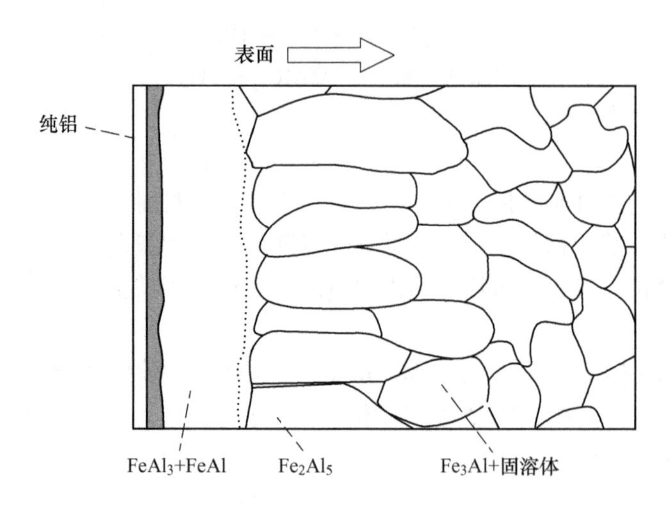

图 9.8 低碳钢钢热浸铝渗层的组织示意图[53]

化的条件下应用渗铝钢时，临界浓度约为 2%。渗铝钢的使用寿命随温度升高而缩短。一般认为，在 750℃以下，渗铝钢具有十分优良的抗氧化性能，可以长期使用。钢材部件在含有硫化氢的高温气流中工作将受到严重腐蚀，在这种工况条件下使用渗铝钢，效果很好。

热浸铝的工件具有很好的耐大气腐蚀性，主要用于汽车排气管、消声器、高速公路护栏及建筑物的屋顶板等。热浸铝是目前提高钢耐硫化物腐蚀最有效的手段之一，在大气条件下，腐蚀量仅为热镀锌的 1/10～1/5。18Cr-8Ni 不锈钢经渗铝后，进行 900℃长时间高温氧化试验，抗氧化性提高了十几倍；1Cr18Ni9Ti 钢经渗铝后在 H_2S 介质中的腐蚀速度降低了几倍到几十倍。

9.3.6.2 渗锌

在一定的温度下将锌原子渗入工件表面的化学热处理工艺称为渗锌。渗锌层具有比钢铁材料更负的电极电位，对工件形成一种良好的阴极保护作用，可以保护基体金属不受到腐蚀。渗锌可以提高工件在大气、海水、硫化氢和一些有机介质中的抗蚀能力，是目前最经济和应用最广泛的一种保护方法。常用的渗锌方法有粉末渗锌和液体渗锌两种。粉末渗锌可采用滚动法和装箱法。滚动法是使工件、锌粉及填料互相滚动摩擦，锌粒直接在工件表面上吸附并扩散形成渗锌层；装箱法通过锌蒸发并向被处理工件中转移形成渗锌层。常用液体渗锌主要有干法镀锌和氧化还原法热镀锌。干法镀锌指工件经过酸洗、熔剂处理后再进行热浸渗锌。氧化还原法热镀锌不需要对工件表面进行酸洗及溶剂处理，而是先将工件表面在 440～460℃下氧化，再用氢将氧化层在 700～950℃的温度下还原为铁，并使工件在还原性气氛中冷却到470~500℃，然后浸入到440~460℃的锌熔体中。与热喷涂锌层、电镀锌层相比，渗锌层具有更高的结合强度、硬度和耐蚀性，因此渗锌是性价比较高的钢铁件防护方法之一。在大气中，钢铁件表面的渗锌层能生成致密的 $ZnCO_3 \cdot 3Zn(OH)_3$ 保护层，既可减缓锌的腐蚀，又能保护渗层下的钢铁件免受侵蚀；同时，阳极性的锌渗层还可对基体起到电化学保护作用。因此，大气条件下渗锌层对钢铁件的保护作用十分显著。如钢铁件表面0.02mm厚的渗层在工业大气中寿命可达2~10年，在清洁大气中的寿命可达20~25年。

9.3.6.3 渗铬

渗铬的目的主要是为了提高钢和耐热合金的耐蚀性和高温抗氧化性，提高持久强度和疲劳强度。此外，可以用普通钢材渗铬代替昂贵的不锈钢、耐热钢和高铬合金钢。渗铬的方法包括固体渗铬、液体渗铬和气体渗铬等。固体渗铬方法有粉末装箱渗铬和膏剂渗铬等。液体渗铬是在含有活性铬原子的盐浴中进行的，具有设备简单、加热均匀、生长周期短、可直接淬火等特点。液体渗铬主要有硼砂盐浴渗铬和氯化物盐浴渗铬两类。气体渗铬的介质多为铬的氟化物和氯化物，是由氟化物（如HF）、氯化物（如 NH_4Cl、HCl）与铬块或铬铁块反应制得的。如在密封的炉子中通入 $CrCl_2$、N_2（或 H_2+N_2）对42CrMo进行1000℃×4h气体渗铬，可获得40μm的渗层。气体渗铬具有渗速快、劳动强度小、渗层质量高且表面光洁等优点，但也存在气体有毒性及腐蚀性等缺点。

渗铬低碳钢的表面硬度与钢材芯部相近，这种渗铬钢具有良好的延展性。渗铬钢中碳钢（含碳0.3%~0.4%）表面硬度较高，可用作耐磨材料。含0.25%C的碳钢渗铬后表面显微硬度为HV1300~1600；而1.0%~1.2%C的碳钢渗铬后表面硬度达HV1750~1800。碳化铬层硬度高、摩擦系数低（金属作为摩擦副），因此耐磨性很高。钢的极限强度和屈服强度一般随渗铬温度升高而下降。低碳钢渗铬后的耐蚀性能相当于高铬不锈钢（含铬30%），但由于渗层组织不均匀，存在孔隙和夹杂物等，影响了其耐蚀性能。渗铬钢在普通大气中放置9年仍可保持光亮外观；在相对湿度100%、温度45℃的环境中暴露500h不受侵蚀。在常温下，只有当环境被 SO_2 饱和时，渗铬钢材才会受到轻微侵蚀。在潮湿和含盐的环境中使用渗铬钢材的效果良好。在渗铬层中铬含量平均值为20%~30%、渗层厚度20μm的渗铬钢板具有优良的耐海水腐蚀性能，大大优于渗钛、渗铝钢板。渗铬钢在硝酸及其蒸汽中是耐蚀的，耐蚀性优于Cr18Ni10Ti不锈钢。在一般的碱液中，渗铬钢耐蚀性优良，但在100℃以上的50%NaOH中会发生严重腐蚀。渗铬钢具有优良的抗高温氧化性能，在空气中，700~800℃温度范围内，渗铬低碳钢可以长期使用。除碳钢外，不锈钢经渗铬后抗高温氧化性能也有明显提高。

9.3.6.4 渗钒、渗铌和渗钛等

钒、铌、钛、钽等金属元素，可与钢中碳原子结合，在表面形成碳化物型渗层，其工艺方法有盐浴法、粉末法和气体法，其中硼砂盐浴法应用最多，硼砂盐浴法也叫硼砂浴覆层法。其原理是：在硼砂浴中加入欲渗金属（V、Nb、Ti、Ta、W、Mo 等），这些金属在硼砂浴中以高度弥散态悬浮，以硼砂为载体，在高温下通过盐浴本身的不断对流与被处理零件表面接触、吸附并向内扩散；与此同时，基体中的碳向表面迁移，从而在表面获得碳化物覆层。

如果在硼砂浴中加入钒、铌、铬等金属的氧化物，则需同时加入适量的铝为还原剂，以获得金属碳化物覆盖层。

$$3V_2O_5 + 10Al \longrightarrow 5Al_2O_3 + 6[V]$$

$$3Nb_2O_5 + 10Al \longrightarrow 5Al_2O_3 + 6[Nb]$$

$$Cr_2O_3 + 2Al \longrightarrow Al_2O_3 + 2[Cr]$$

如果在硼砂浴中加入过量的还原剂，除能还原出金属硼化物中的金属外，还可还原出硼原子，从而实现硼与金属的共渗，如 B-V、B-Cr 等；如果把已形成碳化物覆层的工件再次浸入含更强碳化物形成元素的介质中进行扩渗处理，则可形成二元或多元碳化物覆层。硼砂盐浴法制备的碳化物渗层不仅具有极高硬度（CrC 硬度 HV1400～2200，VC 硬度 HV2800～3800，NbC 硬度 HV2400～2800），还具有较低的摩擦系数，因而具有良好的耐磨性（比氮化、渗硼和硬质合金相当）。这些碳化物的熔点高、热稳定性好，所以抗咬合性优良；VC、NbC 层在盐酸、硫酸、磷酸、氢氧化钠、氯化钠等水溶液及含氯气体中均耐腐蚀。在浓盐酸、浓硫酸中的耐蚀性优于 Cr19Ni9 钢，能耐海水腐蚀与抵抗熔融 Al、Zn 的浸蚀。

10 其他 CVD 沉积技术

10.1 原子层沉积技术（ALD）

10.1.1 原子层沉积背景

原子层沉积（atomic layer deposition，ALD）技术，早期也称原子层外延（atomic layer epitaxy，ALE），是一种特殊的化学气相沉积技术。此技术的起源最早可追溯到 20 世纪 60 年代，由苏联科学院院士 Aleskovskii 带领苏联列宁格勒加里宁工学院的 Koltsov 教授团队首次以“分子层（molecular layering）”概念报道。随后，芬兰 Suntalo 博士及团队将其推动发展，最终，此技术被定义为广为人知的原子层沉积[64]。

10.1.2 原子层沉积工作原理

原子层沉积的基础是交替饱和的气-固相表面化学反应，它是一种可以将物质以单原子膜形式一层一层地沉积在基底表面的方法[65]。如图 10.1 所示，原子层沉积通常按 4 个步骤流程实现一层薄膜的生长：

（1）脉冲 1。前驱体 A 以高纯氮气为载气，脉冲进反应腔，经化学吸附在衬

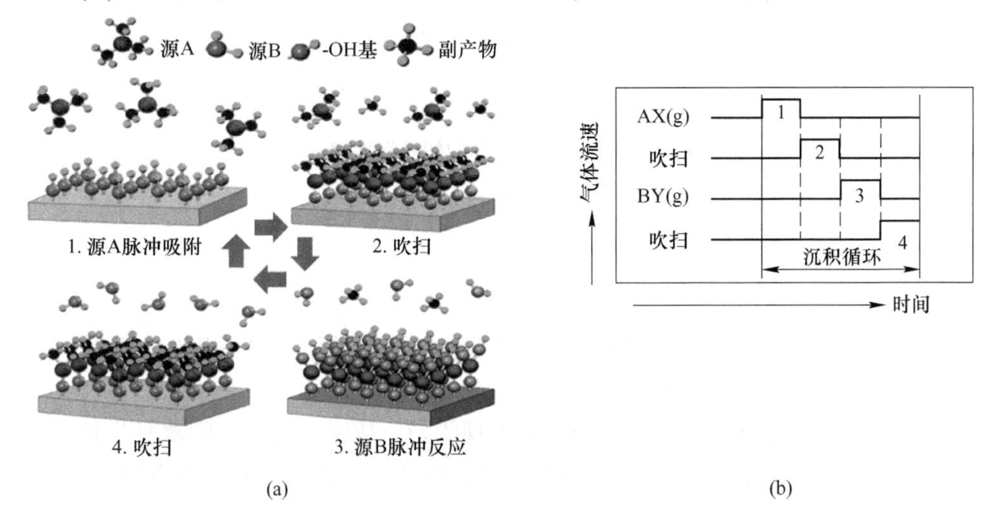

图 10.1 原子层沉积的工艺流程[65]

底表面形成一个单原子层的稳定表面。(2) 吹扫 1。以高纯氮气吹扫反应腔，除去未反应的前驱体 A 和挥发性副产物。(3) 脉冲 2。共反应物 B 以高纯氮气为载气，脉冲进反应腔，与吸附有前驱体 A 的表面反应，生成单层薄膜，并再为第二次前驱体 A 的脉冲吸附提供初始表面。（4）吹扫 2。再次以高纯氮气吹扫反应腔，除去未反应的前驱体 B 和挥发性副产物。

10.1.3　原子层沉积的特征

如前所述，一个完整的原子层沉积循环由两个半反应（4 个步骤：前驱体 A 脉冲吸附、惰气吹扫、共反应剂 B 脉冲吸附、惰气吹扫）组成。整个循环工艺中需要准确把控的参数包括衬底选择与前处理、沉积温度、工作气压、前驱体和共反应体种类选择、加热温度、脉冲通量、载气通量、惰性气体吹扫脉冲长度/时间、总沉积次数等。因此，原子层沉积工艺参数的优化是在固定衬底、前驱体和共反应剂种类的前提下，通过改变沉积温度、前驱体/共反应剂的脉冲长度、惰性气体吹扫时间以及总沉积次数来评价整个成膜过程，直观表现为图 10. 2 所示几组曲线，即某一沉积温度下的饱和曲线、线性生长速率和合适的沉积温度窗口。

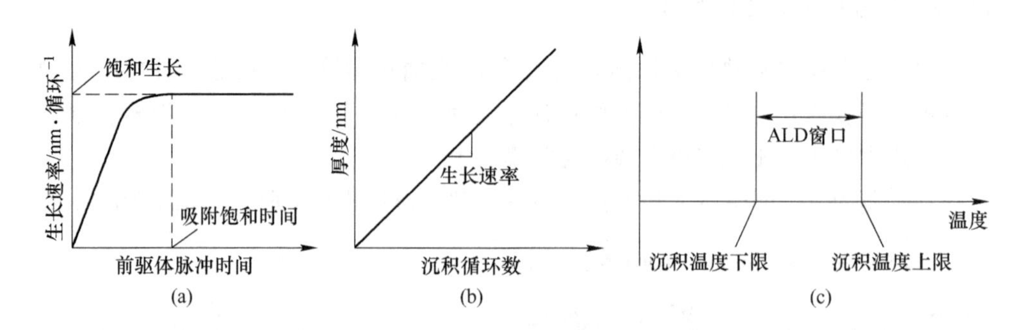

图 10. 2　原子层沉积饱和曲线及温度窗口[65]

(a) 饱和曲线；(b) 线性生长；(c) ALD 窗口

10.1.4　原子层沉积优势

原子层沉积技术沉积特征决定了其主要优势，可总结为以下几个方面[66]：

(1) 可实现在纳米尺度上薄膜厚度的精确控制；

(2) 可在低温下（室温至 400℃）实现均匀、致密、无针孔的薄膜生长；

(3) 具有极好的三维保形性和台阶覆盖率，适用于多种复杂结构的衬底沉积。

10.1.5 原子层沉积的材料种类以及应用领域

随着原子层沉积设备的不断改进，前驱体多样化探索，理论研究的进一步深入，可制备的材料由最初单一的氧化物延升至金属单质、碳化物、氮化物、硫化物、氟化物、硒化物、碲化物等，也从传统的二元氧化物也逐渐扩展到一些复杂的三元/四元化合物，甚至可实现有机物的沉积（也叫分子层沉积）[67]。如今，原子层沉积的材料种类多样，在各行各业展现出惊人的应用潜力，如微电子、光电子器件、传感器、催化剂、能源、生物医药、器件封装，等等。然而，原子层沉积要实现大规模商业化的应用，还面临着一些挑战。例如，合适的前驱体种类目前仍较为匮乏，具有高饱和蒸汽压、高反应活性、化学性质稳定且亲环境的前驱体一直是研究者们努力的方向；部分金属材料，如活泼碱金属、碱土金属至今还未实现原子层沉积工艺的生长；多元复合材料的沉积受到沉积温度窗口的限制。如何真正实现原子层沉积技术的商业化生产，获得稳定的沉积质量，降低成本投入等，仍需继续探索。

10.2 激光辅助 CVD

激光辅助化学气相法（LACVD）是一种利用激光束实现薄膜沉积的 CVD 技术，由于激光诱导化学反应的选择性，LACVD 法不仅具有低温、低损伤、低淀积气压、堆积速度高、膜均匀等优点，而且气相反应产物简单，生长条件易控制，有利于机理研究。与传统 CVD 一样，一个或多个气相前驱体被热分解，生成的化学物质沉积在一个表面上，或发生反应，形成所需的化合物，然后沉积在一个表面上，或是两种沉积方式的组合。由于激光具有高能量密度及良好的相干性能，通过激光激活可使常规 CVD 技术得到强化。自 20 世纪 80 年代以来，LACVD 已从最初的金属膜沉积发展到半导体膜、介质膜、非晶态膜以及掺杂膜等在内的各种薄膜材料的沉积。目前，应用连续 CO_2 激光制取 TiN 膜、TiC 膜及复合氮化钛膜已有报道。因此激光诱导化学沉积技术在薄膜制备、电子学、集成电路的制造等领域都具有广阔的应用前景[68]。

10.2.1 LACVD 沉积原理

如图 10.3 所示，LACVD 是利用反应气体分子或催化分子对特定波长激光进行共振吸收，反应气体分子发生激光光解、激光热解、激光光敏化和激光诱导等离解化学反应，在合适的制备工艺参数（如激光功率、反应室压力与气氛的比例、气体流量以及反应区温度等）条件下获得薄膜的沉积过程[69]。LACVD 沉积过程分为 6 个阶段：（1）激光与反应介质作用；（2）反应介质向激光作用区转移；（3）预分解；（4）中间产物二次分解并向基体转移；（5）在基体表面沉积原子结合形成薄膜；（6）形膜产生的气体离开激光光斑在基体表面的作用区。根据作用机理，LACVD 又分别称为光解 LACVD、热解 LACVD 和光热联合 LACVD。

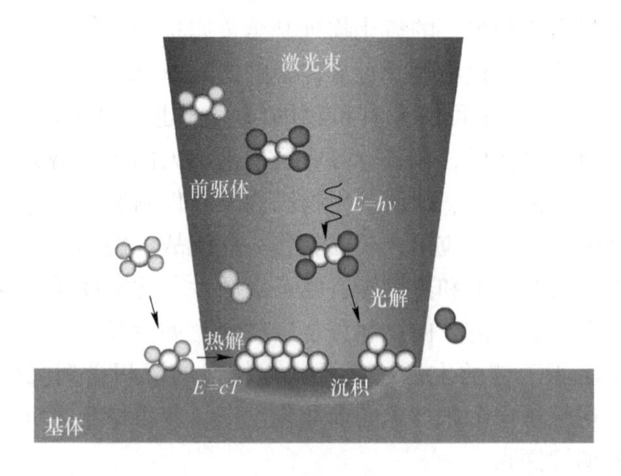

图 10.3　LACVD 沉积法反应原理[69]

10.2.1.1　光解 LACVD

光解 LACVD 是利用反应气体分子或催化分子对特定波长的激光共振吸收，反应气体分子受到激光加热被诱导发生离解化学反应。光解 LACVD 沉积设备布置如图 10.4 所示，激光束在稍高于基体表面平行入射。光解 LCVD 所用激光波长的选择非常重要，所选激光波长应能被反应气体分子高效吸收其能量，从而使反应气在激光辐照下发生高效率分解，实现高速率沉积。一般选用近紫外（UV）激光器作为光分解 LCVD 的光源，同样反应气体原料的选择必须与所用激光束波长相匹配。

例如，利用光解 LACVD 沉积金刚石薄膜的激光解离反应为：碳源气体丙酮吸收激光光子能量被激发到激发态；高能态为排斥态，处于高能态的气体分子的 2 个自由基团（或原子）相互排斥，解离为自由基（或）原子，产生初级解离产物。丙酮吸收光谱在 308 nm 波段有较强的吸收，丙酮吸收 308 nm 的激光后发生下列初级解离过程。

$$CH_3COCH_3 + h^g \longrightarrow CH_2 + CH_3CO_2 \quad (10.1)$$

$$CH_3COCH_3 + h^g \xrightarrow{100℃} 2CH_3 + CO \quad (10.2)$$

温度对反应（10.1）与反应（10.2）影响很大。在高于 100℃时，反应（10.2）为主要过程。在 LACVD 过程中，温度远高于 100℃，因此初级过程 CH_3 的量子产率近似为 2。CH_3 是金刚石生长的一种前驱物，在一定条件下通过表面反应生

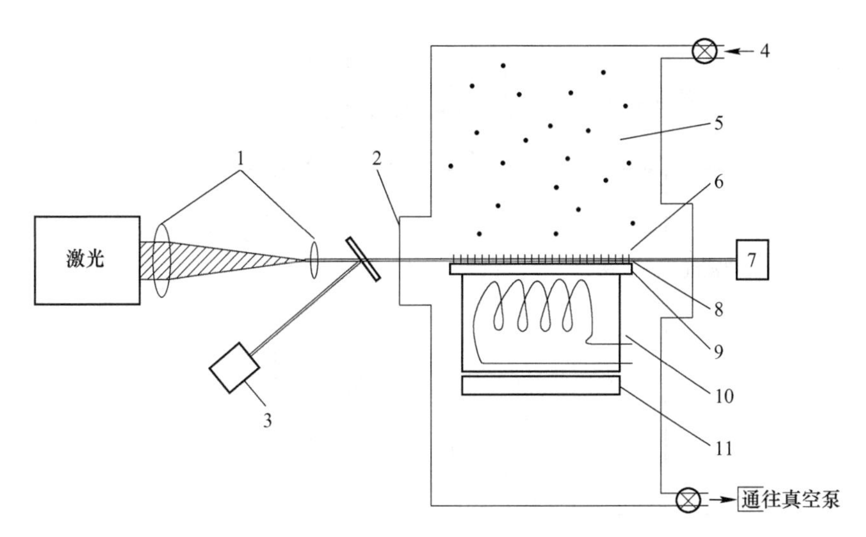

图 10.4　光解激光化学气相沉积设备[69]

1—望远镜；2—窗口；3—功率计；4—反应气和缓冲气入口；5—反应气和缓冲气；6—激光束；7—功率计；8—沉积薄膜；9—基体；10—加热器；11—工作台

长出金刚石薄膜。

10.2.1.2　热解 LACVD

热解 LACVD 主要利用基体吸收激光的能量后在表面形成一定的温度场，反应气体流经基体表面发生化学反应，从而在基体表面形成薄膜。热解 LACVD 过程是一种急热急冷的成膜过程，基材发生固态相变时，快速加热会造成大量形核，激光辐照后，成膜区快速冷却，过冷度急剧增大，形核密度增大；同时，快速冷却使晶界的迁移率降低，反应时间缩短，可以形成细小的纳米晶粒[70]。

热解激光化学气相沉积设备布置原理如图 10.5 所示。其由反应室、工作台、抽气系统、供气系统和激光系统等组成。在聚焦的激光光束照射下，基体局部表面温度升高，而反应气体对所用激光是透明的，未吸收激光能量；处在基体加热区的反应气体分子受热发生分解，形成自由原子，聚集在基体表面成为薄膜生长的核心。一般使用连续波输出的激光器，如氩离子和 CO_2 激光器。普通 CVD 的气源材料都可用于热解 LACVD。常用的反应原料有卤族化合物、碳氢化合物、硅烷类物质和羰基化合物。

10.2.2　LACVD 成膜特点

激光参与化学气相沉积过程主要有如下优点：

(1) 沉积温度低。大多数材料可在 500℃ 以下，甚至室温即可沉积成膜。激

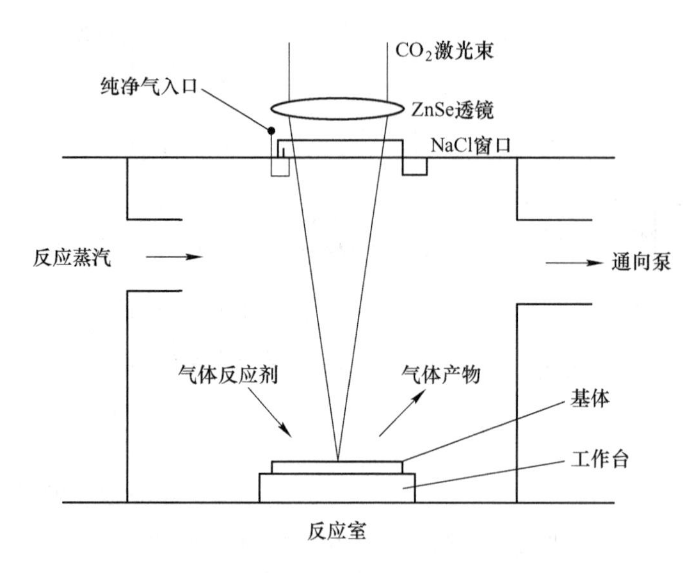

图 10.5　热解激光化学气相沉积装置[70]

光化学气相沉积由于基体温度低，减少了因温升引起的变形、应力、开裂、扩散和夹杂等弊病。

（2）由于光的激发作用使源气体分子的分解、吸附和反应等动力学过程加快，从而可以提高膜的沉积速率。

（3）由于微区局部高温，膜的杂质含量少，且可避免掺杂物在高温下重新分布，基片产生的热形变小。

（4）结合力很高。

（5）可根据物质对光吸收的选择性，利用改变激光波长、材料气种类等方法实现多种薄膜的沉积。

（6）膜层纯度高、夹杂少、质量高。

（7）可用于成膜的材料范围广，几乎任何材料都可进行沉积。

（8）不需掩膜沉积，局部选区精细定域沉积。金属沉积仅发生在激光照射区域，不屏蔽就可达到局部成膜的目的，可采用计算机控制膜层线路。空间分辨和控制，既可以进行微小区域的沉积，也可以进行大面积沉积，容易实现自动控制等，这对微电子器件和大规模集成电路的生产和修补具有重大意义。

10.2.3　LACVD 沉积工艺参数

（1）激光功率和扫描次数的影响。采用的激光功率越大，越容易形成薄膜层。但激光功率要在一定的范围内，否则激光功率过低，不能形成薄膜；激光功率过高，将使基材熔化；另外，扫描次数越多，辐射照时间越长，越有助于成膜。

（2）反应室气体压力和反应气体配比。反应室压力过高极容易出现基材熔化现象，因此反应要在低压下进行。反应气体要有一定的流量，流量过低难于成膜；反应气体的配比决定膜层的成分，气体的配比越高，浓度越大，则膜层中此气体元素的含量越高。

（3）基材预处理影响。机械加工后用砂纸粗磨的表面容易形成膜层，金相抛光的表面难于形成薄膜。因为机械加工的表面粗糙，对激光的吸收率高，故可充分利用激光的热解作用形成膜层；而金相抛光的表面对激光的反射率高，而吸收率低，使激光热解作用削弱，难于成膜。

10.2.4 LACVD 的应用

10.2.4.1 LACVD 半导体薄膜材料

LACVD 技术在半导体薄膜生长中具有非常引人注目的优越性，目前 LACVD 已可制备包括元素半导体、化合物半导体及非晶态半导体在内的各类晶体薄膜。LACVD 可在水平及垂直照射下低温形成多晶或单晶 Si，晶态 Si 是微电子集成电路的首选材料。用 CO_2 红外激光诱导化学气相沉积方法制备的纳米 Si，团聚少，并且可以连续制备。梁礼正等人认为，这主要因为激光强度大，使得 SiH_4 受热分解的温度高，纳米 Si 的成核率也就高，纳米 Si 核的密度大，每一个核生长吸收的 Si 原子数目变少，从而得到的纳米 Si 粒径小而均匀。

10.2.4.2 金刚石、纳米碳管与超硬膜[71]

应用 CO_2 激光技术和乙炔作为反应气体，可在较低的气压和温度下进行激光气相反应生成金刚石粉。反应温度为 500～550℃，合成产物包含多原子簇、石墨、非晶碳和球形金刚石颗粒，粒径约为 0.3μm。应用波长为 193μm 的 ArF 紫外激光化学气相沉积可获得纳米碳化氮薄膜，使用的原料为 C_2H_2 与 NH_3 的混合气体，Si 和 TiN 作为基体，氮与碳以单键和双键结合，薄膜中有纳米晶存在。在固液界面上应用脉冲激光化学法也可合成纳米超硬膜。如应用脉冲激光技术可制备双层和多层 TiN 和 TiC 薄膜，基体温度范围为 300～700℃。TiN-AlN 界面处的化学反应和交互作用，形成了不同的合金相。通过控制层厚和基体温度可以控制 Ti-Al-N 的微结构。

10.2.4.3 介质膜

LACVD 技术还可以用于沉积包括绝缘膜、保护膜、SIM 制造、抗损膜、增透膜等介质膜的生长中。如用激光化学气相沉积法合成 SiC 和 Si_3N_4 复合纳米颗粒。SiC 和 Si_3N_4 是重要的高温陶瓷材料，SiC 也是重要的介电材料和半导体材料。据文献报道，目前研究的重点是 SiC 和 Si_3N_4 复合化以及组织上的纳米化，从而提高强度和韧性。进一步的研究发现，纳米化后的纯 SiC 和纯 Si_3N_4 颗粒难以进行均匀的复合化，LACVD 是一种有效的纳米材料合成方法，通过改变反应气体的流量比也可以改变成分，有望同时实现复合化和纳米化。LACVD 法制备纳米微粉具有成分纯度高、粒形规则、粒径小而均匀、粒度分布窄、无表面污染，粒子间黏结团聚差、易分散等一系列独特优点；其不足是反应原料必须是气体或强挥发性的化合物，并要有与激光波长相对应的红外吸收带，因而限制了产品的种类，增加了成本。

LACVD 制膜技术是一种极有发展潜力的新技术，它克服了普通化学气相沉积的高反应温度、物理气相沉积的绕镀性差和等离子体化学气相沉积薄膜含杂质量较高等一系列的缺点，近年来该技术已成功应用于半导体、光学、高熔点材料等方面。随着新形式连续可调波长的高能量激光器的发现以及新的气源的合成，LACVD 技术将在更广泛的制膜领域内得到很好的应用。

10.3　有机金属 CVD（MOCVD）

有机金属化合物化学气相沉积法简称 MOCVD（metal organic CVD），该技术也被称为有机金属化合物气相外延法，简称 MOVPE 或 OMVPE（metal organic vapor phase epitaxy）。MOCVD 以Ⅲ族、Ⅱ族元素的有机化合物和Ⅴ、Ⅵ族元素的氢化物等作为晶体生长源材料，把反应物质全部以有机金属化合物的气体分子形式用载带气体送到反应室进行热分解反应，在衬底上进行气相外延生长，沉积各种Ⅲ-Ⅴ族、Ⅱ-Ⅵ族化合物半导体以及它们的多元固溶体的薄层单晶材料的工艺。MOCVD 技术于 1968 年由美国洛克威公司的 Manasevit 等人提出用于制备化合物单晶薄膜，到 80 年代初得以实用化。由于它采用控制气体流量的方法，容易改变化合物的组成及掺杂浓度，适合于生长薄层、超薄层乃至超晶格和量子阱材料等低维结构，而且可以进行多片和大片的外延生长，成为制备化合物半导体材料以及生产化合物半导体光电子和微电子器件（如太阳能电池、半导体激光器等器件）的重要技术。

10.3.1　MOCVD 设备结构

如图 10.6 所示，MOCVD 设备主要分为以下五个主体部分：

（1）载气和源供应系统，又称为气体输运系统。MOCVD 设备采用的载气一般为氢气（H_2）和氮气（N_2），气态源一般为相应的氢化物（如 NH_3、SiH_4 等）。金属有机源一般为液态或固态源，置于特殊的鼓泡瓶中，通过水浴槽控制在合适的温度，由载气携带进入反应室。源的物质的量由质量流量控制计（mass flow control，MFC）精确控制，源的纯度由相应的纯化器柜进行纯化处理，使在进入反应室之前达到符合要求的纯度[72]。

（2）反应室系统。反应室一般包括放置衬底的基座、加热装置、温度和压力传感器、反应气体进出管道等。反应室是材料生长的核芯部位，控制着化学反应的温度和压力。反应室的结构设计以及选材需要考虑进入反应室后气体的层流性、反应室材质对外延层少沾污、衬底良好的温度均匀性、与外界隔离等因素。

（3）控制系统。控制系统按结构可分为上位的控制计算机以及下位的可编程逻辑控制器（PLC）。计算机用于人机交互指令控制，PLC 负责底层数据信号的采集、处理和传输控制。按控制类型又可分为开关、压强、流量和温度 4 个分系统，分别控制阀门的通断、反应室和气体输运的压强、气体的流量以及反应室和金属有机源等的温度。

（4）尾气处理系统。反应尾气包括残余反应物、反应产生中间产物以及反应产生的颗粒物等。在节流阀和真空泵之前有 particle filter 装置过滤尾气中的颗粒粉尘，以保护节流阀和真空泵；尾气经过真空泵后通过喷淋塔，喷淋塔中有吸收中和尾气气体的溶液，保证最后排入空气的气体是无毒无害的气体。

（5）安全保障系统。安全保障系统包括高温、高压、水冷、有毒气体和可燃气体等探测装置，对设备一些关键部件时刻进行监控，一旦出现异常，将立即进入应急处理程序，保证系统和实验人员的安全。

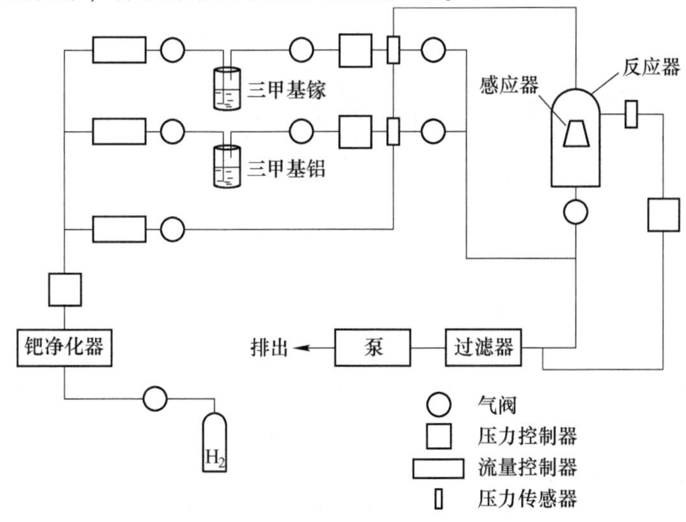

图 10.6 MOCVD 系统原理图[72]

10.3.2 MOCVD 生长原理

MOCVD 的沉积过程可简单描述如下：处于一定温度状态的金属有机源具有

恒定的饱和蒸气压，载气流量通过 MFC 精确控制，载气进入反应室的压力通过压力计控制，因此最终进入反应室的金属有机源物质的量恒定。其他气态源通过 MFC 直接控制其物质的量。反应物进入反应室后在入口处混合，然后输送到衬底表面在高温下发生化学反应，进行外延生长。没来得及反应的反应物以及反应副产物等经由尾气管路排出，如图 10.7 所示，MOCVD 外延过程伴有气体运输、原子的迁移及扩散和多种气相反应等过程。MO 源等源材料通过载气输运至反应腔室，托盘的升温带动衬底和腔室的温度逐渐升高，源材料开始分解并发生其他气相反应，形成薄膜生长的前驱体和副产物。生长物的前驱体输运到衬底表面后被吸附，并向能量较低的生长区域扩散。随后通过发生在衬底附近的各种化学反应，重新生成所需的单晶薄膜。表面反应的副产品则从表面解吸附并扩散，最后被气流带出反应室。在 MOCVD 工艺中存在多种外延生长模式，而衬底的选择及相应生长模式的调控对外延层晶体质量、表面和界面的形貌至关重要。

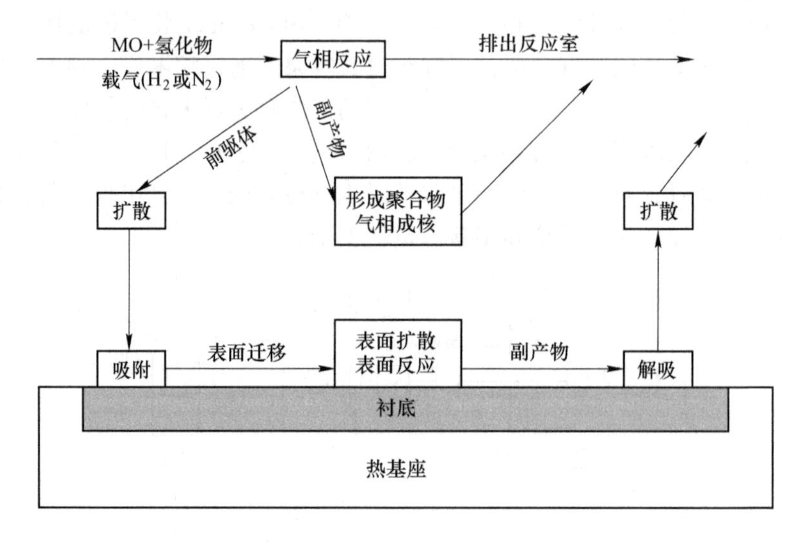

图 10.7 MOCVD 生长原理示意图[72]

MOCVD 反应过程可按气体到达衬底的路径分为两类，即气体混合后金属有机源和氢化物在气相中部分热解，反应形成中间产物的均相反应以及在气相和固相表面进行的异相反应。异相反应产物直接进入固相外延薄膜，很多情况下是整个化学反应进程的主导。Stringfellow 通过引入滞留边界层概念对 MOCVD 反应机理提出了一个简单的模型。该模型认为气流流经衬底表面时，由于流体和衬底之间的摩擦力导致流体与村底表面速率为 0，远离衬底的流体保持原速率不变，由衬底表面到流速不变流体之间存在一层速率逐渐增加的薄层，称为滞留层，基于滞留层理论，MOCVD 生长基本过程如下：

（1）进入反应室的反应物部分热解，发生均相反应。反应产生的中间产物、热解产物以及未反应的气相混合物向衬底输运。

（2）混合物穿过滞留层，扩散至衬底表面。

（3）热表面催化分解氢化物，产生的Ⅲ族和Ⅴ族元素吸附在固相表面。

（4）吸附原子在固相表面迁移，最终在合适的位置固定。

（5）副产物和未反应的气体被排出系统。

MOCVD 外延生长主要有三种基本外延方式：层-层、岛状和层-岛外延方式。如图 10.8 所示，当衬底的表面能远大于沉积在其上外延层的表面能与界面能之和时，经过化学反应沉积在衬底上的材料以二维的生长方式平铺在基底上（层-岛外延方式）。当衬底的表面能远小于其上外延层的表面能与界面能之和时，反应剂经过化学反应趋于形成三维岛状结构（岛状外延方式）。此外，当外延层的表面能与界面能之和与基底的表面能相近时，则所沉积的单晶薄膜的生长方式主要受到其与基底各自晶格大小的影响。

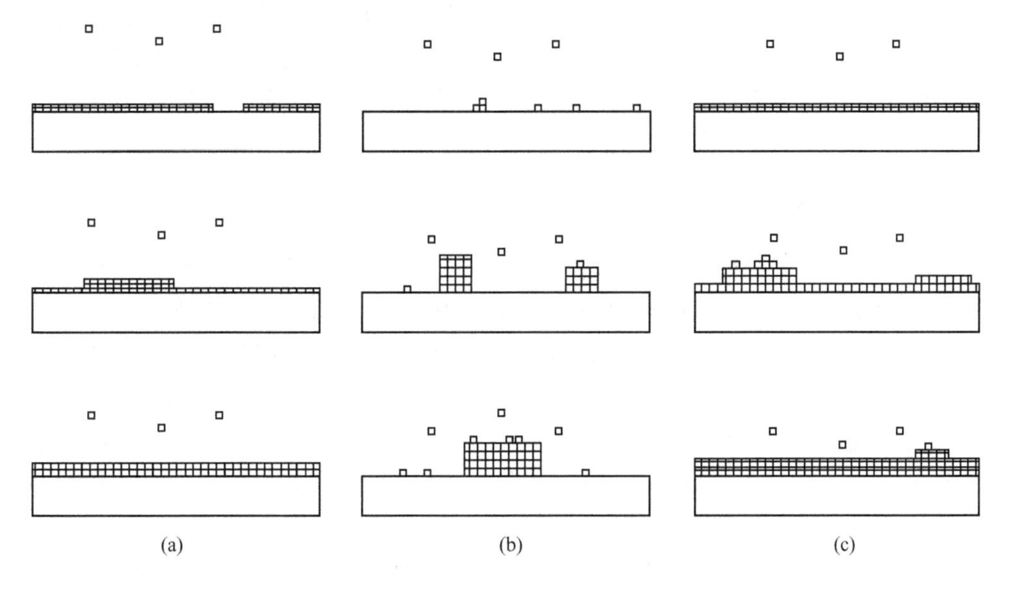

图 10.8　MOCVD 三种基本外延生长方式[72]

（a）层-层生长模式；（b）岛状生长模式；（c）层-岛生长模式

10.3.3　MOCVD 技术特点

（1）能在较低的温度下制备高纯度的薄膜材料，减少了材料的热缺陷和本征杂质含量；

（2）能达到原子级精度控制薄膜的厚度；

（3）采用质量流量计易于控制化合物的组分和掺杂量；

（4）通过气源的快速无死区切换，可灵活改变反应物的种类或比例，达到薄膜生长界面成分突变；

（5）能大面积、均匀、高重复性地完成薄膜生长，适用于工业化生产；

（6）所采用的金属有机化合物和氢化物源价格较为昂贵。由于部分源易燃易爆或者有毒，因此有一定的危险性，并且，反应后产物需要进行无害化处理，以避免造成环境污染。另外，由于采用的源中包含其他元素（如 C、H 等），需要对反应过程进行仔细控制以避免引入非故意掺杂的杂质。

10.4　大气等离子体 CVD 技术

近年来，由于大批量工业化生产及冷等离子体处理技术的需要，国内外研究者对大气压等离子体 CVD（AP-PECVD）进行了大量的研究。不同于低压等离子体 CVD（LP-PECVD），AP-PECVD 镀膜技术是在 1 个大气压环境下直接产生的等离子体。将气态或者液态气溶胶的前驱体注入到等离子体中，前驱体在等离子体的作用下发生化学反应，产生目标产物并沉积到基体上，进行薄膜的制备。AP-PECVD 不仅省去了昂贵的抽真空系统，降低了成本，而且可以满足在线生产，在工业化发展上有很大的优势。

10.4.1　大气等离子体生成特点

大气压等离子体即表示大气压状态下电离产生的等离子体，或可以直接理解为常压电离气体。如图 10.9 所示，一般低压等离子体装置工作的气压为 1～100Pa，电极间距在几个厘米左右，这样气体的击穿电压可以维持在一个相对较低的电压值（小于 1kV）；相反，大气压等离子体装置的击穿电压则要高得多。干燥的空气中，间距为 1cm 对应的气体直流击穿电压是 30kV，即使电极间距缩小到 1mm，击穿电压也需要 3.2kV。可见，相较于低压等离子装置，大气压等离子体要求更高的击穿电压。

冷等离子体沉积薄膜需要等离子体有较高的活性或能量密度。大气压下，原子或分子数密度高达 $2.4\times10^{25}m^{-3}$，等离子体中电子与重粒子的碰撞频率高，会使气体容易被加热到较高的温度。为了控制气体温度，使等离子体处于“冷”的状态，一种解决方式是限制放电电流或者缩短放电时间，如介质阻挡放电（DBD 放电）的放电电流非常小，脉冲放电的放电时间短；另一种方式是使等离子体体积减小，增大其比表面积，使等离子体通过与冷气流或放电装置冷壁以对流或传导的方式散热，如射频驱动且放电管内径为毫米甚至微米级并插有金属线材的微等离子体射流。

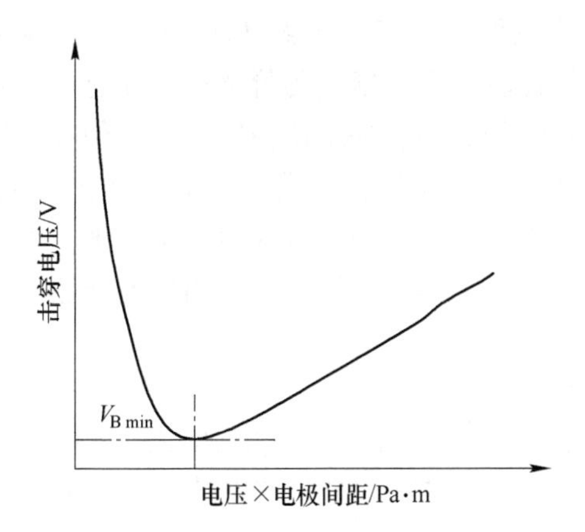

图 10.9 直流击穿电压对应气压和电极间距乘积的 Paschen 函数曲线

10.4.2 AP-PECVD 沉积技术分类

目前，根据放电激励电源的不同，大气压放电等离子体可分为射频放电（radio-frequency discharge）、微波放电（microwave discharge）、直流放电（DC discharge）、交流放电（AC discharge）以及脉冲放电（pulsed discharge）等；依据放电形式的不同，常见的大气压放电等离子体主要有火花放电（spark discharge）、电晕放电（corona discharge）、弥散放电（diffuse discharge）、介质阻挡放电（dielectric barrier discharge，DBD）、大气压等离子体射流（atmospheric pressure plasma jet，APPJ）等形式。火花放电是电极间气隙被击穿，在气体中形成放电通道，其放电电流密度大、能量集中、活性粒子浓度高、温度高，火花放电产生的高温容易烧蚀材料本体，因此较少用于材料改性；电晕放电通常出现在极不均匀电场中，且不会击穿电极间隙气体，放电区域仅局限于电极附近，放电强度弱，活性粒子浓度低，不利于大面积应用。弥散放电是在极窄脉冲激励下产生的稳定放电，其放电特性介于火花放电和电晕放电之间，放电面积大、活性粒子浓度高。介质阻挡放电是在放电电极之间加入阻挡介质层，防止放电向火花放电转化，能够产生大面积较均匀的等离子体。大气压等离子体射流是使用工作气体将等离子体吹出电极间隙形成的放电形式，在空间上分隔开等离子体的产生区域与应用区域，使得其应用不再受电极的限制，并具有装置结构简单、操作方便、易于集成等优点。

大气压冷等离子体化学沉积法制备薄膜常用的放电类型为介质阻挡放电。介质阻挡放电装置的结构有多种，常用的结构和送气方式的示意图如图 10.10 所示，放电装置的上下电极板之间的间距一般为 1～5mm，气体流动一般为层流状态，气体流速一般在 1～9m/s 之间。所用的放电气体一般为氦气、氩气、氮气等。氦气的击穿电势比较低（大气压下约 4kV/cm），且容易获得弥散均匀的等离子体，但氦气的价格比较昂贵。氩气的价格相对便宜，但不易获得弥散的等离子体。氮气与氦气和氩气相比不容易维持稳定放电，但在特定的薄膜制备中需要用到 N 原子参与化学反应。用于沉积薄膜的基体放置于下电极板，既可以是导电材料也可以是非导电材料；导电材料可接地也可不接地。值得一提的是，基底的放置会对等离子体的放电形态等造成影响，从而影响薄膜的制备。

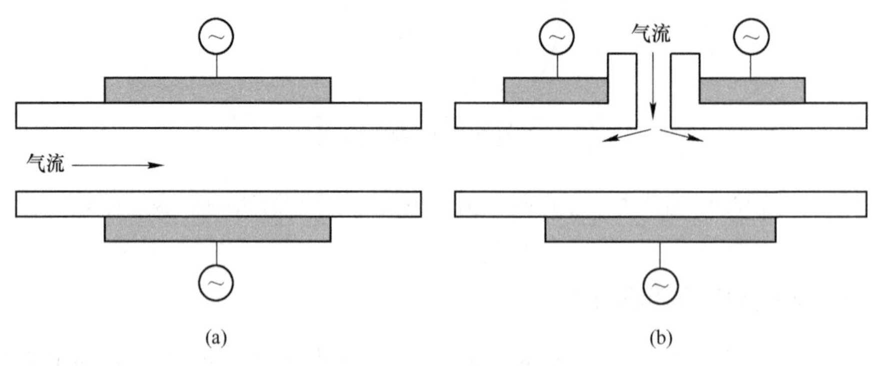

图 10.10 大气压介质阻挡放电结构
（a）侧面送气；（b）中心送气

10.4.3 AP-PECVD 沉积技术特点

大气压下的非平衡等离子体与低压非平衡等离子体相似，平均电子温度 T_e 在 1~10eV，电子密度为 10^8~ $10^{12}cm^{-3}$。因此，大气压等离子体沉积技术与 LP-PECVD 相比在很多方面具有相似特点，如低温、沉积速度快等。但与此同时，AP-PECVD 由于高气压的特性又一些不一样的特点。

10.4.3.1 主要的优点

与 LP-PECVD 相比，AP-PECVD 沉积系统最大的优势在于大气压沉积不需要复杂、昂贵的抽真空系统。事实上，限制广泛应用的一个很重要因素就是真空设备维护和运营的成本。

（1）AP-PECVD 沉积系统，由于高的先驱体分压，可以获得非常高的沉积速率。

（2）设备的多样性，AP-PECVD 沉积设备可以按照需要做成不同的形体，适应不同场合的应用。

10.4.3.2 潜在的问题

（1）相较于 LP-PECVD，AP-PECVD 沉积系统中先驱体的分压比低压沉积系统的大约高 3~4 个数量级。因此，在 AP-PECVD 沉积系统中均质反应的反应速率会有非常大提升，在很多情况下，这些反应会促使在薄膜沉积过程中产生的粉末沉积在薄膜中。

（2）在 AP-PECVD 沉积系统中，高得多的先驱体分压同样会导致非常高的沉积速率，反过来，又会导致基底上方气流中先驱体或活性中间体的耗尽，进而引起薄膜厚度不均。

（3）AP-PECVD 沉积薄膜过程中，质量输运限制更明显，这也会引起薄膜厚度不均。

（4）对于偏等离子体沉积装置，激发产生的等离子体随气流离开产生区域再同含先驱体的载气气流混合，通过均质反应产生活性中间体。对于薄膜生长来说，快速的均质反应是必需的。均匀薄膜也要求基底表面的混合过程足够快，但这点很难做到。

11　CVD 涂层材料及应用

化学气相沉积（chemical vapor deposition，CVD）技术是近几十年发展起来的主要应用于无机新材料制备的一种技术[73]。目前，这种技术的应用不再局限于无机材料方面，已推广到诸如提纯物质、研制新晶体、沉积各种单晶、多晶或玻璃态无机薄膜材料等领域。本章介绍 CVD 涂层材料及应用范例。

11.1　CVD 金属涂层

11.1.1　金属镍涂层

大多数金属元素实际上是通过 CVD 技术沉积在薄膜中的，近年来，CVD 技术在金属薄膜的制备方面得到了迅速的发展，这主要是由于其在微电子工业中有着广泛的应用前景，如微电子工业中铝（Al）、铜（Cu）、钨（W）、镍（Ni）等金属的化学气相沉积。

在微电子领域，Ni 被用作集成电路中的互连或欧姆接触，特别是在相对铜和铝耐腐蚀性更高的应用中，Ni 甚至比黄金更受欢迎。在集成电路修复方面，可利用激光化学气相沉积法（LCVD），采用 $Ni(CO)_4$ 作为前驱体沉积镍，制备可靠的集成电路布线[74, 75]。Ni 最近也被提出用于 N 型掺杂 SiC 半导体材料的欧姆接触。由于这些器件存在严重的热循环应力或电循环应力，SiC 的欧姆接触必须足够稳定才能使元件的性能在其寿命期间保持恒定，而 Ni 沉积后形成的 Ni_2Si 相与 SiC 处于热力学平衡，因此，CVD 制备的 Ni 基涂层成为此类高功率和高温器件应用的首选材料。镀镍也广泛用于装饰和耐腐蚀行业中，通常为电解沉积，然而，一些需要高纯度薄膜或良好保护覆盖率的应用场景中，CVD 工艺更为合适。

含镍合金还以薄膜的形式用于微电子特定应用中，如镍硅化物被用作硅的接触物以及扩散屏障。微机械系统（MEMS）的制备，如驱动器和传感器，也是镍膜的一个重要应用领域。其中一种典型的应用是采用微光刻电铸造模技术（LIGA），利用 X 射线光刻在隔离塑料表面（主要是 PMMA）上沉积纯镍或镍合金膜。同时，采用 MOCVD 技术也可以在沉积温度较低的塑料基体上制备 Ni 薄膜。前期研究报道中也提出使用 MOCVD 法，利用 $Ni(CO)_4$ 前驱体制备芯模用的镍模具和塑料模具涂层[76~78]。复合材料和隔离结构塑料的镍金属化可应用在航空领域，具备防止雷电等强放电干扰效果。在核工业中，镍层用于保护核反应堆中的铀块，也可用于气冷核反应堆中被污染的石墨废料封装，以减少放射性核素的排放。利用镍及其化合物的磁性，如通过 CVD 生长的纯镍或镍铁合金膜，可用于制造磁阻传感器[79,80]。含镍的铁氧体也可以从各种 CVD 工艺中获得，这些材料的薄膜金属化处理对于高频微波器件的集成具有重要意义。

CVD 制备的镍还具有优良的催化性能，特别是在催化烯烃加氢和水煤气反应（C 和 H_2O 反应生成 CO 和 H_2）中，CVD 具备替代浸渍和共沉淀方法的潜力[81]。同时，CVD 制备的镍膜催化剂被证明比传统的氧化法制备的催化剂效果更优。CVD 制备的钯-镍多孔膜可用于催化以及氢的快速检测。纯化的双金属合金，如 Ni-Pt，也具有惊人的催化性能[82~87]。

CVD 镍金属的应用如图 11.1 所示。

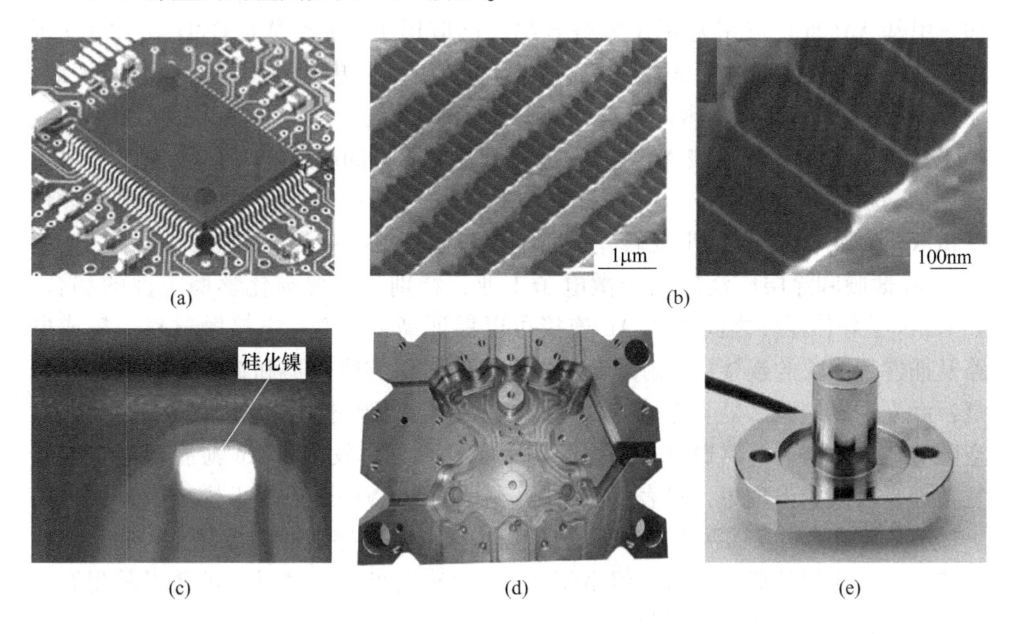

图 11.1　CVD 镍金属的应用
（a）Ni 互连集成电路；（b）MEMS Ni 传感器；（c）镍硅化物扩散屏障；
（d）镀镍模具；（e）Ni 合金磁阻传感器

11.1.2 贵金属涂层

CVD 技术应用于贵金属的制备历史并不长。20 世纪 70 年代，由于没有足够可供选择的前驱体，采用金属无机物为前驱体沉积的贵金属薄膜质量欠佳，至 80 年代后，人们开始采用贵金属 MOCVD 法制备贵金属薄膜或涂层材料，薄膜的纯度和致密性得以提高。随着更多金属有机化合物前驱体的合成，有关贵金属的化学气相沉积研究报道也逐渐增多。

根据前驱体化合物分解方式的不同，可将 Au、Ag 的 CVD 沉积技术分为热分解 CVD、光化学 CVD、激光诱发 CVD（LCVD）、等离子强化 CVD（PECVD）以及离子束/电子束 CVD 等。LCVD 技术的关键是激光强度的调节。由于诱发激光的强度控制了基体的温度，所以也控制了基体表面反应过程和反应产物，从而决定了 Au 薄膜的纯度和沉积速率。此外，根据 Au 的沉积动力学控制机制的不同合理调整 CVD 工艺参数，可以得到纯度达 95 at.%的 Au 薄膜。PECVD 还用于 Ag 薄膜的沉积[88,89]，可以得到电阻率仅为 $2\mu\Omega \cdot cm$ 高纯 Ag 薄膜。利用离子束/电子束 CVD，以 $Me_2Au(hfac)$（Me 代表甲基）作为前驱体，采用高能 Ar 或 Ga 离子束可进行含 Au 薄膜的制备[90]。须常采用的沉积 Au 的前驱体有：（1）二甲基（β-双酮）Au(Ⅲ）类螯合物，适合于沉积高纯 Au 薄膜；（2）甲基 Au(Ⅰ）和三甲基 Au(Ⅲ）三甲基磷化氢螯合物，已应用于 Au 薄膜的 CVD 及 LCVD 沉积；（3）其他 Au(Ⅰ)和 Au(Ⅲ）类螯合物，如二甲基（三甲基硅氧）Au(Ⅲ）二聚物等。Ag 的沉积前驱体：（1）较常用的有有机 Ag(Ⅰ)螯合物；（2）Ag(Ⅰ)羰化物，如三氟乙酸 Ag(Ⅰ)，能得到低电阻率的高纯 Ag 薄膜，适合于 Cu-氧化物基超导薄膜的制备；（3）乙酸 Ag(Ⅰ)，用于在 Mn-Zn 铁磁基体上选择性沉积 Ag 薄膜，但薄膜的形貌较差，其电阻率达到 $10^{-3} \sim 10^{-4}\mu\Omega \cdot cm$。

Au 薄膜和涂层广泛应用于微电子工业，特别是需要高化学稳定性的场合，如 GaAs 半导体器件之间采用 Au 连接可以保证高可靠性；电接触材料、集成电路及插件程序块的连接；X 射线金属版印刷防护罩的吸收器和缺损薄膜电路的修复；激光诱发电路修复与连接，如多片模块系统薄膜电路偶尔因为有粒子污染、空隙等缺陷而出现开路现象，采用低功率激光扫描诱发沉积 Au 薄膜对其进行修复处理，效果相当理想，对表面没有任何破坏。LCVD 还可用于模块或集成电路 2 个分离区域的相互连接等。在所有的金属中，Ag 的导电性能最好，因此是作为高速微电子应用的优选材料。但由于 Ag 会快速向半导体材料中扩散以及耐腐蚀性能较差，使其应用受到限制[91]。

Pt 具有优良的抗氧化性能、导电性能和催化活性，是保护涂层和催化电极的重要功能材料。制备 Pt 的薄膜或涂层方法有多种，如 PVD、CVD 和电镀法等。20 世纪 80 年代以来，针对 Pt 在微电子、固体燃料电池及气体传感器方面的应用，研究者采用 MOCVD 法在陶瓷（如蓝宝石、单晶硅、单晶 $KTaO_3$ 等）及金属（如钼）基体上制备 Pt 薄膜，研究了 Pt 的沉积特性、薄膜结构以及相关性能[92, 93]。对陶瓷和金属基体，分别采用热壁式加热沉积装置和冷壁式感应加热沉积装置。Kaesz 等人[94,95]采用 MOCVD 法在陶瓷（如蓝宝石、单晶硅、单晶 $KTaO_3$ 等）基体上制备 Pt 薄膜，研究了沉积特性、薄膜结构以及相关性能。沉积装置的共同特点是采用热壁式加热，即样品和管壁上均会发生沉积反应。对于

Pt 的 CVD 沉积，可选择的沉积前驱体有十几种，但沉积效果最好的是 $Pt(acac)_2$。表 11.1 列出了常用的 Pt 前驱体。

表 11.1　Pt 的 CVD 前驱体[92-95]

前驱体	基体	气化温度/℃	基体温度/℃	运载气体	压力/Pa
$Pt(acac)_2$	$KTaO_3$	150~200	500~600	O_2	$<2.7\times10^{-2}$
$Pt(CO)_2Cl_2$	Si	120~155	250~500	H_2	1.01×10^5
$Pt(PF_3)_4$	蓝宝石	0	200~300	H_2、N_2	1.01×10^5
$CpPtMe_3$	(100) Si	—		H_2	—
$(MeCp)PtMe_3$	(100) Si	—		H_2	—
$Pt(HFacac)_2$	玻璃	—		—	—
$(acac)Pt(CH_3)_3$	Si	30~80	100~150	H_2	2.7×10^{-2}
$(C_5H_5)Pt(CH_3)_3$	Si、SiO_2	25	90~180	H_2、He	1.01×10^5
$(CH_3C_5H_4)Pt(CH_3)_3$	Si、SiO_2	25	90~180	H_2、He	1.01×10^5

Ir 具有较强的抗氧化性能、高的化学稳定性、优良的导电性能和催化活性，是高温保护涂层、传导和催化电极的重要功能材料。多种金属有机化合物前驱体均可用于 Ir 的沉积。早期用得较多的前驱体是 Ir 的卤化物，如 $IrCl_3$、$IrCl_4$、$IrBr_3$ 和 IrF_6，其中 IrF_6是制备 Ir 薄膜最好的前驱体。应用卤化物作前驱体，需要较高的基体温度（≈800℃），采用金属有机化合物作前驱体可大幅降低沉积温度[96,97]。CVD 制备的纯 Ir 主要是作为高温涂层材料应用，如近年来美国航空航天局（NASA）研制开发的 Ir/Re 高温发动机的 Ir 涂层即是采用 CVD 技术制备。Ir/Re 复合发动机的工作温度最高可达 2200℃，远远超过传统的铌合金发动机的 1400℃，是目前国际上性能最好的发动机。2000 年 Ir/Re 发动机已成功应用于空间飞行器，国内有关单位正在进行该产品的研发工作。

对于 Rh 薄膜的 CVD 沉积技术，选用的有机化合物前驱体的分解温度均较低，这对大部分基体材料来说都是可以承受的，因此扩大了沉积 Rh 薄膜的基体选择范围[98, 99]。CVD 沉积 Rh 主要作为电接触涂层及扩散壁垒层应用。作为电子材料，Pd 的应用十分广泛，但 Pd 的热分解 CVD 沉积极为少见。使用的 3 种 Pd 的烯丙基类化合物前驱体都不太稳定，挥发率低。沉积 Pd 薄膜的电阻率约等于 15μΩ · cm，接近块状 Pd 的电阻率（11μΩ · cm）。采用 $Pd(allyl)_2$ 和 $Pd(CH3allyl)_2$ 沉积薄膜的 C 和 O 含量(原子分数)小于 1%，而采用 $(C_5H_5)Pd(allyl)$ 沉积的薄膜不含 O，但 C 的含量约等于 5%。应用 $Rh(CO)_2(acac)$、$Rh(tfa)_3$、$Rh_2(Cl)_2(CO)_4$、$Ru_3(CO)_{12}Ru(hfb)(CO)_4$ 等前驱体能够得到高纯 Ru 薄膜，沉积速率较合适，基体温度也不高[100]。其中采用 $Ru_3(CO)_{12}Ru(hfb)(CO)_4$ 前驱体制备的薄膜质量最好。Ru 薄膜具有高强度和化学惰性，且直到 900℃仍然具有很好的抗氧化能力，主要作为电接触涂层及扩散壁垒层应用。关于 Os 的 CVD 研究很少，可采用 $OsCl_4$ 前驱体在 Mo 和 W 基体上沉积 Os，但沉积温度高达 1250℃。Os 的熔点达 3000℃，硬度大且有很高的功函数，主要用于高温耐磨材料和热离子二极管方面。

CVD 贵金属的应用如图 11.2 所示。

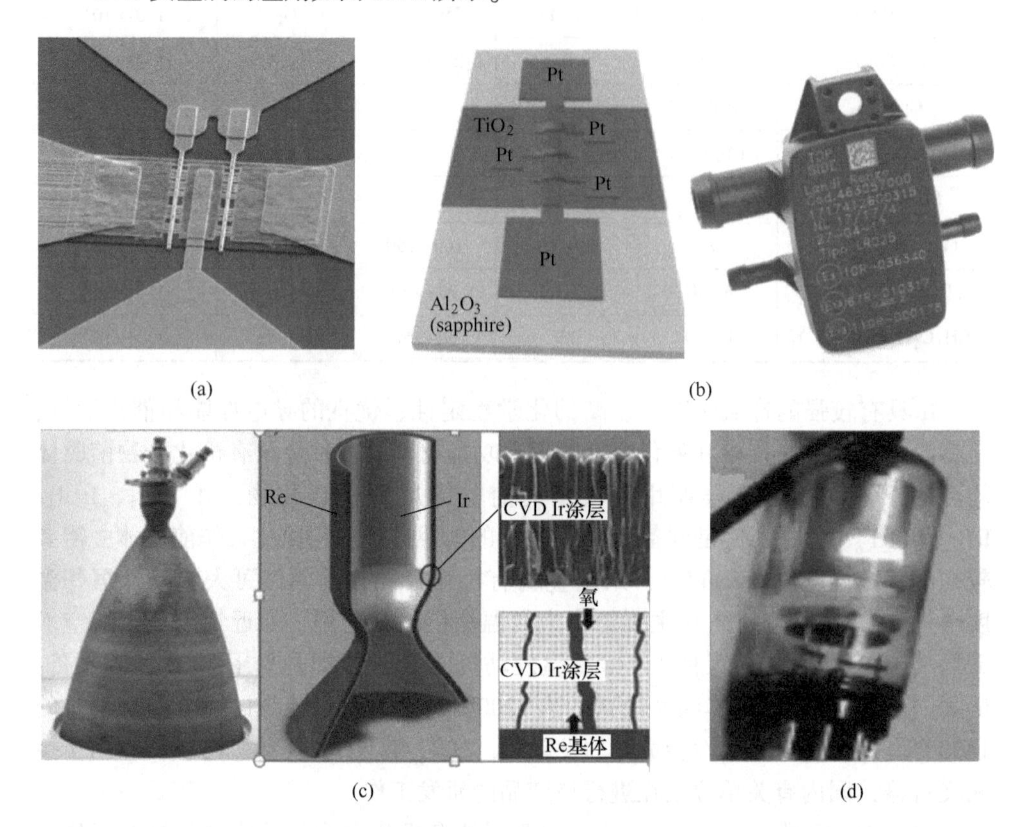

图 11.2　CVD 贵金属的应用

（a）半导体器件 Au 互连；（b）Pt 气体传感器；（c）高温航天发动机 CVD 铱涂层；（d）Os 热离子二极管

11.2　CVD 硬质防护涂层

11.2.1　CVD 金刚石涂层

随着科学技术的发展和社会的进步，工程材料的种类不断增加，朝着轻量化、高比强度和高比模量方向发展，以复合材料、轻合金、特种石墨等为代表的新型材料不断涌现。复合材料在飞机制造中所占的比例由原来的 15%提升到 50%，2012 年全球复合材料市场达到 626 亿美元。随着汽车行业向轻型化发展，铝合金在汽车上的应用不断增多，硅铝铸造铝合金占汽车铝合金用量的 50%以上，复合材料在汽车上的使用将会使汽车质量减轻 50%~60%，到 2015 年，全球将碳纤维用于汽车和其他轻型车辆的用量将达到 850 万吨。具有高纯度、高强度和高密度的特种石墨在太阳能、模具和核电等行业的应用不断增多，国内特种石墨市场 2015 年将达到 10 万吨，产值近 150 亿元。因此，刀具行业也朝着“高效率，高精度，高可靠性和专用化”方向发展。目前，高速钢刀具、PVD/CVD 涂层硬质合金刀具、陶瓷刀具及聚晶金刚石/聚晶氮化硼（PCD/PCBN）刀具由于硬度低或刀具形状有限等原因都不能完全满足高速、高效加工复合材料、AlSi 有色合金和特种石墨等材料加工的要求。CVD 金刚石涂层硬质合金具有高硬度，可以在复杂结构刀具上进行沉积，成为加工复合材料、陶瓷材料和特种石墨等非金属材料以及高硅铝合金的最佳刀具材料[101, 102]。如图 11.3 所示，CVD 金刚石涂层涂覆的铝头、铣刀、微钻等在铝合金、航空碳纤维复合材料及 PCB 板加工领域已得到广泛应用。

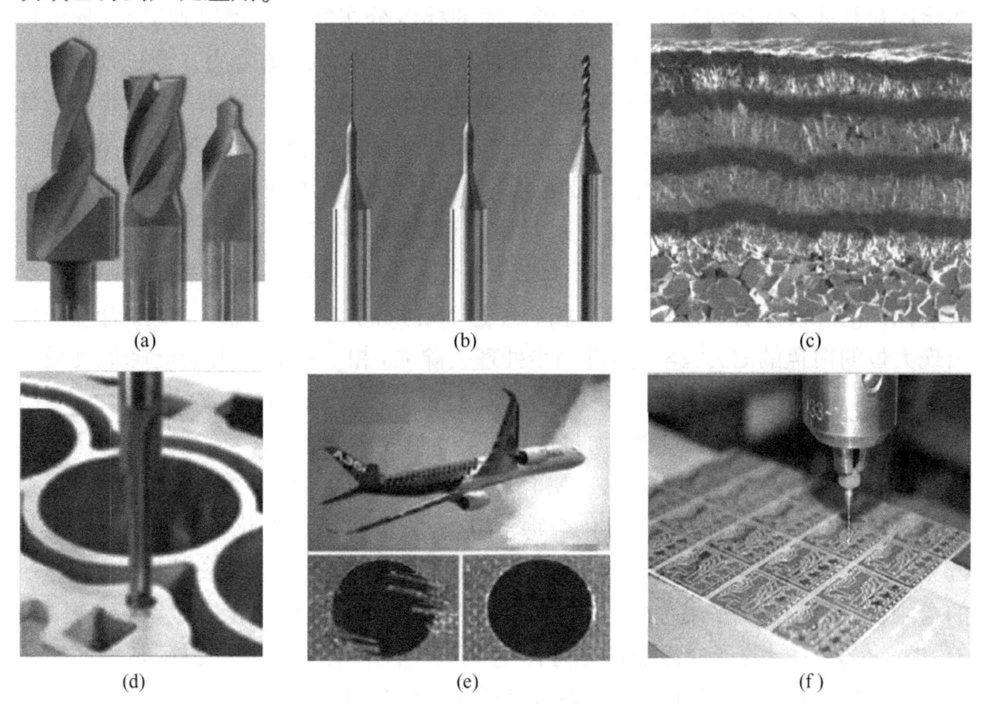

图 11.3 金刚石涂层应用

（a）金刚石涂层钻头及铣刀；（b）金刚石涂层微钻；（c）多层聚晶金刚石涂层微观结构；（d）CVD 金刚石涂层在铝合金；（e）航空碳纤维复合材料；（f）PCB 板加工领域的应用

金刚石涂层是在真空条件下，通入具有甲基（$—CH_3$）结构的甲烷、丙酮等碳源气体和氢气（作为碳源的甲烷等气体仅占0.5%~10%体积分数），采用CVD沉积方法沉积而成。在低压高温条件下，大量的甲基与硬质合金衬底表面作用以及它们之间的相互作用，形成碳碳连接的共价键，进而在衬底表面上形成金刚石晶核[103]。在高能粒子的持续作用下，用活性的甲基逐步取代晶核中的氢，不断循环下去就能形成金刚石薄膜沉积在硬质合金刀具基体上，形成涂层厚度在20μm内的CVD金刚石涂层。硬质合金基体的预处理、金刚石涂层的形核和生长决定着金刚石涂层硬质合金刀具的使用性能[104,105]。

由C-Co相图可知，金刚石涂层沉积温度700~1000℃范围内C在Co相中的固溶度达到0.2%~0.3%（质量分数）。硬质合金表面Co相的存在不利于金刚石涂层形核，并会降低涂层与基体之间的结合力，为了获得高的形核密度和涂层质量，在涂层沉积之前必须对基体进行预处理。目前，常用的方法有：（1）改变基体成分或结构，降低Co的影响。Polini[105]采用Fe/Ni/Co新型黏结剂来代替Co黏结剂，而不改变基体的硬度，结果表明可以提高金刚石涂层与基体的结合强度，但基体的抗弯强度有所下降。采用二次烧结的方法使基体梯度化，使Co在涂层和基体之间形成富Co/贫Co/贫Co的梯度分布结构，表层到贫Co梯度区在1μm内，贫Co区在5μm内，从而增加了涂层与基体的结合力，经过处理后的刀片和刀具在加工AlSi合金时表现出优异的性能。Alam等[106]采用H_2等离子体在1000~1100℃条件下处理硬质合金基体2h，促进硬质合金表面的WC晶粒进一步长大，沉积金刚石涂层后，其临界载荷超过1.5kN，用该方法制备的涂层钻头表现出优良的加工性能。（2）采用酸、碱腐蚀的方法，去除表面Co。采用$V(K[Fe(CN)_6])：V(KOH)：V(H_2O)=1：1：10$的Murikami溶液刻蚀WC，然后酸蚀，消除硬质合金表面的Co相。经过Murikami溶液处理后，硬质合金表面出现大量的白色的Co，经过酸进一步处理去除Co相。该处理方法会降低硬质合金的性能，研究者对酸蚀后的硬质合金通过渗硼[107]、Cu等[108,109]元素来填充Co空位。(3）基体与涂层之间添加过渡层，阻止Co向外扩散。对过渡层的研究主要集中在金属（W、Ti、Si、Cr、Ni）、SiC、Cu/Ti、Al-TiN、TiCN、CrN等过渡层，过渡层金属元素与Co形成化合物，阻止Co的扩散，氮化物过渡层直接阻止Co扩散。过渡层的添加有利于提高基体与涂层之间的结合力，采用TiAlN过渡层的金刚石涂层整体刀具在加工ADC12铝合金过程中，较无过渡层刀具寿命提高1倍[110]。但过渡层的形成需要以磁控溅射或离子注入等方式完成，延长生产工序和周期，增加成本。如何既能消除或降低Co在金刚石涂层沉积过程中的影响，又能大幅度提高涂层刀具的使用性能，是金刚石涂层硬质合金发展的重点。对于金刚石涂层刀具，涂层的纯度、硬度、表面粗糙度以及涂层与基体结合力，是评价涂层好坏的主要指标。

金刚石涂层形核是一个比较复杂的物理化学过程，对于硬质合金刀具，其影响因素主要有表面处理状态、基体温度、等离子体密度、沉积室压力、基体偏压和含碳气体浓度等。Mitsuda等[111]在1987年首先提出采用金刚石微粉对基体进行划痕处理，可以显著提高金刚石涂层的形核密度，该方法成为提高金刚石涂层形核的一种常用方法。采用金属粉末对基体表面处理，也可以提高金刚石涂层的形核密度。采用不同粒度的Ti、TiCu、Ni、W和金刚石粉对基体表面进行处理，可以明显提高金刚石涂层的形核密度和结合力。提高基体偏压和CH_4/H_2比例均有利于形核密度的增加，但高的基体偏压会使基体表面出现一层非金刚石结构的富C层，降低涂层摩擦性能。Ali等[112]采用时间调频CH_4方法沉积涂层时，由C含量的增多而发生二次形核，提高了形核速率和结合力。一种称为“NNP”[113]的形核方法使纳米金刚石涂层在硅片基体上的形核密度提高到$10^{12}/cm^2$，其主要步骤为：首先在涂层生长的条件下把基体放入沉积室中沉积30 min，然后将样品取出并放入含有金刚石纳米粉的超声波溶液中进行植晶处理30min。基体温度是影响金刚石形核的一个重要参数，温度过高（>1200℃）将发生石墨化；温度过低时，能量来源不足，金刚石形核困难，另外低温会明显减弱氢原子对石墨的刻蚀作用，造成金刚石涂层中的石墨含量增加，金刚石涂层纯度大大降低。在低温下使金刚石涂层形核是研究者一直努力攻克的工艺技术难题。Hao等[114]在低温（450~550℃）和低压（7 Torr）条件下，采用HFCVD方法在Si基体上沉积纳米金刚石涂层，优化处理工艺，形核密度可达到$1.5\times10^{11}cm^{-2}$，存在的问题是金刚石涂层中石墨含量升高，沉积速率较低，最高沉积速率只有137nm/h。对于硬质合金基体来说，该方法具有借鉴意义，低温可以有效降低硬质合金中Co的影响。在提高形核密度的同时，保证金刚石涂层纯度、降低形核温度是金刚石涂层在硬质合金基体上形核研究的主要方向。

11.2.2 Ti基碳化物及氮化物涂层

自20世纪60年代末第一代CVD-TiC涂层硬质合金刀片问世以来，涂层技术对硬质合金刀具的发展起到了巨大的促进作用[115,116]。纵观CVD技术的发展过程，可以发现几个共性规律。当第一代CVD-TiC涂层硬质合金刀片进入市场后，首先要解决的问题是设计制造出稳定可靠的批量涂层刀具的技术装备，并逐步加以完善，以满足市场需求；其次是开发新一代涂层，进一步提高涂层刀具的切削效率；最后是研制多层涂层及控制技术，使刀具表层具有多种涂层材料的综合物理机械性能，从而满足加工不同金属的需求。人们开始研究新的涂层时，均把目光投向过渡族元素碳、氮化物，因为它们均具有较高的硬度，表11.2为耐磨化合物的部分物理机械性能。采用CVD术制备这些涂层并不困难，关键是涂层质量能否发挥出其自身应有的性能及在切削过程中所起的抗磨损作用。

表 11.2　几种材料的物理机械性能[116]

材料	熔点/℃	密度/g · cm^{-3}	硬度(HV)	弹性模量 /kN · mm^{-2}	线胀系数 /K^{-1}	抗氧化性能
TiC	3067	4.93	2800	470	8.0×10^{-6}	一般
TiN	2950	5.40	2100	590	9.4×10^{-6}	一般
TiB_2	3225	4.50	3000	560	7.8×10^{-6}	一般
ZrN	2982	7.32	1600	510	7.2×10^{-6}	较好
CrN	1650	6.12	1100	400	—	较好
Al_2O_3	—	3.98	2100	400	8.4×10^{-6}	很好
硬质合金	2047	—	1400~1800	—	$(4.5\sim6)\times10^{-6}$	差
高速钢	1500	7.8	900	—	12×10^{-6}	很差

刀具磨损机理研究表明，在高速切削时，刃尖温度最高可达 900℃，此时刀具的磨损不仅是机械摩擦磨损（后刀面磨损的主要形式），还有黏结磨损、扩散磨损及氧化磨损（刀具刃口磨损及月牙洼磨损的主要形式），因此，可将切削过程视为一个微区的物理化学变化过程。

TiC 是一种高硬度耐磨化合物，有着良好的抗摩擦磨损性能；TiN 的硬度稍低，但却有较高的化学稳定性，并可大大减少刀具与被加工工件之间的摩擦系数。从涂层工艺性考虑，两者均为理想的涂层材料，但无论碳化钛或氮化钛，单一的涂层均很难满足高速切削对刀具涂层的综合要求。

碳氮化钛（TiCN）是在单一的 TiC 晶格中，N 占据原来 C 在点阵中的位置形成的复合化合物，TiC_xN_y 中碳氮原子的比例有两种比较理想的模式，即 $TiC_{0.5}N_{0.5}$ 和 $TiC_{0.3}N_{0.7}$[117, 118]。由于 TiCN 具有 TiC 和 TiN 的综合性能，其硬度（特别是高温硬度）高于 TiC 和 TiN，因此是一种较理想的刀具涂层材料。在抗氧化磨损和抗扩散磨损性能上，没有任何材料能与氧化铝（Al_2O_3）相比。但由于氧化铝与基体材料的物理、化学性能相差太大，单一的氧化铝涂层无法制成理想的涂层刀具。多层涂层及相关技术的出现，使涂层既可提高与基体材料的结合强度，同时又能具有多种材料的综合性能。到目前为止，硬质合金刀片的 CVD 涂层大致可分为四大系列：TiC/TiN、TiC/TiCN/TiN、TiC/Al_2O_3 和 TiC/Al_2O_3/TiN[119~121]。前两类适用于普通半精及精加工，后两类适用于高速及重负荷切削。图 11.4 所示为 CVD 涂层刀具中各种涂层成分所占的大致比例。

涂层成分能否在涂层刀具上发挥其应有性能，在很大程度上取决于涂层工艺技术水平，因为涂层与基体的结合强度、涂层及界面组织结构、择优取向、各单层厚度及总厚度等是决定涂层刀具性能的重要因素，而这些因素都与涂层工艺直接相关。各厂家制备的相同涂层系列的刀具，除了刀片材料、几何参数外，在切

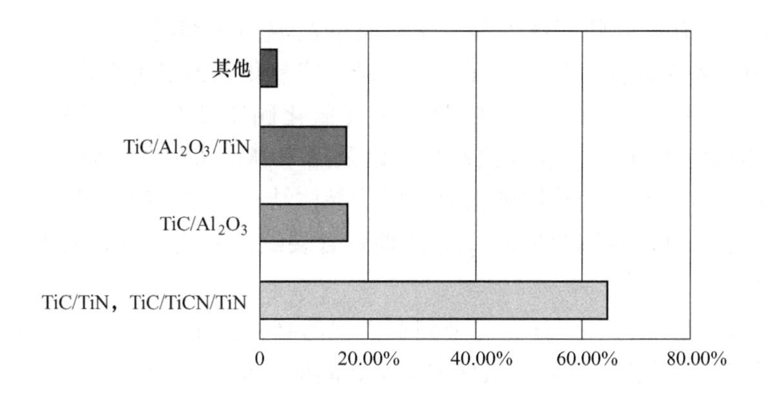

图 11.4 CVD 涂层汇总各种成分所占比例[117~121]

削性能上的差异主要是由于采用的涂层工艺及控制技术不同造成的。因此，在改进 CVD 工艺及控制技术方面，还有不少问题尚待解决。

尽管 PVD 有 CVD 难以比拟的优点，也可进行除 α-Al_2O_3 以外的多种硬质涂层，但实践表明，一般车削（部分铣削）刀片的 CVD-TiC/Al_2O_3 或 TiC/Al_2O_3/TiN 涂层性能仍优于 PVD 涂层，这里除 CVD 可进行 α-Al_2O_3 涂层外，涂层与基体的结合强度比 PVD 涂层高也是其性能优于 PVD 涂层的一个重要因素。涂层硬质合金刀片的划痕试验表明，PVD 涂层的临界载荷一般为 30~40N，而 CVD 涂层的临界载荷可大于 90N；CVD 涂层的厚度可达 7~10μm，而 PVD 涂层厚度必须控制在 3~5μm，否则涂层易产生剥落现象。此外，硬质合金刀片 CVD 工业化涂层成本低于 PVD，这也是 CVD 工艺应用更为广泛的原因之一。

11.2.3 c-BN 涂层

氮化硼（BN）是一种重要的非氧化物陶瓷材料，由等数量的 B 原子和 N 原子组成，与 C_2 是等电子体，其晶体结构与碳元素单质非常相似，具有 4 种晶型结构，分别为六方氮化硼（h-BN）、立方氮化硼（c-BN）、纤锌矿氮化硼（w-BN）和菱面体氮化硼（r-BN）等。常见的氮化硼为六方氮化硼（h-BN）和立方氮化硼（c-BN）。h-BN 与石墨具有类似的结构，每一层都是由 B 原子和 N 原子交替排列组成无限延伸的六边形网格，层面内原子以共价键相结合，层间则以弱的范德华力结合。h-BN 这种独特的结构使其具有很多优异特性，比如高耐热性（可承受 2000℃高温，直到 3000℃才升华）、高导热性（是众多陶瓷材料中导热系数最大的材料之一）、优异的介电性能（高温绝缘性能好，是陶瓷材料中最好的高温绝缘材料，可以透微波和红外线）、良好的高温稳定性（在氧化环境下使用温度可达 900℃，在惰性气体环境中使用温度可达 2800℃），具有较低热膨胀系数（膨胀系数为 10^{-6}，仅次于石英玻璃，抗热震性能优异），具有良好的润滑性（高温也具有良好的润滑性能，是优良的高温固体润滑剂），化学性质稳定（具有良好的耐腐蚀性，与一般无机酸、碱、或氧化剂不发生反应，对几乎所有的熔融金属都呈现化学惰性），吸收中子（氮化硼还具有非常强的中子吸收能力，可用来做反应堆中子吸收控制棒，以及用来制作防中子辐射的防护装置）。此外，由于 h-BN 具有与热解碳相似的层状晶体结构，比热解碳具有更好的抗氧化性能，氧化后形成的玻璃相 B_2O_3 能够弥合裂纹，因此是较好的界面相材料，得到成功应用[122, 123]。

立方氮化硼（c-BN）具有与金刚石类似的结构，属于面心立方晶系、闪锌矿型的正四面体结构，以硼和氮异类原子之间的共价键结合，4 个键长相等。与金刚石一样，c-BN 是集众多优异性能于一身的超硬材料，具有与金刚石相似的物理性质，比如高硬度、宽带隙、高电阻率、高热稳定性和化学稳定性等。c-BN 的稳定性甚至优于金刚石，在大气 1300℃以下不发生氧化反应（金刚石 600℃开始氧化），在真空 1550℃才开始向 h-BN 转变（金刚石 1300～1400℃就开始向石墨转变），c-BN 的耐高温性能使其被用于某些器件的耐高温涂层，也成为制备高速、高温器件和其他薄膜型材料衬底的首选化合物。另外，c-BN 具有优异的耐化学腐蚀性和高化学稳定性，在 1150℃以下不与铁系金属反应（金刚石在 700℃开始溶解于铁，因而不宜加工钢铁材料）。c-BN 的这些优良性能使其大量应用于制备高效、经济、节能的磨削和切削工具，并在某些行业中替代金刚石被广泛应用。除此之外，c-BN 具有宽带隙和较高热导系数，在制造抗辐射材料、高温大功率半导体器件、紫外光电子器件方面都具有杰出的应用价值和极大的应用前景，c-BN 在红外光和可见光范围内的透光性非常好，在精密光学仪器中被大量用做表面保护涂层[124, 125]。

自 1987 年 Inagawa 等人成功制备了纯度较高的 c-BN 薄膜后，许多研究人员相继采用 PVD 和 CVD 方法成功制备了 c-BN，从而在国际上掀起了研究立方氮化硼薄膜的热潮[126, 127]。在多种制备方法中，最典型的方法是等离子体增强脉冲激光沉积法和热丝辅助射频等离子体化学气相沉积法[128]。

图 11.5 所示为等离子体增强脉冲激光沉积装置。该装置主要包括多波段 Nd：YAG 激光器、等离子枪和抽真空系统。等离子枪包括一个热电子发射阴极（热阴极，由钨丝制作的灯丝构成）和一个阳极；固体激光器产生的高能激光作用在靶材（h-BN）上，温度可达 1000℃，靶材在高温下熔化和气化，产生 B 蒸气；热阴极发射的热电子激活反应气体 N_2 产生等离子体 N^+；它与 B 蒸气反应，在基片上沉积 BN 薄膜。基极偏压的作用是辅助沉积，基片距靶材 5cm，在沉积过程中基片不停旋转。等离子体增强脉冲激光沉积装置沉积 c-BN 的典型条件为：RF 入射功率 10～150W，基极负偏压 100～200V，激光能量密度 $25J/cm^2$，沉积时间 5～15min。

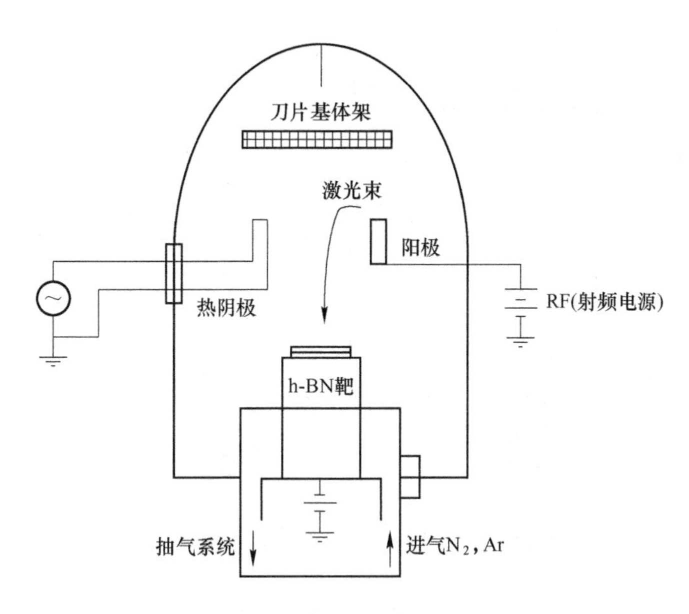

图 11.5 等离子体增强脉冲激光沉积装置[128]

图 11.6 所示为热丝辅助射频等离子体 CVD 装置。射频电源产生的高频电磁振荡激发反应气体产生等离子体，置于基片上方的热丝一方面对基片和反应气体加热以提供更多热能，另一方面热丝发射的热电子进一步增强等离子体，以提高反应气体离解率；基片温度通过调节灯丝电压进行控制。反应气体为 B_2H_6 与 NH_3 的混合气体，混合前先用高纯度 H_2 分别稀释至 1%～5%，再按 NH_3：B_2H_6=3：1 的体积比混合并通过反应室。制备前先将反应室抽至小于 1Pa 的基础真空度，并用 H_2 清洗几分钟。热丝辅助射频等离子体 CVD 法沉积 c-BN 的典型条件为：热丝温度 1800～2200℃，基片温度 800～1000℃，热丝到基片的距离 5～15mm，射频功率 100～200W。

无论采用 PVD 法还是 CVD 法，目前制备的 c-BN 涂层都不同程度地含有 h-BN。鉴于目前所能得到的 c-BN 涂层的质量，它只能作为切削刀具涂层，因为刀具涂层对涂层的组分无严格要求。因此，目前针对 c-BN 涂层研究最多的是在刀具上的应用[129~131]。将 c-BN 薄膜作为刀具的耐磨涂层，可以成倍乃至几十倍地提高刀具的使用寿命。美国、日本的许多企业在此方面进行了大量投资，以充分开发 c-BN 材料的潜在优势。预计近年超硬涂层工具的市场将达到每年 20 亿美元，并且应用领域主要集中在汽车工业。由于形成 c-BN 涂层时总是伴随着很大的内应力，因此 c-BN 涂层极易从基体上脱落。c-BN 涂层刀具要走向实用化，目前最大的难题是要解决 c-BN 涂层与硬质合金基体之间的结合力。目前较为有效的方法是在基体与涂层之间增加过渡层，如氮化钛、氮化硅、富硼梯度层等。过

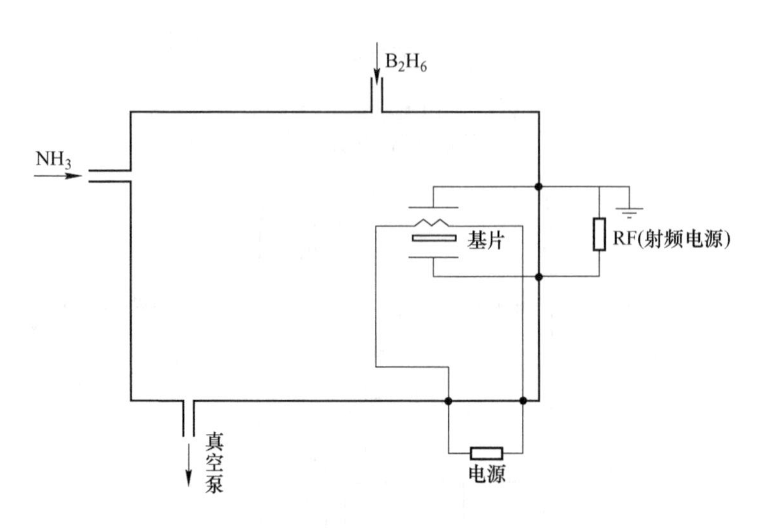

图 11.6　热丝辅助射频等离子体 CVD 装置[128]

渡层能显著减少涂层的内应力，从而提高涂层与基体的结合力，然而要真正达到实用要求，还有待进一步研究与改良。

11.2.4　SiC 及 Si_3N_4 涂层

氮化硅陶瓷因其耐高温、耐腐蚀、抗热震性强、高温蠕变小、硬度高、线膨胀系数小和优异的抗氧化性能，广泛应用于火箭发动机、航空发动机等宇航领域，此外在汽车发动机、轴承、转子发动机刮片、燃气轮机叶片和化学工业等领域也得到广泛应用。采用连续纤维增强复合材料可改善氮化硅固有的脆性，使其高温稳定性和韧性大为提高。氮化硅及其复合材料能在火箭发动机、航空发动机上长寿命使用受到人们的高度重视，成为当今新兴的研究领域。CVD-Si_3N_4 陶瓷因其氧化物具有较低的氧扩散系数、自愈合能力强、在使用温度范围内挥发性低、线膨胀系数低、与 C/C 复合材料匹配性好等优点，在提高 C/C 复合材料的抗氧化方面获得广泛应用，成为 C/C 复合材料防氧化涂层的理想材料。CVD-SiC 材料的抗氧化性能源于高温氧化生成了一层致密 SiO_2 保护层，防止了氧对复合材料内部（碳纤维增强体）进一步氧化，而 CVD-Si_3N_4 氧化后除形成 SiO_2 保护膜外，还生成一种比 SiO_2 膜更优异的氧气扩散阻挡薄层（Si-O-N 化合物层），因此具有优异的抗氧化性能[132~134]。

CVD 工艺最早被用于沉积涂层和薄膜，其基本原理为混合气体在较高的温度下发生化学反应，在基体表面沉积形成涂层或薄膜，它一般由前驱体、反应室、气体处理装置和抽真空装置组成。通过控制气体流量及配比、反应压力和反应温度，能制备高纯度的 Si_3N_4 陶瓷材料。常用 CVD-Si_3N_4 工艺见表 11.3。CVD-

Si_3N_4 陶瓷氧化试样须先经抛光机抛光，然后依次用洗涤剂、蒸馏水、丙酮和酒精清洗，最后于干燥氧气中分别在不同温度下氧化。通常采用热失重分析法（TGA）研究 CVD-Si_3N_4 材料在氧化过程中的氧化速率，用 SEM、TEM 和光学显微镜分析材料氧化前后的微观结构和形貌变化[135, 136]。

表 11.3　常用 CVD-Si_3N_4 工艺制备概况[135]

反应体系	反应条件	产　物
$SiCl_4$-NH_3	1000～1500℃	Si_3N_4
$SiCl_4$-NH_3	500～900℃	$Si_3N_xH_y$
$SiCl_4$-NH_3	激光（CO_2）	Si_3N_4
$SiCl_4$-NH_3	等离子体	Si_3N_4

使用化学气相渗透法制备的碳/碳复合材料具有约 370℃ 相对较低的氧化温度阈值。因此，需要防高温氧化保护涂层，抗氧化涂层可以选择 CVD-SiC 中间层。

通过在碳/碳复合材料和 SiC 涂层之间引入 CVD-TiC 夹层，可以克服由于热循环导致的 SiC 涂层开裂问题。与没有 TiC 中间层的裂纹相比，观察到 SiC 的抗氧化性得到了显著改善，并且裂纹的数量明显减少。由于 SiC（$4.6\times10^{-6}K^{-1}$）和碳/碳复合材料（$0.3～0.5\times10^{-6}K^{-1}$）之间的热膨胀系数不匹配，将 SiC 直接沉积到碳/碳复合材料上会在 SiC 涂层中产生很大的拉伸应力。引入 TiC 中间层($7.6\times10^{-6}K^{-1}$）可以在 SiC 涂层中产生压应力，从而防止了热裂纹，同时，抗氧化性随着 TiC/SiC 比的增加而增加。

使用 SiC/C 成分梯度涂层不仅能够提高抗氧化性，还可以改善涂层组件的隔热性和耐热冲击性。由 $SiCl_4$-C_3H_8-H_2 前驱体混合物通过控制 $SiCl_4$ 及 H_2 流速，并保持 C_3H_8流速恒定，可逐步改变 Si/(Si+C) 输入气体比率，制成成分梯度 CVD-SiC/C 涂层。反应物混合物比例的逐步变化可以沉积具有连续梯度成分的 SiC/C 涂层，该成分包括 SiC、SiC-C、C-Si 和 C 相。沉积温度保持在 1500℃，总气压为 6.7 kPa。未引入 SiC/C 的样品置于 877～1427℃ 测试条件下 40 次重复加热循环后，由于热疲劳而产生开裂，而在分级 SiC/C 涂层样品中未观察到裂纹[137]。使用 5kW CO_2 激光测试 SiC/C 涂层样品耐热冲击性。在未引入 SiC/C 样品上开始出现裂纹的激光功率密度值为 5.8MW/m^2，而对于 SiC/C 样品则更高，为 7.4 MW/m^2[138]。这种成分梯度 SiC/C 也可以引入到碳/碳复合材料的保护涂层体系中，以提高复合材料的抗氧化性和热机械性能。

CVD 涂层在刀具、模具、零部件上的应用如图 11.7 所示。

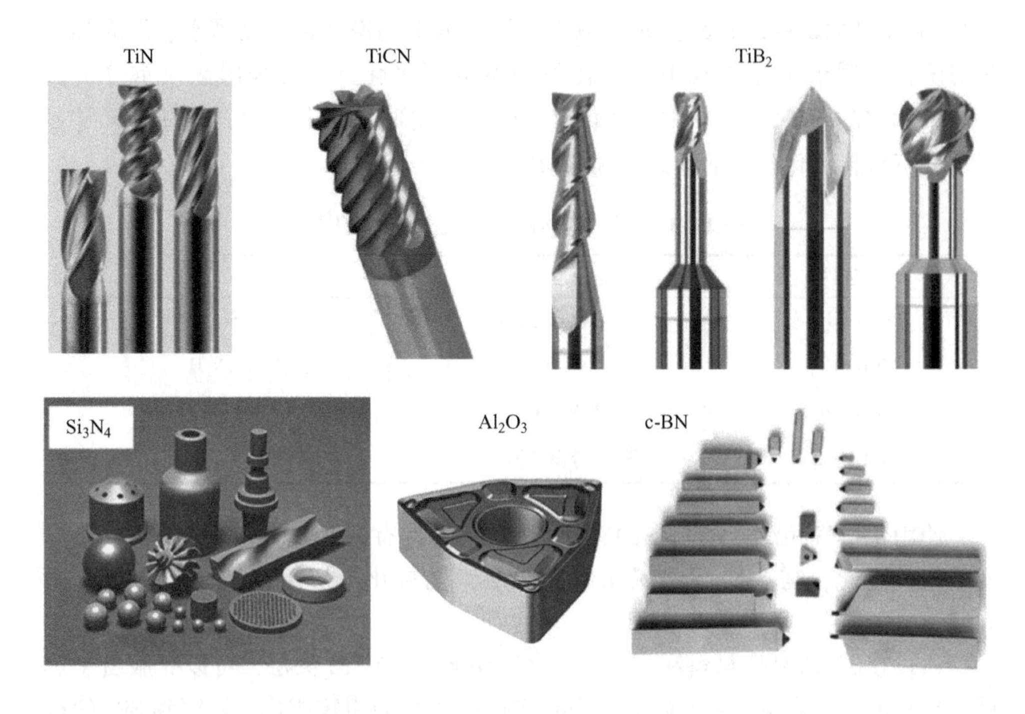

图 11.7　CVD 涂层在刀具、模具、零部件上的应用

11.3　CVD 功能化涂层

11.3.1　CVD 聚合物涂层

近年来，CVD 技术在聚合物薄膜沉积中的应用越来越广泛。与其他聚合物合成技术相比，聚合物 CVD 技术具有许多独特的优点，在微电子、光学器件、生物医学工业、耐腐蚀和防护涂层，甚至在汽车工业中都得到了广泛的应用。聚合物的 CVD 沉积（也称为化学气相聚合（CVP）或有时为气相沉积聚合（VDP））不同于无机 CVD 沉积（如金属或陶瓷薄膜），必须针对每种材料和应用进行开发和优化。沉积通常是通过热活化或等离子体活化过程来完成的。聚合物化学气相沉积的商业应用主要是微电子和光学器件行业，例如用于金属间电介质的超大规模集成电路（ULSI）。因此，研究重点放在这些材料和工艺上。近年来，聚合物 CVD 技术作为一种制备新型分子级无机-有机纳米复合材料的有力手段，已得到广泛的应用。

CVD 与其他常规沉积技术，如聚合物薄膜的沉积技术之间的主要区别为 CVD 是一种干燥过程，在气相反应物和生成的固体薄膜之间没有液体中间物，因此不存在由于表面张力引起的问题，例如薄膜边缘拉离以及出现锐边等。此外，与仅限于平面基底的基于溶液的技术不同的是 CVD 能够在凹坑、孔洞和其他困难的三维结构中沉积均匀的薄膜。在薄膜器件制造中，CVD 薄膜具有良好的间隙填充和台阶覆盖特性。CVD 消除了溶液合成技术中溶剂保留和污染等问题。CVD 中不存在成膜后保留挥发性溶剂导致的出气，形成针孔、空隙等缺陷，和用于提供溶解性的取代基导致宿主聚合物的材料性能退化的问题。此外，由于化学气相沉积的干燥特性消除了粉尘、分子氧等的污染，易获得高纯度薄膜，可以解决大面积沉积技术中存在的问题，如厚度和性能的均匀性。CVD 薄膜可以在大面积上沉积，而且厚度和性能都非常均匀，当在大面积衬底上制造器件时尤其有利。此外，CVD 过程不局限于发生化学气相沉积，还可发生许多 PVD 过程，如溅射、激光烧蚀等。要在一个基于溶液技术的装置中制备不同的聚合物层，必须识别互斥溶剂，这通常是非常困难的。CVD 消除了这些困难，可以相对容易地制备出优良的异质结和多层膜。此外，CVD 还具有共沉积化合物的能力，易于共沉积合成无机或有机杂化物。这些杂化物也可以在分子水平上裁剪成纳米复合物[139, 140]。

在最先进的设备中，大多数组件的制造都是使用气相沉积技术完成的，如热蒸发或化学气相沉积。在装置中溶液沉积聚合物层可能是一个复杂、昂贵且缓慢的步骤。聚合物的化学气相沉积简化了设备集成，并使制造过程的复杂性大大降低。但是，必须指出的是，化学气相沉积法仍有一些缺点，主要的缺点是某些前驱体在商业上不可用。尽管 CVD（或 CVP）是一种成熟的沉积技术，但沉积工艺需要针对每种材料和应用进行开发和优化。

聚合物化学气相沉积与无机化学气相沉积有许多不同之处。在无机化学气相沉积中，反应物通常是原子或分子，且引入物种的反应仅限于膜的表面。在聚合物 CVD 中，引入的反应物种具有高迁移率，可以扩散到膜层表面以下，在膜层中发生反应。聚合物的 CVD 沉积一般遵循类似于自由基聚合的反应途径，即通过起始、传播和终止途径进行。单体反应物首先吸附在基底的表面，当局部吸附单体浓度达到临界值时，开始发生链反应。这一临界单体浓度要求实际上消除了气相聚合。然而，在无机化学气相沉积中，如果沉积条件没有得到适当的优化，则气相中可能发生成核，导致微粒形成（也称为“雪崩”效应）[141]。链反应启动后，链式传播迅速发生。当生长聚合物链的自由基端与另一种自由基端发生反应，或者当自由基端埋入膜太深，而后续吸附单体不能到达时，就会发生生长终止。一般来说，聚合物链的传输速率与衬底温度成反比，即随衬底温度的升高而降低，反之亦然。如上所述，膜层表面的化学反应，外来反应物的横向扩散、气化，都是以活化过程为特征的，并服从阿伦尼乌斯公式：

$$\frac{\partial \ln K}{\partial (1/T)} = -E_K/R \tag{11.1}$$

式中，K 为速率常数；E_K 为所需活化能；R 为通用气体常数；T 为绝对温度。聚合物的活化能 E_K 值为负值，而无机物 CVD 过程的活化能 E_K 值为正值。Gorham 提出了一个在-9kcal/mol 的聚对二甲苯聚合物中薄膜生长的活化能。其他研究人员也报告了类似的活化能负值。相比之下，氯硅烷外延硅（Si）的热 CVD 需要 40 kcal/mol 的活化能。因此，在大多数聚合物体系中，随着衬底温度的升高，沉积速率降低，这与无机物 CVD 体系不同。结果表明，在较低的衬底温度下，聚合物 CVD 过程是在批量输运控制下进行的，而无机物 CVD 过程是在表面反应控制下进行的。随着衬底温度的升高，聚合物化学气相沉积过程经历了从传质控制区向表面反应控制区的转变。这与无机化学气相沉积工艺相反，无机化学气相沉积工艺在较低的衬底温度下从表面控制区向较高的衬底温度下的批量输运控制区转变。

CVD 过程中可能发生几种化学反应，其中一些是热分解（或热解）、还原、水解、氧化、渗碳、硝化和聚合。所有这些都可以通过多种方法激活，如热辅助、等离子体辅助、激光辅助、光辅助、快速热处理辅助以及聚焦离子或电子束。相应地，CVD 过程被称为热 CVD、等离子体辅助 CVD、激光 CVD 等。其中，热辅助和等离子体辅助化学气相沉积技术得到了广泛的应用，但也有其他技术用于聚合物化学气相沉积的报道。顾名思义，热 CVD 过程是一种通过热活化的化学反应。热 CVD 的原理可以从下面的对二甲苯例子中很容易理解。

聚对二甲苯是通过热化学气相沉积法沉积的，这种方法在微电子工业中很流行，被称为“戈勒姆法”。这种沉积过程的起始材料（前驱体）通常是对环烷二聚体（DPX）。二聚体解离形成反应性单体，然后经历成核和生长，最终形成聚合物薄膜。接下来的反应是：

$$\text{DPX} \xrightarrow[\text{Vaccum}(<1\text{Torr})]{600\sim700^{\circ}\text{C}} \text{PPX} \tag{11.2}$$

以这种方式制备的聚对二甲苯薄膜是超大型集成电路（ULSI）互连用的低介电常数材料。众所周知，带电粒子的存在可以开辟新的反应途径，其活化能比热粒子的活化能低。通过在等离子体中形成激发态反应物，可以在较低衬底温度下进行反应。并且，等离子体的存在会产生超过平衡数量的自由基，这些自由基可在足够低的温度下发生反应，从而产生较高沉积速率。除了降低基板温度外，等离子体的使用也提供了一些明显的优势。例如，高能带电粒子碰撞可以产生无法靠热化学气相沉积生成的某些亚稳态物质，因此，可以利用 PECVD 聚合一些不含常规易聚合基团的碳氢化合物，如甲烷、乙烷和环己烷。在聚合物薄膜领域，PECVD 已被广泛用于沉积聚氟烃和聚全氟碳化物等聚合物，而最近也被应用在沉积被称为等离子体聚合氟化单体（PPFM）或氟聚合物全新材料领域。

11.3.2 CVD 防腐抗氧化涂层

化学气相沉积铁基合金高温防腐蚀膜的研究主要集中在添加和不添加氧活性元素的方法上。CVD 工艺利用稳定合金基体的蒸汽传输和热处理来沉积保护涂层，其性能非常好，可在能源相关工业中作为绝缘体/防腐涂料体系单独或同时使用。

结构铁基合金在高温环境中的耐腐蚀性通常是通过形成连续的保护性氧化皮（如氧化铬或氧化铝）来实现的，该氧化皮充当环境与合金之间的扩散屏障。这种涂层只能表面覆盖合金表面，在恶劣的高温条件下容易受到侵蚀或剥落。在开发更多抗氧化合金时，必须解决的两个基本目标是：（1）降低金属离子和/或氧通过氧化皮的传输速率，以及（2）提高氧化皮对合金基体的附着力。

“活性元素”（如钇、镧、铈）在合金中的使用始于 20 世纪 30 年代，并在高温氧化过程中影响氧化皮和合金基体的性能[70, 71]。没有含氧元素的合金在氧化过程中表现出向外的缓慢迁移。然而，当合金中存在活性元素时，在氧化皮生长过程中，负离子向内迁移占主导地位。活性元素倾向于抑制晶粒长大，即在高温氧化过程中稳定合金基体。Fe-Cr 合金中的活性元素抑制了合金中的晶粒长大，并通过氧化皮抑制了 Fe 的扩散。氧化速率的降低顺序为 Fe-25Cr>Fe-25Cr-1Ce>Fe-25Cr-03Y。透射电子显微镜（TEM）和扫描电子显微镜（SEM）确认了 Fe-25Cr-(0.1-3）Y 合金的 Y2(Fe, Cr)L7 或 Y_2O_3 的稳定金属间相和 Fe-25Cr-（0.3-1）Ce 的 Ce-Fe-Cr 或 CeO_2 的晶界偏析，如图 11.8 所示。CVD 表面改性的目的是在反应性元素加入量的基础上，对高温合金（如 Fe-25Cr-0.3Y）进行额外的腐蚀防护，这种防护将长期有效。

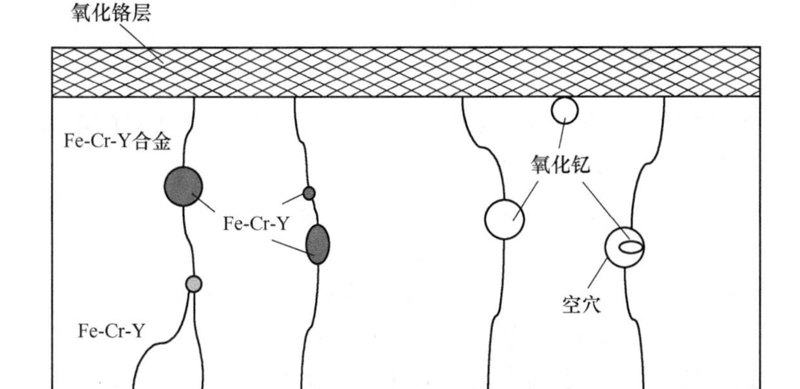

图 11.8 活性元素选择性氧化及偏聚/析效应[70, 71]

诸如 TiB_2 之类的硼化物通常对熔融金属具有强耐腐蚀能力，尤其是熔融铝，常涂覆于金属蒸发旋转坩埚中[142~146]。通常使用 $TiCl_4/BCl_3/H_2$ 的混合物气源沉积 CVD-TiB_2 涂层。尽管碳化物对熔融金属的抗腐蚀性一般较差，但碳化物对硫酸、海水和工业废料具有良好的抗性。例如，CrC 非常耐腐蚀，并且被广泛用作钝化中间层。涂有 SiC 的钼加热管可以在 830~1130℃的氧气气氛中提供高温腐蚀保护。CVD 氮化硼等氮化物是极耐腐蚀的涂层材料之一，被广泛用作熔融金属、陶瓷和玻璃加工的独立坩埚的保护性涂层材料。硅化物（尤其是 $MoSi_2$）通过形成薄层黏附氧化物而具有良好的高温抗氧化性，可保护硅化物免受环境温度高达 1900℃的氧化，被用作暴露于腐蚀性气氛（如 CO_2、SO_2 和 N_2O）的工程部件的高温腐蚀防护涂层。$MoSi_2$ 可以使用低压 CVD 从 650~950℃的 $MoCl_5/SiH_4$ 或250~300℃的 MoF_6/SiH_4 的混合物中沉积得到。此外，Al_2O_3、SiO_2 等氧化物涂层已被广泛用于在腐蚀性环境中为不锈钢提供有效的保护，例如高达 1000℃的 CO_2 腐蚀环境，以及在高温下对碳钢的氧化保护。

通过在 CVD 过程中同时沉积粉末/颗粒物质，可原位沉积复合耐磨涂层。粉末可由沉积过程中注入气相或通过均相气相反应形成。例如，在摩擦学应用中，在韧性基体中包含了硬颗粒，则在保护性涂层中含有铬和铝的复合相，高温下通过选择性氧化优先在表层形成致密的、具有保护性的氧化层，可阻止高温腐蚀的发生[147]。具有低原子序数的化学惰性耐火材料，如 TiB_2、TiC 和 B_4C，已用于涂覆核聚变装置[148]。例如，据报道 TiB_2 和 B_4C 可覆盖聚变反应堆的外壁，TiC 涂层已应用于石墨表面。CVD 还广泛用于用热解碳包覆核燃料颗粒保护，如易裂变的 ^{235}U、^{233}U 以及 ^{232}Th。燃料颗粒的碳涂覆通常在 CVD 流化床反应器中进行。碳由碳氢化合物前驱物（例如丙烯（C_3H_6））在 1350℃下分解沉积而成。随后，碳包覆的燃料颗粒被固结成燃料棒，并组装成燃料元件。碳涂层的作用是抑制裂变反应的副产物，从而最大程度地减少屏蔽的使用。

11.3.3 CVD 光电涂层

热 CVD 电绝缘涂层用于电气绝缘，主要集中在电力变压器的磁芯和液态金属冷却磁流变器的设计上[149]。采用 CVD 和 800~850℃高温金属气相沉积技术，在钒合金和 304、316 不锈钢上制备了 CaO 和钒酸钙薄膜，并用光学显微镜、扫描电子显微镜、电子能谱仪和 X 射线衍射仪对薄膜进行了分析，发现当氧化层中的钙钒比大于 0.9 时，薄膜是一个很好的绝缘体，而当钙钒比小于 0.8 时，涂层表现出半导体或金属的导电行为，然而，在某些情况下，当氧化钙涂层样品浸入液态锂中时，在较宽的比表面积上，即使钙钒比大于 0.98，也观察到半导体行为。我们将半导体行为归因于 CaO 涂层中含有导电钒酸钙相的局部区域。在薄（1~5μm）涂层中形成钒酸盐或钛酸盐相可能无法为 MFR 应用提供足够的电阻，并可能对液态金属相容性有潜在问题。我们已将充氧和反应 CVD 技术应用于其他氧化物，如 MgO(BeO)、$MgAl_2O_4$ 等，以确定在 MFRS 应用中它们对绝缘体涂层的适用性。

一般来说，当导体被放置在磁场中时，电绝缘涂层可以减少或防止不必要的电流流动。导体移动时会产生感应电流。磁流体动力（MHD）及其对热工水力学的影响是液态金属冷却系统的主要研究内容。磁性电力变压器包含许多薄膜状的绝缘磁芯板。用于变压器、电机和发电机等工频电气设备的叠层磁芯的电工钢通常要具有某种类型的绝缘体涂层，以尽量减少由于循环涡流引起的层间磁芯损耗。Loundermilk 和 Murphy 在电工钢方面做了开创性的工作，Liu、Park 和他的合作者设计了一个液态金属冷却系统，用于描述磁聚变反应堆（MFR）中的第一个壁或包层的绝缘涂层技术。但在后一种应用中，结构材料的耐腐蚀性和磁流体动力（MHD）及其对热工水力学的影响是主要关注的问题。

变压器、电动机、发电机和其他电磁设备中的磁芯的作用是倍增和直接引导磁通量。为了有效地完成这项任务，在加热磁芯时浪费的能量必须降到最低。能量损失称为磁心损耗，通常用磁芯材料的单位重量瓦特表示。电工钢片上绝缘涂层的目的是将总铁心损耗的一个称为层间损耗的分量降到最低。当变压器的一次绕组用交流电通电时，磁芯中会感应到交变磁通量。该交变磁通在二次绕组中感应电压，从而实现所需的电压变换，该电压变换是相对于输入电压的增加或减少，取决于一次绕组和二次绕组中匝数的比率。然而，变化的磁通量也会在磁芯材料中产生交流电压，从而产生称为“涡流”的循环电流。如图 11.9（a）所示，在实心磁芯中，这些涡流在整个磁芯横截面内自由循环。感应涡流对磁芯的电阻加热是磁芯总损耗的主要组成部分，称为“涡流损耗”。减小涡流损耗的一种方法是通过使用由相互电绝缘的薄片组成的叠层磁芯结构来限制涡流的路径。图 11.9（b）所示为一个分层变压器铁芯，涡流路径限制在每个分层中。

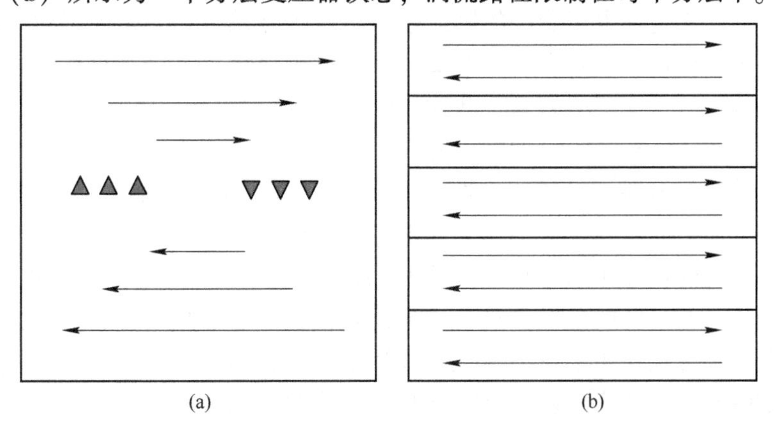

图 11.9 实心磁芯中的“涡流”[149]

（a）实心磁芯涡流；（b）叠层磁芯涡流

涡流路径的限制导致涡流功率损耗（I^2R 损耗）大幅度降低。为了充分利用这一效应，用薄金属铁心材料制备了具有多个叠片（叠片数设为 n）的叠片铁心和具有相同横截面积的商用变压器实心铁心（涡流损耗比为 $1/n^2$）。利用经典涡流功率损耗方程计算出磁芯叠片内的涡流损耗 P_g(W/kg)：

$$P_g = 3.39 \times 10^{-3} (B \times f \times t)^2/(\rho\delta) \tag{11.3}$$

式中，B 为磁通密度，Gs；f 为频率，Hz；t 为层压厚度，cm；ρ 为电阻率；δ 为芯材密度，g/cm^3。

很明显，使用具有高电阻率的薄叠片可以将涡流损耗降到最低。当叠片彼此完全绝缘时，由交变磁通量在磁芯中感应的涡流不能从一个叠片流向另一个叠片。在大多数情况下，在层压之间有完美的绝缘层其实是不实际或不必要的。含有在高磁通密度下运行的大磁芯的电气系统（如大型电力变压器或发电机）比具有较小磁芯的电气系统需要更高的层间电阻。

11.3.4　石墨烯涂层

石墨烯因其性能非凡，如高光学透明性、良好的导电性和导热性、机械柔韧性、高固有载流子迁移率和化学稳定性，吸引了研究者的巨大研究兴趣。二维石墨烯片被认为是用于各种电子设备的下一代透明导电电极。为了制造基于石墨烯的下一代电子设备，开发用于在任何衬底上直接合成石墨烯的方法具有重要意义[150~156]。但是，由于石墨烯的表面能低，很难实现石墨烯的大面积直接生长，尤其是在介电基体上。介电基板的表面改性需要通过 PECVD 技术刺激气态碳源的分解来实现石墨烯在介电基板上的低温生长。此外，与在金属衬底上生长相比，控制介电衬底上的石墨烯生长速率和成核密度较为困难。通常，采用聚合物辅助的转移和金属蚀刻工艺在介电和半导体基底上转移金属催化辅助 CVD 石墨烯薄膜。为了避免在电子器件的制造过程中产生金属杂质，需要通过 CVD 技术在介电和半导体衬底上自由生长石墨烯的金属催化剂。这也将有助于避免昂贵、费时不利因素以及缺陷的转移。此外，由于在石墨烯/半导体之间形成可调肖特基势垒（SB），石墨烯/半导体混合结构，特别是石墨烯/Si 和石墨烯/Ge 成为未来晶体管的热点材料。但是，石墨烯和氢封端的半导体之间的 SB 与常规 SB 存在以下两个方面不同。首先，由于化学惰性石墨烯与完全饱和（无悬挂键）的半导体表面之间的相互作用可忽略，因此界面状态的产生得以减少。其次，可以通过静电场效应在很宽的范围内调节费米能量（EF）来调节石墨烯的功函数。大型单晶硅晶圆可轻松用于外延石墨烯的生长。但是，硅表面的碳扩散性弱，高温下碳的溶解性强，会降低在硅上生长出的石墨烯的质量。

众所周知，Ni 和 Cu 可分别催化多层石墨烯（MLG）和单层石墨烯的生长。在高温下，碳原子溶解在金属链中，然后在温度降低期间偏析在其表面上形成石墨烯。Ni 具有较高的碳溶解度并提供较大的配位数，而 Cu 由于溶解度较低而提供较小的配位数。因此，多层和单层石墨烯可分别在 Ni 和 Cu 表面形成。另一方面，与 Cu 相比，Si 与碳的溶解度更低。根据 Si-C 的相图，在（1000～2545）±40℃的高温下存在一条 SiC 直线。这表明在此温度范围内，单层石墨烯和 Si 相不会同时生长。因此，用于石墨烯生长的硅衬底温度应低于 1000℃。

基于以上结论，对于单晶单层石墨烯无金属催化的直接 CVD 生长以制备石墨烯/半导体异质结构，单晶 Ge 衬底效果较好。由此产生的低能垒导致碳前驱体催化分解，并促进表面上石墨碳的形成。相反，即使在其熔化温度下对碳的溶解度也极低（$<108atoms/cm^3$），这使得完整的单层石墨烯能够生长。由于单晶 Ge 表面具有独特各向异性的原子排列，有可能将多个晶种合并为无晶界的单晶层。此外，在硅晶片上外延生长的大面积单晶 Ge 层很容易获得，且 Ge 和石墨烯之间的热膨胀系数差异可忽略不计，有助于减少本征微裂纹的形成。

Si 基体上生长的 CVD 石墨烯为平面二维异质结，可形成传统的肖特基二极管状结构，可用于光电设备应用平台的构建。在这些器件中，光激发发生在 Si 中，而石墨烯则充当载流子收集器。此外，尽管电容耦合栅极需要大偏压，但石墨烯的费米能级也可以通过施加低反向偏压而发生偏移。由于石墨烯的转移和制造过程均会导致电学和光学特性下降，因此，由于对带隙工程和对高速集成电路（IC）的亚微米级互连的逐步需求，人们一直在努力提高图案化石墨烯的质量。缺乏合适的转移工艺以及由于石墨烯的机械转移而导致的性能下降，导致在固体无机绝缘和半导体衬底上石墨烯的无金属催化剂的直接 CVD 生长成为该领域的研究热点[157]。

无金属催化剂情况下 CVD 生长石墨烯的介电基板有 SiO_2、ZrO_2、HfO_2、h-BN、Al_2O_3、Si_3N_4、石英、MgO、$SrTiO_3$、TiO_2 等基体，以及半导体基板，如 Si、Ge、GaN、SiC 等[97, 98]。由于石墨烯的表面能低，在上述基板上直接进行石墨烯的 CVD 生长较为困难。而且，难以通过高温 CVD 方法在电介质基板上获得高质量的均匀石墨烯膜。但低温 PECVD 技术可以解决此问题。除 Ge 之外，关于石墨烯在其他半导体衬底上的无金属催化剂的直接 CVD 生长的报道很少，这些半导体衬底包括宽带隙半导体，例如 Si、GaN 和 SiC。Si 表面上极低的碳扩散率和高温下相对较高的碳溶解度会阻碍高质量单层石墨烯在 Si 基板上直接 CVD 生长。这些 PECVD 方法主要产生岛型生长和垂直石墨烯纳米片（VGN）。对于石墨烯的高温直接 CVD 生长，Si 衬底的温度应低于 1000℃。研究报道还通过使用热 APCVD、LPCVD 和 HFCVD 在 Si 衬底上进行高温（>800℃）直接生长。基于这些方法产生了石墨烯的不同形貌，例如三角形纳米石墨烯、SLG、FLG 以及 VGNs。VGNs 可分别在平坦的和纹理化的 Si 衬底上生长，但无法获得高质量和大面积的均匀石墨烯薄膜。此外，Ge 衬底由于其高催化活性和表面扩散性以及在其熔点时极低的碳溶解度而远优于 Si 衬底。因此，可通过使用热 CVD 在 Ge 晶片上进行石墨烯的直接 CVD 生长。制备出大面积、高质量的均匀石墨烯薄膜。同理，在硅晶片上外延生长的大面积单晶 Ge 层也可用于石墨烯的直接 CVD 生长。

此外，通过 PECVD 在 GaN 上直接生长均匀的石墨烯薄膜是制造光电器件并防止 GaN 热降解的理想选择。由于 GaN 在高温下会解离，因此必须保持 NH_3 超压条件以保护 GaN 表面。NH_3 具有双重作用，可以补偿生长过程中 GaN 中损失的氮以及释放 H_2，这对高温石墨烯 CVD 工艺有益。为了在基于石墨烯/半导体的混合电子和光电器件应用中将石墨烯直接集成在这些衬底上，还需要探索在 Si 和宽带隙半导体衬底上直接石墨烯的 CVD 生长工艺[158]。通过探索新的碳前驱物并设计新型 CVD 结构单元，有望在这些衬底（尤其是 Si 衬底）上生长出高质量和大面积的石墨烯薄膜，这对于基于石墨烯电子和光电器件制造及推广与应用至关重要。

CVD 石墨烯的应用如图 11.10 所示。

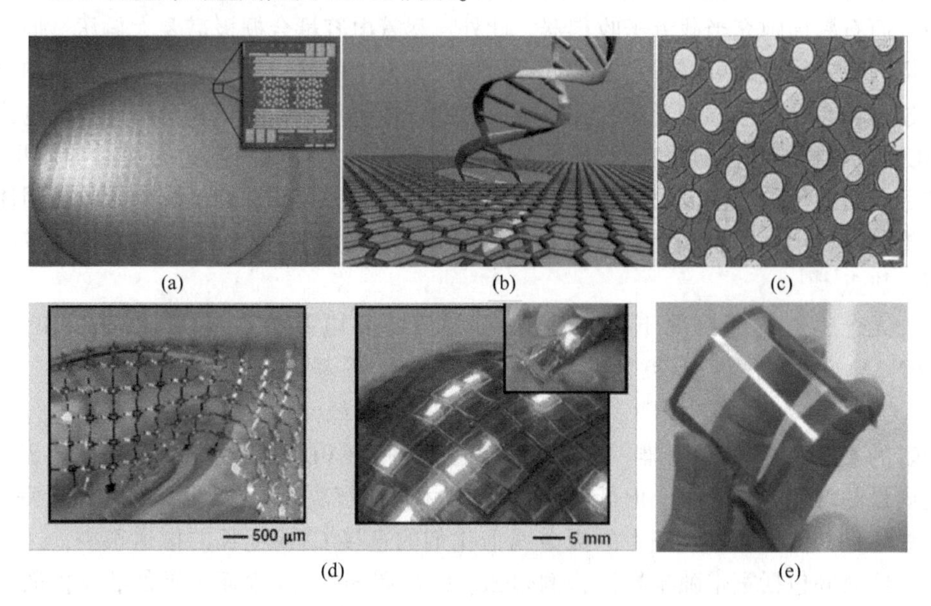

图 11.10　CVD 石墨烯的应用

（a）微纳电子器件；（b）生物分子筛；（c）TEM 网格样品筛；
（d）柔性传感器；（e）可弯曲、卷绕的显示器

第二篇参考文献

[1] Blocher J M, Browning M F, Barrett D M. Chemical vapor deposition of ceramic materials, emergent process methods for high-technology ceramics [J]. US: Springer, 1984.
[2] 王豫，水恒勇．化学气相沉积制膜技术的应用与发展 [J]. 热处理，2001，(04)：4~7.
[3] Zhang J, Xue Q, Li S. Microstructure and corrosion behavior of TiC/Ti (CN) /TiN multilayer CVD coatings on high strength steels [J]. Applied Surface Science, 2013, 280: 626~631.
[4] Boing D, Oliveira A J, Schroeter R B. Limiting conditions for application of PVD (TiAlN) and CVD (TiCN/Al_2O_3/TiN) coated cemented carbide grades in the turning of hardened steels [J]. Wear, 2018, 416-417: 54~61.
[5] Deryagin B V, Fedoseev D V. Epitaxial synthesis of diamond in the metastable region [J]. Russian Chemical Reviews, 1970, 39: 1661~1671.
[6] 高丽萍．超大规模集成电路中的 CVD 薄膜淀积技术 [J]. 电子工程师，2000 (7)：40~42.
[7] 陈国平．CVD 技术的进展（一）[J]. 电子器件，1988，3：6~11.
[8] Nelson L S, Richardson N L. Formation of thin rods of pyrolytic carbon by heating with a focused carbon dioxide laser [J]. Materials Research Bulletin, 1972, 7: 971~975.
[9] 张魁武．激光化学气相沉积 [J]. 金属热处理，2007，32：118~126.
[10] 赵峰，杨艳丽．CVD 技术的应用与发展 [J]. 热处理，2009，24：7~10.
[11] Tu C H, Chang T C, Liu P T, et al. A novel method for growing polycrystalline Ge layer by using UHVCVD [J]. Surface and Coatings Technology, 2006, 200: 3261~3264.
[12] Zhou Z, Cai Z, Li C, et al. Promoting strain relaxation of Si0. 72Ge0. 28 film on Si (100) substrate by inserting a low-temperature Ge islands layer in UHVCVD [J]. Applied Surface Science, 2008, 255: 2660~2664.
[13] 王福贞，马文存．气相沉积应用技术 [M]. 北京：机械工业出版社，2006.
[14] Pierson H O. Handbook of chemical vapor deposition (CVD) -Principles, Technology and applications [J]. US: William Andrew Publishing, 1999. 2nd ed.
[15] 唐伟忠．薄膜材料制备原理、技术及应用 [M]. 北京：冶金工业出版社，1998.
[16] Park J H, Sudarshan T S. Chemical Vapor Deposition (Surface engineering series Vol 2) [J]. US: ASM International, 2001.
[17] Choy K L. Chemical vapor deposition of coatings [J]. Progress in Materials Science, 2003, 48: 57~170.
[18] 田民波．薄膜技术与薄膜材料 [M]. 北京：清华大学出版社，2016.
[19] 王福贞，马文存．气相沉积应用技术 [M]. 北京：机械工业出版社，2007.
[20] 方应翠．真空镀膜原理与技术 [M]. 北京：科学出版社，2014.
[21] 赵薇．化学气相沉积技术在环境科学中探讨 [J]. 硅谷，2011，19：47~47.
[22] 张以忱．真空镀膜技术 [M]. 北京：冶金工业出版社，2009.
[23] 李松法．化学汽相淀积（CVD）技术 [J]. 半导体技术，1977 (04)：72~89.

[24] 张迎光，白雪峰，张洪林．化学气相沉积技术的进展［J］．中国科技信息，2005，12（072）：1001～8972.
[25] 李崇俊，马伯信，金志浩．化学气相沉积/渗透技术综述［J］．固体火箭技术，1999，（01）：56～60.
[26] 赵峰，杨艳丽．CVD技术的应用与进展［J］．热处理，2009，24（4）：7～10.
[27] 阎洪．化学气相沉积层的技术和应用［J］．稀有金属与硬质合金，1999，1：57～62.
[28] 戴达煌．薄膜与涂层现代表面技术［M］．中南大学出版社，2008.
[29] 张菁．化学气相沉积技术发展趋势［J］．表面技术，1996，2：1～3.
[30] 程开富．化学汽相淀积技术的发展及其应用［J］．半导体光电，1986，2：83～89.
[31] 胡昌义，李靖华．化学气相沉积技术与材料制备［J］．稀有金属，2001，5：364～368.
[32] 张利群．化学汽相淀积技术的发展［J］．半导体情报，1981，（05）：11～19.
[33] 郭展郡．化学气相沉积技术与材料制备［J］．低碳世界，2017，27：288～289.
[34] 刘鲁生，张珂，王贺．多功能热丝化学气相沉积金刚石涂层制备设备的研制［J］．真空，2017，54（6）：17～20.
[35] 齐宝森，陈路宾，王忠诚，等．化学热处理技术［M］．北京：化学工业出版社，2006.
[36] 孔德谆．化学热处理原理［M］．北京：航空工业出版社，1992.
[37] 黄守伦．实用化学热处理与表面强化新技术［M］．北京：机械工业出版社，2002.
[38] 潘邻．化学热处理应用技术［M］．北京：机械工业出版社，2004.
[39] 刘光明．表面处理技术概论［M］．北京：化学工业出版社，2011.
[40] 胡传炘．表面处理手册［M］．北京：北京工业大学出版社，2004.
[41] 张金柱，杨宗伦，魏可媛．稀土元素在化学热处理中的催渗和扩散机理研究［J］．材料导报，2006，20：223～225.
[42] 韦永德，刘志如，王春义，等．用化学法对20钢、纯Fe表面扩渗稀土元素的研究［J］．金属学报，1983，19（5）：121～124.
[43] 杨勇，王铀，闫牧夫．提高材料摩擦学性能之稀土表面工程［J］．热处理技术与装备，2006，27（6）：1～4.
[44] 韩永珍，李俏，徐跃明，等．真空低压渗碳技术研究进展［J］．金属热处理，2018，43（10）：253～261.
[45] Suh B，Lee W. Surface hardening of aisi 316l stainless steel using plasma carburizing［J］. Thin Solid Films，1997，295：185～192.
[46] Baek J M，Cho Y R，Kim D J. Plasma carburizing process for the low distortion of automobile gears［J］. Surface and Coatings Technology，2000，131（1-3）：568～573.
[47] Edenhofer B，Gräfen W，Müller-Ziller J. Plasma-carburising—a surface heat treatment process for the new century［J］. Surface and Coatings Technology，2001，142（3）：225～234.
[48] Jacobs M H，Law T J，Ribet F. Plasma carburizing：theory，industrial benefits and practices［J］. Surface Engineering，2014，1（2）：105～113.
[49] Sun Y，Li X，Bell T. Low temperature plasma carburising of austenitic stainless steels for improved wear and corrosion resistance［J］. Surface Engineering，1999，15（1）：49～54.

[50] Cho S, Kim H, Lee M, et al. Direct formation of graphene layers on top of SiC during the carburization of Si substrate [J]. Current Applied Physics, 2012, 12 (4): 1088~1091.

[51] Yang Y, Yan M F, Zhang Y X, et al. Self-lubricating and anti-corrosion amorphous carbon/ Fe_3C composite coating on M50NiL steel by low temperature plasma carburizing [J]. Surface and Coatings Technology, 2016, 304: 142~149.

[52] Yang Y, Yan M F, Zhany Y X, et al. Catalytic growth of diamond-like carbon on Fe_3C-containing carburized layer through a single-step plasma-assisted carburizing process [J]. Carbon, 2017, 122: 1~8.

[53] Peter S. Laser nitriding of metals [J]. Process in Materials Science, 2002, 47: 1~161.

[54] Gissler W, Jehn H A. Advanced techniques for surface engineering [M]. US: Springer, 1992.

[55] Frank C. Heat treament-conventional and novel applications [M]. InTech, 2012.

[56] Kolozsvary Z. Influence of oxygen in plasma nitriding [J]. International Heat Treatment and Surface Engineering, 2009, 3: 153~158.

[57] Jauhari I, Rozali S, Masdek N, et al. Surface properties and activation energy analysis for superplastic carburizing of duplex stainless steel [J]. Materials Science and Engineering A, 2007, 466: 230~234.

[58] Dong H. S-phase Surface Engineering of Fe-Cr, Co-Cr and Ni-Cr Alloys [J]. International Materials Reviews, 2010, 55 (2): 65~98.

[59] Li J C, Yang X M, Wang S K, et al. A rapid D. C. plasma nitriding technology catalyzed by pre-oxidation for AISI4140 steel [J]. Materials Letters, 2014, 116: 199~202.

[60] Tong W P, Tao N R, Wang Z B, et al. Nitriding iron at lower temperatures [J]. Science, 2003, 299: 686~688.

[61] Sun Z, Zhang C S, Yan M F. Microstructure and mechanical properties of M50NiL steel plasma nitrocarburized with and without rare earths addition [J]. Materials and Design, 2014, 55: 128~136.

[62] Yang Y, Dai X Z, Yang X R, et al. First-principles analysis on the role of rare-earth doping in affecting nitrogen adsorption and diffusion at Fe surface towards clarified catalytic diffusion mechanism innitriding [J]. Acta Materialia, 2020, 196: 347~354.

[63] Zhecheva A, Sha W, Malinov S, et al. Enhancing the microstructure and properties of titanium alloys through nitriding and other surface engineering methods [J]. Surface and Coatings Technology, 2005, 200: 2192~2207.

[64] 苗虎，李刘合，旷小聪．原子层沉积技术发展概况 [J]. 真空，2018，4: 51~58.

[65] Kol' tsov S I. Production and investigation of reaction products of titanium tetrachloride with silica gel [J]. Zhurnal Pikladnoi Khimii, 1969, 42: 1023~1028.

[66] 曹燕强，李爱东．等离子体增强原子层沉积原理与应用 [J]. 微纳电子技术，2012，7: 67~74.

[67] Suntola T, Antson J. Method for producing compound thin films [P]. US4058430A, 1977.

[68] Sheng J, Lee J H, Choi W H, et al. Review Article: Atomic layer deposition for oxide semiconductor thin film transistors: Advances in research and development [J]. Journal of Vacuum Science & Technology A, 2018, 36 (6): 060801: 1~13.

[69] Puurunen R L. Surface chemistry of atomic layer deposition: a case study for the trimethylaluminum/water process [J]. Journal of Applied Physics, 2005, 97: 121301 (1~52).

[70] Gebhard M. A combinatorial approach to enhance barrier properties of thin films on polymers: Seeding and capping of PECVD thin films by PEALD [J]. Plasma Processes and Polymers, 2018: 1700209 (1~11).

[71] Johnson R W, Hultqvis A, Stacey T, et al. A brief review of atomic layer deposition: from fundamentals to applications [J]. Materials Today, 2014, 17: 236~246.

[72] Meng X. An overview of molecular layer deposition for organic and organic-inorganic hybrid materials: mechanisms, growth characteristics, and promising applications [J]. Journal of Materials Chemistry A, 2017, 5: 18326~18378.

[73] Park J H, Sudarshan T. Chemical Vapor Deposition [J]. Materials and Corrosion, 2015, 54 (2): 820~825.

[74] Kräuter W, Bäuerle D, Fimberger F. Laser induced chemical vapor deposition of Ni by decomposition of Ni $(CO)_4$ [J]. Applied Physics A (Solids and Surfaces), 1983, 31 (1): 13~18.

[75] Paserin V, Marcuson S, Shu J, et al. CVD Technique for Inco Nickel Foam Production [J]. Advanced Engineering Materials, 2004, 6 (6): 454~459.

[76] Becht M, Gallus J, Hunziker M, et al. Surface morphology and electrical properties of copper thin films prepared by MOCVD [J]. Fresenius Journal of Analytical Chemistry, 1995, 353 (5-8): 718~722.

[77] Brissonneau L, Vahlas C. MOCVD rocessed Ni films from nickelocene Part I: growth rate and morphology [J]. Chemical Vapor Deposition, 1999, 5 (4): 135~142.

[78] Brissonneau L, de Caro D, Boursier D, et al. MOCVD - processed ni films from nickelocene. Part II: carbon content of the deposits [J]. Chemical Vapor Deposition, 2015, 5 (4): 143~149.

[79] Myung N V, Park D Y, Yoo B Y, et al. Development of electroplated magnetic materials for MEMS [J]. Journal of Magnetism and Magnetic Materials, 2003, 265 (2): 189~198.

[80] Guo J, Lan M, Wang S, et al. Enhanced saturation magnetization in buckypaper-films of thin walled carbon nanostructures filled with Fe_3C, FeCo, FeNi, CoNi, Co and Ni crystals: the key role of Cl [J]. Physical Chemistry Chemical Physics Pccp, 2015, 17 (27): 18159~18166.

[81] Dey N K, Hong E M, Choi K H, et al. Growth of Carbon Nanotubes on Carbon Fiber by Thermal CVD Using Ni Nanoparticles as Catalysts [J]. Procedia Engineering, 2012, 36: 556~561.

[82] Paulus U, Wokaun A, Scherer G, et al. Oxygen Reduction on Carbon-Supported PtNi and PtCo Alloy Catalysts [J]. The Journal of Physical Chemistry B, 2002, 106 (16): 4181~4191.

[83] Sun W P, Lin H, Hon M H. CVD aluminide nickel [J]. Metallurgical Transactions A (Physical Metallurgy and Materials, Science), 1986, 17 (2): 215~220.

[84] Suenaga K, Yudasaka M, Colliex C, et al. Radially modulated nitrogen distribution in CNx nanotubular structures prepared by CVD using Ni phthalocyanine [J]. Chemical Physics Letters, 2000, 316 (5-6): 365~372.

[85] Wang B, Lee S, Xu X, et al. Effects of the pressure on growth of carbon nanotubes by plasma-enhanced hot filament CVD at low substrate temperature [J]. Applied Surface Science, 2004, 236 (1-4): 6~12.

[86] Kada T, Ishikawa M, Machida H, et al. Surface reactions in Ni MOCVD using cyclopentadienylallylnickel as a precursor [J]. Journal of Crystal Growth, 2005, 275 (1-2): e1121~e1125.

[87] Tolpygo V, and Clarke D. Rumpling of CVD (Ni, Pt) Al diffusion coatings under intermediate temperature cycling [J]. Surface and Coatings Technology, 2009, 203 (20-21): 3278~3285.

[88] Feurer E, Suhr H. Preparation of gold films by plasma-CVD [J]. Applied Physics A (Solids and Surfaces), 1987, 44 (2): 171~175.

[89] Oehr C, Suhr H. Thin copper films by plasma CVD using copper-hexafluoro-acetylacetonate [J]. Applied Physics A, 1988, 45 (2): 151~154.

[90] Dubner A, Wagner A. The role of the ion-solid interaction in ion-beam-induced deposition of gold [J]. Journal of Applied Physics, 1991, 70 (2): 665~673.

[91] Anderson B, Anderson R. Fundamentals of Semiconductor Devices [J]. Students Quarterly Journal, 2010, 36 (143): 171~172.

[92] Majoo S, Gland J, Wise K, et al. A silicon micromachined conductometric gas sensor with a maskless Pt sensing film deposited by selected-area CVD [J]. Sensors and Actuators B (Chemical), 1996, 36 (1-3): 312~319.

[93] Utriainen M, Kröger-Laukkanen M, Johansson L S, et al. Reactions of bis (cyclopentadienyl) zirconium dichloride with porous silica surface [J]. Applied Surface Science, 2001, 183 (3-4): 290~300.

[94] Chen Y j, Kaesz H D, Thridandam H, et al. Low-temperature organometallic chemical vapor deposition of platinum [J]. Applied Physics Letters, 1988, 53 (17): 1591~1592.

[95] Kaesz H D, Williams R S, Hicks R F, et al. Low-temperature organometallic chemical vapor deposition of transition Metals [J]. MRS Proceedings, 1988, 131: 395~401.

[96] Abramov A, Bragov A M, and Lomunov A K. Experimental and numerical analysis of high strain rate behavior of aluminum alloys AMg-6 and D-16 [J]. Journal de Physique IV (Proceedings) /Le Journal de Physique Ⅳ, 2006, 134: 487~491.

[97] Igumenov I K, Gelfond N V, Morozova N B, et al. Overview of coating growth mechanisms in MOCVD processes as observed in Pt group metals [J]. Chemical Vapor Deposition, 2007, 13 (11): 633~637.

[98] Aaltonen T, Ritala M, Leskelä M. Atomic layer deposition of ruthenium thin films from Ru $(thd)_3$ and oxygen [J]. Chemical Vapor Deposition, 2004, 10 (4): 215~219.

[99] McCarty W J, Yang X, Anderson L J D, et al. Dinuclear Rh (II) pyrazolates as CVD precursors for rhodium thin films [J]. Dalton Transactions, 2011, 41 (1): 173~179.

[100] Erkey C. Preparation of metallic supported nanoparticles and films using supercritical fluid deposition [J]. The Journal of Supercritical Fluids, 2009, 47 (3): 517~522.

[101] Spear K E, Ashfold J P M. Synthetic Diamond: Emerging CVD Science and Technology [M]. 1994.

[102] Lee S T, Lin Z, Jiang X. CVD diamond films: nucleation and growth [J]. Materials Science & Engineering R: Reports, 1999, 25 (4): 123~154.

[103] Malshe A, Park B, Brown W, et al. A review of techniques for polishing and planarizing chemically vapor-deposited (CVD) diamond films and substrates [J]. Diamond and Related Materials, 1999, 8 (7): 1198~1213.

[104] Sein H, Ahmed W, Jackson M, et al. Performance and characterisation of CVD diamond coated, sintered diamond and WC-Co cutting tools for dental and micromachining applications [J]. Thin Solid Films, 2004, 447: 455~461.

[105] Polini R, Delogu M, and Marcheselli G. Adherent diamond coatings on cemented tungsten carbide substrates with new Fe/Ni/Co binder phase [J]. Thin Solid Films, 2006, 494 (1): 133~140.

[106] Alam M, Peebles D, and Tallant D. Diamond deposition onto WC-6% Co cutting tool material: coating structure and interfacial bond strength [J]. Thin Solid Films, 1997, 300 (1-2): 164~170.

[107] 王四根，盖世英，蒋政，等．硬质合金工具金刚石涂层渗硼预处理 [J]. 北京科技大学学报，2000，22：31~33.

[108] Qiu W, Liu Z, He L, et al. Improved interfacial adhesion between diamond film and copper substrate using a Cu (Cr) -diamond composite interlayer [J]. Materials Letters, 2012, 81 (15): 155~157.

[109] Mitsuda Y, Kojima Y, Yoshida T, et al. The growth of diamond in microwave plasma under low pressure [J]. Journal of Materials Science, 1987, 22 (5): 1557~1562.

[110] Ali N, Cabral G, Lopes A, et al. Time-modulated CVD on 0.8 μm-WC-10%-Co hardmetals: study on diamond nucleation and coating adhesion [J]. Diamond and Related Materials, 2004, 13 (3): 495~502.

[111] Sumant A V, Gilbert P, Grierson D S, et al. Surface composition, bonding, and morphology in the nucleation and growth of ultra-thin, high quality nanocrystalline diamond films [J]. Diamond and Related Materials, 2007, 16 (4-7): 718~724.

[112] Hao T, Zhang H, Shi C, et al. Nano-crystalline diamond films synthesized at low temperature and low pressure by hot filament chemical vapor deposition [J]. Surface & Coatings Technology, 2006, 201 (3-4): 801~806.

[113] Steinmann P, and Hintermann H. Adhesion of TiC and Ti (C, N) coatings on steel [J]. Journal of Vacuum Science & Technology A Vacuum Surfaces and Films, 1985, 3 (6): 2394~2400.

[114] Jones M, McColl I, Grant D, et al. Haemocompatibility of DLC and TiC-TiN interlayers on titanium [J]. Diamond and Related Materials, 1999, 8 (2-5): 457~462.

[115] 王云，谢小豪，汪艳亮，等. 硬质合金刀具涂层的研究进展 [J]. 有色金属科学与工程，2019，10：60~66.

[116] Eizenberg M, Littau K, Ghanayem S, et al. A new chemical vapor deposited contact barrier metallization for submicron devices [J]. Applied Physics Letters, 1994, 65 (19): 2416~2418.

[117] Rie K T, Wohle J. Plasma-CVD of TiCN and ZrCN films on light metals [J]. Surface and Coatings Technology, 1999, 112 (1-3): 226~229.

[118] Bull S J, Bhat D G, Staia M H. Properties and performance of commercial TiCN coatings Part 1: coating architecture and hardness modelling [J]. Surface and Coatings Technology, 2003, 163~164: 499~506.

[119] Bull S J, Bhat D G, Staia M H. Properties and performance of commercial TiCN coatings Part 2: tribological performance [J]. Surface and Coatings Technology, 2003, 163 ~ 164: 507~514.

[120] Kuhr M, Reinke S, Kulisch W. Nucleation of cubic boron nitride (c-BN) with ion-induced plasma-enhanced CVD [J]. Diamond and Related Materials, 1995, 4 (4): 375~380.

[121] Liu L, Feng Y P, Shen Z X. Structural and electronic properties of h-BN [J]. Physical Review B, 2003, 68 (10): 185~192.

[122] Bohr S, Haubner R, Lux B. Comparative aspects of c-BN and diamond CVD [J]. Diamond and Related Materials, 1995, 4 (5-6): 714~719.

[123] Bartl A, Bohr S, Haubner R, et al. A comparison of low-pressure CVD synthesis of diamond and c-BN [J]. International Journal of Refractory Metals & Hard Materials, 1996, 14 (1-3): 145~157.

[124] Inagawa K, Watanabe K, Ohsone H, et al. Synthesis of aromatic polyimide film by vacuum deposition polymerization [J]. Journal of Vacuum Science & Technology A: Vacuum, Surfaces, and Films, 1987, 5 (4): 2253~2256.

[125] Sezer A O, and Brand J. Chemical vapor deposition of boron carbide [J]. Materials Science & Engineering B (Solid-State Materials for Advanced Technology), 2001, 79 (3): 191~202.

[126] Samantaray C, Singh R, and Singh R N. Review of synthesis and properties of cubic boron nitride (c-BN) thin films [J]. International Materials Reviews, 2005, 50 (6): 313~344.

[127] Prengel H G, Pfouts W R, and A T. State of the art in hard coatings for carbide cutting tools [J]. Surface and Coatings Technology, 1998, 102 (3): 183~190.

[128] Keunecke M, Wiemann E, Weigel K, Thick c-BN coatings-Preparation, properties and application tests [J]. Thin Solid Films, 2006, 515 (3): 967~972.

[129] Baizeau T, Campocasso S, Fromentin G F, et al. 15th Cirp Conference on Modelling of Machining Operations [C]. 2015, 31: 166~169.

[130] Hirai T, Niihara K, and Goto T. Oxidation of CVD Si_3N_4 at 1550°C to 1650°C [J]. Journal of the American Ceramic Society, 1980, 63 (7-8): 419~424.

[131] Fox D S. Oxidation behavior of chemically-vapor-deposited silicon carbide and silicon nitride from 1200℃ to 1600℃ [J]. Journal of the American Ceramic Society, 1998, 81 (4): 945~950.

[132] Smialek J L, Robinson R C, Opila E J, et al. SiC recession caused by SiO_2 scale volatility under combustion conditions: II, thermodynamics and gaseous-diffusion model [J]. Journal of the American Ceramic Society, 1999, 82 (7): 1826~1834.

[133] Nishimura T, Xu X, Kimoto K, et al. Fabrication of silicon nitride nanoceramics—Powder preparation and sintering: A review [J]. Science and Technology of Advanced Materials, 2007, 8 (7): 635~643.

[134] Sasaki M, Hirai T. Corrosion resistance of ceramic-coated stainless steel in a Br_2-O_2-Ar atmosphere [J]. Journal of the European Ceramic Society, 1995, 15 (4): 329~335.

[135] Asatekin A, Barr M C, Baxamusa S H, et al. Gleason. Designing polymer surfaces via vapor deposition [J]. Materials Today, 2010, 13 (5): 26~33.

[136] Sreenivasan R, Gleason K. Overview of strategies for the cvd of organic films and functional polymer layers [J]. Chemical Vapor Deposition, 2009, 15 (4): 77~90.

[137] Pint B. Experimental observations in support of the dynamic-segregation theory to explain the reactive-element effect [J]. Oxidation of Metals, 1996, 45 (1): 1~37.

[138] Pierson H, Randich E, Mattox D. Chemical vapor deposition of TiB_2 on graphite [J]. Journal of The Less-Common Metals, 1978, 67 (2): 381~388.

[139] Pierson H O, Mullendore A. The chemical vapor deposition of TiB_2 from diborane [J]. Thin Solid Films, 1980, 72 (3): 511~516.

[140] Weimer A W. Carbide, nitride and boride materials synthesis and processing [M]. Springer Science & Business Media, 2012.

[141] Bhattacharyya P, Basu S. CVD grown materials for high temperature electronic devices: A review [J]. Transactions of the Indian Ceramic Society, 2011, 70 (1): 1~9.

[142] Zhang J, Zou H L, Qing Q, et al. Effect of chemical oxidation on the structure of single-walled carbon nanotubes [J]. The Journal of Physical Chemistry B, 2003, 107 (16): 3712~3718.

[143] Ghosh S, Calizo I, Teweldebrhan D, et al. Extremely high thermal conductivity of graphene: Prospects for thermal management applications in nanoelectronic circuits [J]. Applied Physics Letters, 2008, 92 (15): 151911 (1~3).

[144] Balasubramanian G, Neumann P, Twitchen D, et al. Ultralong spin coherence time in

isotopically engineered diamond [J]. Nature Materials, 2009, 8 (5): 383~387.

[145] Li X S, Cai W W, Colombo L, et al. Evolution of graphene growth on ni and cu by carbon isotope labeling [J]. Nano Letters, 2009, 9 (12): 4268~4272.

[146] Wei D C, Liu Y Q, Wang Y, et al. Synthesis of n-doped graphene by chemical vapor deposition and its electrical properties [J]. Nano Letters, 2009, 9 (5): 1752~1758.

[147] Reina A, Jia X T, Ho J, et al. Large Area, Few-layer graphene films on arbitrary substrates by chemical vapor deposition [J]. Nano Letters, 2009, 9 (1): 30~35.

[148] Arco L G De, Zhang Y, Schlenker C W, et al. Continuous, highly flexible, and transparent graphene films by chemical vapor deposition for organic photovoltaics [J]. Acs Nano, 2010, 4 (5): 2865~2873.

[149] Reddy A L M, Srivastava A, Gowda S R, et al. Synthesis of nitrogen-doped graphene films for lithium battery application [J]. ACS Nano, 2010, 4 (11): 6337~6342.

[150] Sheng Z H, Shao L, Chen J J, et al. Catalyst-free synthesis of nitrogen-doped graphene via thermal annealing graphite oxide with melamine and its excellent electrocatalysis [J]. ACS Nano, 2011, 5 (6): 4350~4358.

[151] Arco L G De, Zhang Y, Kumar A, et al. Synthesis, Transfer, and devices of single- and few-layer graphene by chemical vapor deposition [J]. IEEE Transactions on Nanotechnology, 2009, 8 (2): 135~138.

[152] Chu B H, Lo C F, Nicolosi J, et al. Hydrogen detection using platinum coated graphene grown on SiC [J]. Sensors & Actuators B Chemical, 2011, 157 (2): 500~503.

[153] Strupinski W, Grodecki K, Wysmolek A, et al. Graphene Epitaxy by Chemical Vapor Deposition on SiC [J]. Nano Letters, 2011, 11 (4): 1786~1791.

[154] Hawaldar R, Merino P, Correia M R, et al. Large-area high-throughput synthesis of monolayer graphene sheet by Hot Filament Thermal Chemical Vapor Deposition [J]. Scientific Reports, 2012, 2 (682): 1~9.

[155] Liu W, Chung C H, Miao C Q, et al. Chemical vapor deposition of large area few layer graphene on Si catalyzed with nickel films [J]. Thin Solid Films, 2010, 518 (6): S128~S132.

[156] Nandamuri G, Roumimov S, and Solanki R. Chemical vapor deposition of graphene films [J]. Nanotechnology, 2010, 21 (14): 145604 (1~4) .

[157] Sun J, Lindvall N, Cole M T, et al. Large-area uniform graphene-like thin films grown by chemical vapor deposition directly on silicon nitride [J]. Applied Physics Letters, 2011, 98 (25): 252107 (1~3) .

[158] Wei D, Lu Y, Han C, et al. Critical crystal growth of graphene on dielectric substrates at low temperature for electronic devices [J]. Angewandte Chemie International Edition, 2013, 52 (52): 14121~14126.

